职业教育融媒体教材

电工技术

第三版

孟然平 主编

刘芽南 张新岭 副主编

化学工业出版社

·北京·

内 容 简 介

本书主要内容包括电路与电路分析基础、单相交流电路、三相交流电路、磁路与变压器、交流异步电动机、低压电器与控制电路、供电常识及安全用电、实训。附录部分给出了常用电工术语、低压电器的中英文对照。

本书可作为职业教育机电、电气自动化、计算机、汽车、机械制造、模具等工科类专业的教材，也可作为职业培训用书。

图书在版编目（CIP）数据

电工技术 / 孟然平主编；刘芽南，张新岭副主编. —3 版
.—北京：化学工业出版社，2022.4 （2022.11重印）
职业教育融媒体教材
ISBN 978-7-122-40634-7

Ⅰ. ①电… Ⅱ. ①孟… ②刘… ③张… Ⅲ. ①电工技术-职业教育-教材 Ⅳ. ①TM

中国版本图书馆 CIP 数据核字（2022）第 018042 号

责任编辑：潘新文　　责任校对：刘曦阳
装帧设计：王晓宇

出版发行：化学工业出版社（北京市东城区青年湖南街 13 号　邮政编码 100011）
印　　装：三河市延风印装有限公司
787mm×1092mm　1/16　印张 $11^1/_4$　字数 241 千字　2022 年 11 月北京第 3 版第 2 次印刷

购书咨询：010-64518888　　售后服务：010-64518899
网　　址：http://www.cip.com.cn
凡购买本书，如有缺损质量问题，本社销售中心负责调换。

定　　价：36.00 元

前言

电工技术课程是职业教育多数工科类专业的基础课程。本书第二版出版多年，为了适应当前高素质技术技能人才的培养目标要求，更好地满足教学改革的需要，我们对第二版进行了修订。本版在内容组织安排上突出实践、实用特色，理论知识以够用为度，提高实训内容比重，结合当前社会发展对电工技术的新需求，对章节例题、习题进行了优化更新，每章习题进行了重新组织，对知识点多角度检测，便于灵活掌握和应用所学基础理论知识。部分难点给出了解答提示和答案，使内容更科学、体系结构更合理、专业适用性更强。本书每章开头给出了本章的知识要点概览图，使本章知识结构一目了然，并给出每章的教学目标。本书根据各章具体特点，在相关章节后安排有“阅读材料”，介绍有关的实用知识或科技前沿，拓展章节内容，开阔读者的知识视野。每章配有习题参考答案。

本书的实训内容基于目前最新的电气技术和工艺要求，着力加强电工工具、仪表操作技能的培养，同步加强学生对理论知识的理解，将实践操作与知识应用相结合，在做中学，在学中做，使知识和技能有机统一。各学校可根据自身的实际教学条件，有针对性地选择具体实训内容。

本书注重对学生的职业道德、工匠精神的培养，结合行业应用、标准规范、安全法规等，将知识教育与诚信守法、社会责任、劳动教育、爱岗敬业教育相融合，做到以专业知识为明线，以思政教育为隐线，使“家国情怀”“职业素养”“个人品质”三方面的教育并行，坚持“学生为本、师德为先、能力为重、育人为根”的原则，将思政元素融入内容中，达到润物无声的效果。

本书可作为职业教育机电、电气自动化、计算机、汽车、机械制造、模具等工科类专业的教材，也可作为各类社会职业培训用书。

本书由河北化工医院职业技术学院孟然平老师任主编，刘芽南、张新岭任副主编，张家口机电职业技术学院崔培雪参与编写。编写分工如下：绪论、第 1、2、4、5 章由孟然平编写，第 3 章由张新岭编写，第 6、7、8 章及附录由刘芽南编写。全书由孟然平统稿。刘江彩教授和程普教授仔细审阅了全部书稿，并提出了很多宝贵的意见，在此表示衷心感谢。非常感谢河北化工医药职业技术学院智能控制教研部董力副教授给予了大力帮助和支持。本书编写过程中得到了河北化工医药职业技术学院智能控制教师党支部的大力支持，在此表示感谢。本书存在的不妥、疏漏之处，恳请广大读者批评指正。

编者

2021 年 10 月

目录

绪论

第1章 电路与电路分析基础

第 2 章　单相交流电路

第 3 章　三相交流电路

第6章 低压电器与控制电路

第7章 供电常识及安全用电

第8章 实 训

附 录 常用电工术语、低压电器的中英文对照

参 考 文 献

绪　论

电能是应用最为广泛的一种能源，可以由自然界中的其他能量转换而来；通过输电线路，可以将电能输送到各地，应用在工农业生产、科学研究和日常生活中，见图 0-1。

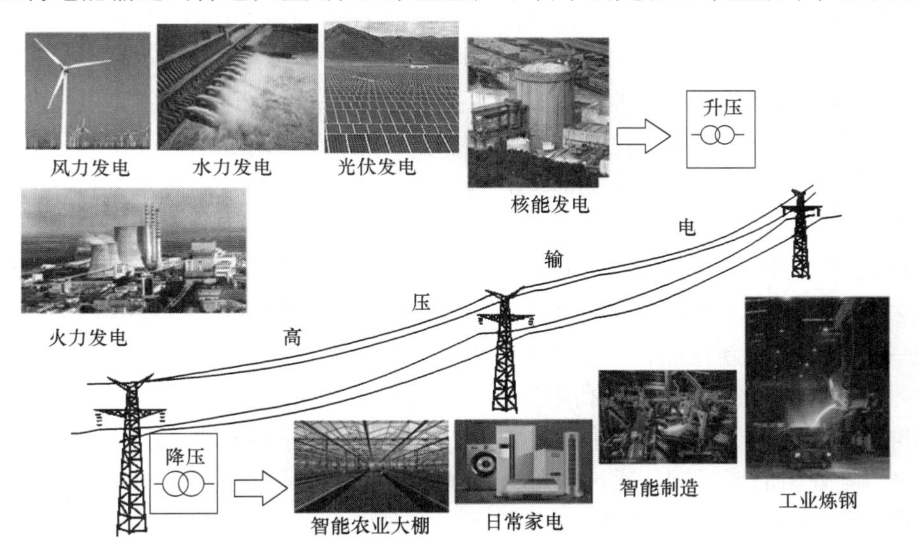

图 0-1　电能的转化、传输和分配

电能的生产形式多样。利用煤、石油、天然气或其他燃料，通过锅炉产生高压蒸汽，推动汽轮机旋转，汽轮机带动发电机运转发电，可实现化学能→热能→机械能→电能的转化；利用原子核内部蕴藏的能量，可实现核裂变能→热能→机械能→电能的转化。此外还有水力发电、太阳能发电、风力发电、生物发电、地热发电、潮汐发电等。水力发电适用于水力资源丰富的地区，利用水的落差来推动水轮机，带动发电机发电。我国的东北、西北、西南地区和沿海岛屿风力资源极为丰富，可以安装风力发电机组，实现风力发电。

在现代生产中，几乎各个环节都离不开电能。工业生产中的各类机械，绝大部分通过电能来运转；电镀、电解、电焊、照明、制冷、制热等也都用到电能；生产过程中的自动控制系统将温度、压力、流量、厚度等各种非电信号转换为电信号，来实现各种控制。随着智能家电、智能家装、智能农业的到来，电的应用更是时时刻刻影响着我们的生活。因此，学习电工技术课程，了解一些电知识、掌握基本的用电技术是很有必要的。

电工技术课程立足于实际应用，讲解在实践中用到的电工基础知识和基本技术，目的为是为解决实际问题服务。例如学习电路的基本定律，掌握基本公式，然后求解各种电路，计算电路中的电压和电流等，而在实际应用中，还要考虑在这样的电压、电流作用下，所用导线是否合格，设备能否正常工作，功率是否超出了设备的额定值，发热和温升是否超过了限度，因而要关注设备的相关技术参数和铭牌，并以此为依据正确合理使用设备。电磁部分所讲的电机、电器的知识，侧重于交流设备的应用，更加关注设备的外部特性，如电路的工作状态、电源的外特性、电动机的机械特性、低压电器的选择及连线要求等。因此，在学习时要注重实训环节，理论与实践相结合，将理论活化为生动有趣的知识和技能；实践环节结束后还要及时进行总结，加深对理论的理解。在实践操作中，除了要遵循文明安全操作规范外，还要结合理论知识积极思考，根据客观条件灵活运用知识。相同条件下，解决问题的方案往往有多种，不要拘泥于某一种方法。如万用表的使用，在实训中要学会两只手正确拿两表笔，而在以后的实践中也要学会单手操作两表笔，做到根据情况灵活运用。

在学习电工技术课程时，要积极思考，多实践，多总结；既不要单纯强调操作技能而忽视基本理论，也不要只顾理论知识而忽视操作技能；学习时要多问几个为什么，逐渐提高认知的深度，并巩固技能。对实训中的测量数据，要实事求是地客观分析，以严谨、认真、科学的态度总结处理，得出实践结论。要认真完成书中安排的多种形式的习题，以及时检测自己对知识和技能的掌握程度；书中提供的阅读材料是对章节内容的补充和延伸，应尽量去阅读，以启发思维，开阔眼界；在丰富理论知识的同时，也可以在实践应用中操作尝试一些新技术、新技能，拓宽思路，提高技能。

学习电工技术课程，要学会利用各种技术资料，包括网上资源，学会查阅电工手册、技术标准、产品目录、设备说明书及铭牌等，丰富自己的学科知识，这是工作中的必备技能。总之，处处留心皆学问，通过学习，最终形成自己的一套实用的知识和技能体系，为后续专业课程学习和日后从事相关工作打下良好基础。

第1章 电路与电路分析基础

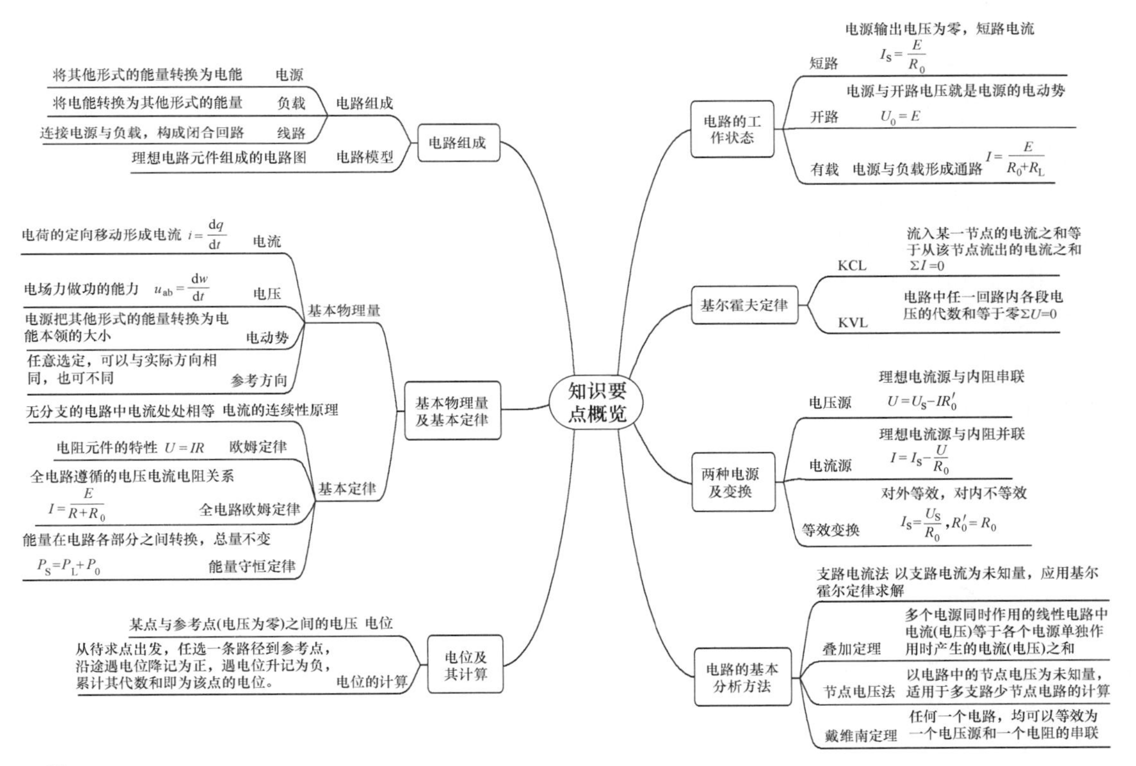

本章教学目标

本章从工程技术的角度出发，以直流电路为分析对象，着重讨论电路的基本概念、基本定律以及电路的分析计算方法。学习本章时，要着重理解电路的基本概念，了解电源的输出特性、电路的工作状态，掌握分析复杂电路的基本理论依据和常用方法。本章所讲的概念、原理和方法，也是后面学习交流电路及其他线性电路的基础。

1.1 电路的基本概念

1.1.1 电路及组成

电路是电流的通路，由某些元件或电气设备按一定的方式连接起来构成。从结构上看，电路由电源、负载、线路三部分构成。

电源是将其他形式的能量转换为电能的装置，负载把从电源取用的电能转换为其他形式的能量，线路是连接电源和负载的中间部分，包括导线、开关设备、保护设备等，其主要作用是构成电流的闭合回路。

电路的功能可以概括为两方面：一是可以实现电能的传输、分配和控制，例如供电系统、照明系统、制冷系统的电路；二是可以实现电信号的传输与转换，例如扩音器电路。

1.1.2 电路模型

电路中的各种元件所表现出的电磁特性和能量转换特征一般比较复杂。为了分析方便，工程上常采用“抓大放小”的理想化方法，即突出电气元件主要的电磁特性，将其抽象为只含某个或某几个参数的理想电路元件。例如由导线一圈一圈绕制而成的电感线圈，既有电感量也有电阻值，如果忽略线圈的热损耗，就可以理想化为一个纯电感元件，实际应用中又常简化为纯电阻与纯电感的串联。

由理想电路元件组成的电路称为理想电路模型，简称电路模型。用规定的图形符号代替实际电路中的各种元件后连接而成的图称为电路图。根据不同的需要，电路图具有不同的形式，如原理图、印刷电路图、安装接线图、方框图等。图 1-1 所示是晶体管放大电路的实际电路和电路图。

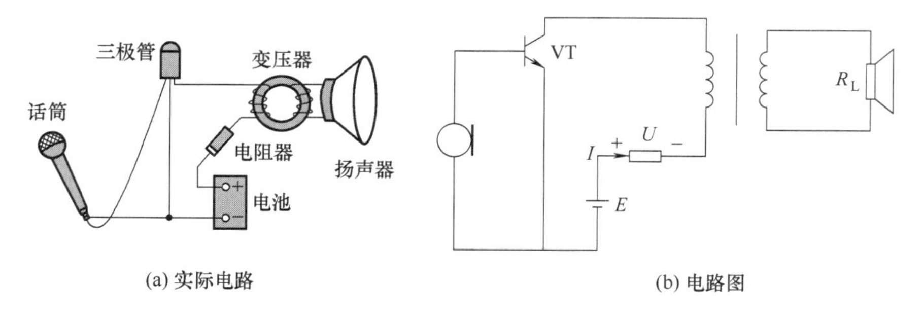

(a) 实际电路　　(b) 电路图

图 1-1　晶体管放大电路

1.2 电路的基本物理量及基本原理

在图 1-1（b）中标出的电压 U、电流 I、电动势 E 以及它们的方向，都是描述电路的基本物理量。

1.2.1　电流　电压　电动势

电工技术中，常把电场力作用下电荷的定向移动称为电流，电流的大小用电流强度表示，数值上等于单位时间内通过导体横截面的电量。当电流的大小和方向都不随时间变化时，称为稳恒直流，简称直流，记为 DC（Direct Current）。直流电流一般用大写字母“I”表示。电流的单位为安培（A）。

习惯上规定正电荷运动的方向为电流的方向，可用双下角标字母的顺序表示，如 i_{ab}，也可用箭头表示电流的方向，如图 1-2 所示。

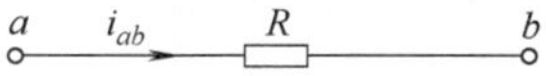

图1-2　电流的方向

电压是反映电场力做功能力的物理量，单位是伏特（V）。电场力把单位正电荷从电场中的 a 点移到 b 点所做的功称为两点间的电压，表示为：$u_{ab}=\dfrac{\mathrm{d}w}{\mathrm{d}q}$。电路中当电流流过负载时，在负载两端就会产生电压降，通常称为负载的端电压。电压的实际方向就是电位降低的方向，可用箭头表示，也可用双下角标字母的顺序表示，如 u_{ab}，也可以用极性（+，−）表示，如图 1-3 所示。

(a) 用极性表示　　(b) 用箭头表示

图1-3　电压的方向

电动势反映了电源把其他形式的能量转换为电能的本领，用符号 E 或 U 表示，单位是伏特（V）。习惯上规定电动势的实际方向为由电源负极经电源内部到电源正极，即电源内部电压升高的方向。

1.2.2　参考方向

在分析和计算较复杂的电路时，对某一段电路或某一元件，流过其中的电流实际方向很难判断，其两端电压的实际方向也无法确定，因此引入了参考方向。

一般电压、电流的参考方向是可以任意假定的，可能与实际方向一致，也可能与实际方向相反。在整个分析过程中，参考方向一经选定要保持不变。

对于电流，若分析计算的结果或已知的电流为正值，即 $I>0$，表明电流的参考方向与实际方向一致；若电流为负值，即 $I<0$，表明电流的参考方向与实际方向相反，如图 1-4 所示。同样，若 $U>0$，则电压的参考方向与实际方向一致，若 $U<0$，则电压的参考方向与实际方向相反，如图 1-5 所示。

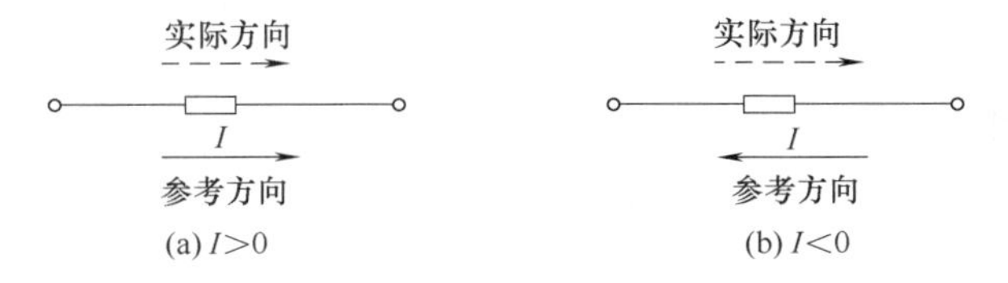

(a) $I>0$　　(b) $I<0$

图1-4　电流的参考方向与实际方向

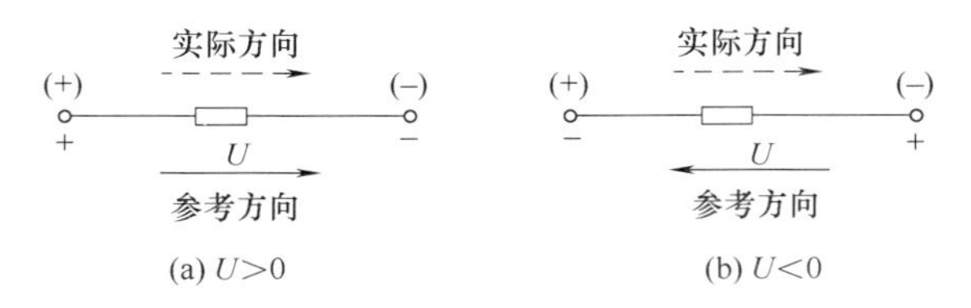

图 1−5　电压的参考方向与实际方向

在以后的电路图中如果不作说明，均为参考方向。为了分析方便，通常选电压的参考方向与电流的参考方向一致，此时称两物理量为关联参考方向。

1.2.3　电路的基本原理

1. 电流的连续性原理

在一段无分支的电路中，电流必定处处相等。因为电荷在移动的过程中，不可能在某一点无限积聚或消失，这一规律称为电流的连续性原理。

2. 欧姆定律

欧姆定律反映了电阻元件的特性，内容表述为：通过某段导体的电流跟这段导体两端的电压成正比，跟这段导体的电阻成反比。数学表达式为：$I=\dfrac{U}{R}$，或 $U=IR$。

电阻的倒数称为电导，用 G 表示，单位是西门子（S），因此，欧姆定律还可以写成 $I=GU$。

元件的端电压与流过的电流之间的关系曲线称为元件的伏安特性曲线。如果负载电阻是常量，电阻的伏安特性曲线是一条过原点的直线，如图 1-6（a）所示，称该负载电阻为线性元件。如果负载的伏安特性曲线不是一条直线，如图 1-6（b）所示，称该负载为非线性元件。

由线性元件构成的电路叫作线性电路，含有非线性元件的电路叫作非线性电路。

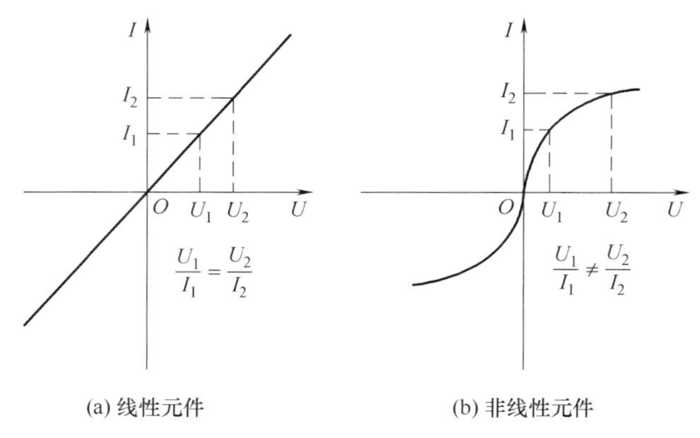

图 1−6　元件的伏安特性曲线

3. 全电路欧姆定律

由电源的内电路与带有负载的外电路共同组成的闭合电路，称为全电路。全电路欧姆定律表述为：闭合电路中的电流等于电源的电动势与电路总电阻之比。设电源内阻为 R_0，外电路总电阻为 R，则全电路欧姆定律数学表达式为

$$I = \frac{E}{R + R_0}$$

4. 能量守恒定律

电路中的电源提供电能，负载消耗电能，线路传输电能，电能在电源及负载之间转移，其总量保持不变，即遵循能量守恒定律。

由全电路欧姆定律可以得到电压平衡方程，即 $E=IR+IR_0$；电压平衡方程的两边同时乘以电流 I，可得功率平衡方程，即 $P_s=P_L+P_0$，其中 $P_s=EI$，是电源向电路提供的功率；$P_L=UI$，是负载从电源获得的功率，$P_0=U_0I$，是电源内部消耗的功率。

1.3 电位及其计算

电位是电路分析中的重要概念，常用在电子技术电路中分析元件的工作状态，还可以简化电路图。

1.3.1 电位

电路中某点的电位就是该点与参考点之间的电压，单位是伏特（V）。参考点也称零电位点，可以是电路中的任意一点，例如选 b 点为参考点，则 $U_b=0$。在实际应用中，电力电路习惯上选大地为参考点，符号为“⏚”，电子电路中常以多数支路汇集的公共点为参考点，也称为“地”，符号为“⊥”。

1.3.2 电位的计算

电路中各点的电位同参考点比较，比参考点电位高的点为高电位点，记为正值，常用“+”表示；比参考点低的点为低电位点，记为负值，常用“−”表示。

如何确定电路中某点的电位呢？一般遵循下列步骤：

- 标明电路各元件中电流的方向；
- 根据电流的方向确定各元件两端的极性，电位高的一端记为“+”，电位低的一端记为“−”；
- 从待求点出发，任选一条路径到参考点，沿途电位降记为正，电位升记为负，其代数和即为该点电位。
- 选择不同的电路参考点，某一点的电位值会随参考点的改变而改变。
- 若某一点的电位值为正值，说明该点电位高于参考点的电位；若某一点的电位值为负值，说明该点电位低于参考点的电位，即各点电位的高低是相对而言的。
- 任意两点之间的电位差与参考点的选择无关，因此具有绝对性。

［例 1-1］ 图 1-7 所示是某一完整电路中的一部分，已知 E=3V，I=1A，R=1Ω，若分别以 A、B 为参考点，计算其余两点的电位和 A、B 两点之间的电压。

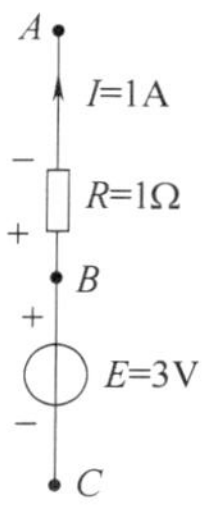

解：首先根据电流方向和电动势的方向，在图中标出电路中各元件两端的极性。

以 A 为参考点，$U_A=0\text{V}$；

从 B 点到 A 点，$U_B=IR=1\times1=1$（V）；

从 C 点到 A 点，$U_C=-E+IR=-3+1=-2$（V）；

A、B 之间的电压 $U_{AB}=U_A-U_B=0-1=-1$（V）；

若以 B 为参考点，$U_B=0\text{V}$；

从 A 点到 B 点，$U_A=-IR=-1\times1=-1$（V）；

图1-7　例1-1图

从 C 点到 B 点，$U_C=-E=-3\text{V}$；

A、B 之间的电压 $U_{AB}=U_A-U_B=-1-0=-1$（V）。

从以上计算结果可以得出如下结论：

［例 1-2］　电路如图 1-8 所示，已知 $E_1=6\text{V}$，$E_2=4\text{V}$，$R_1=4\Omega$，$R_2=2\Omega$，$R_3=2\text{k}\Omega$，如果以 B 点为参考点，求 A、C 点电位。

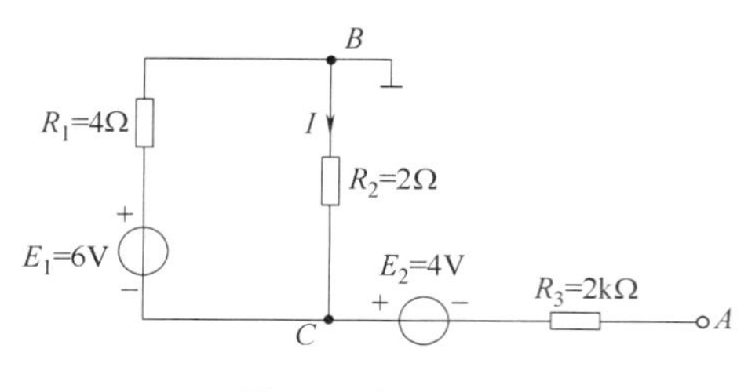

图1-8　例1-2图

解：电阻 R_3、电源 E_2 没有形成回路，因此没有电流流过电阻 R_3 和 E_2。电阻 R_1、R_2 电源 E_1 形成了一个简单的串联回路，以 B 点为参考点：

$$U_B=0$$

$$I_3=0$$

$$I=\frac{E_1}{R_1+R_2}=\frac{6}{4+2}=1\text{（A）}$$

从 C 点到参考点 B 点有两条路径：$U_C=-IR_2=-1\times2=-2$（V），或 $U_C=-E_1+IR_1=-6+1\times4=-2$（V）。

从 A 点到参考点 B 点：

$$U_A=-E_2+U_C=-4-2=-6\text{（V）}$$

从以上计算结果可以看出，从参考点到待求点的路径往往不止一条，一般尽量选择简单的路径进行计算，对同一参考点而言，某一点的电位值具有唯一性。

对于图 1-9（a）所示电路，如选 b 点为参考点，利用电位的概念，可以简化为图 1-9（b）所示电路，这种电路的简化画法在电子技术电路中非常普遍。

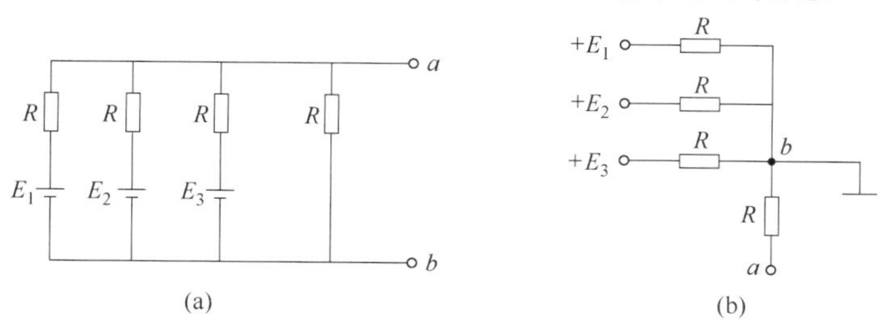

图1-9　利用电位的概念简化电路

1.4　电路的工作状态

当导线将电源、负载、中间电气元件连接成电路后，电路的工作状态可以有短路、开路、有载三种。下面以图 1-10 所示直流电路为例，分别讨论三种工作状态下电路的特征。图中 E 为电源的电动势，U 为电源输出电压，R_0 为电源的内阻，R、R_1、R_2、R_n 为负载电阻，FU 为熔断器，S 为开关。

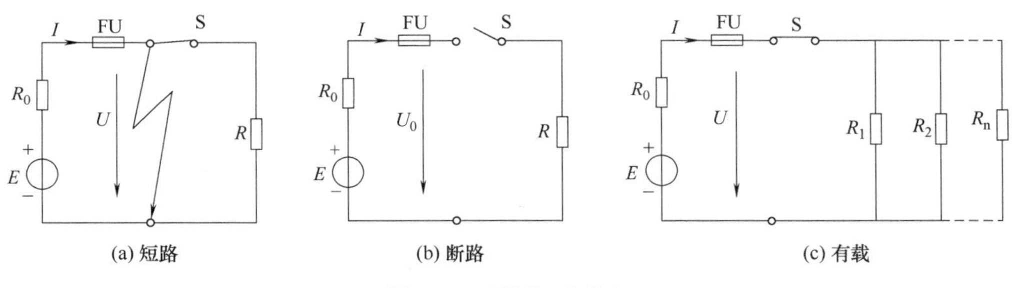

图 1-10　电路的工作状态

1.4.1　短路

在图 1-10（a）中，由于某种原因，在负载电阻为零时，电源两端或负载两端出现了直接接触，此时称电路处于短路状态，简称短路。电路中的电流未流经负载而在电源内部自成回路，称为短路电流，其大小为

$$I_s = \frac{E}{R_0}$$

电源的输出电压为零，即 U=0。

电路短路是一种危险的事故状态。由于导线的电阻和电源的内阻都很小，短路电流 I_s 远大于电源的额定电流 I_N，过大的电流会损坏甚至烧毁电源及电路中的电气设备，工作中要避免出现。严格来讲，短路不能称之为工作状态。为防止短路，常在电路中接入熔断器或其他保护设备，一旦发生短路，能即刻切断电路，起到保护作用。

在实际工作中，为了某种需要，常将电路的某一部分或某一元件的两端用导线连接起来，称为“短接”，如万用表的欧姆挡进行调零时，需要将红、黑两表笔短接。因此，要把短路与短接严格区分对待。

1.4.2　开路（断路）

在图 1-10（b）中，当开关 S 断开，负载中没有电流流过，电源不向负载提供能量，此时称电路处于开路状态，简称开路，也称断路。开路时，电源所输出电压称为开路电压，用 U_0 表示。电路的开路电压就是电源的电动势，即 U_0=E，这点常用于实际中用实验方法来测定电源的电动势，如图 1-11 所示。将开关 S 断开，用内阻很大的电压表直接测量电路的开路电压，所测结果可以近似表示电源的电动势。

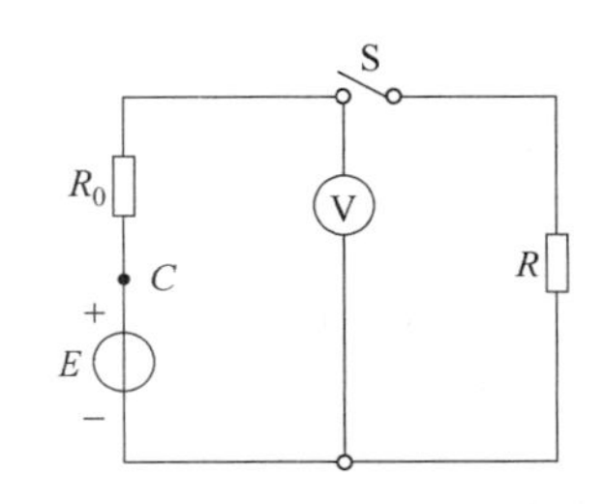

图 1-11　实验方法测定电源电动势

1.4.3 有载（通路）

在图 1-10（c）中，当开关 S 闭合，电源与负载形成通路，负载中有电流流过，电源向负载提供能量，此时称电路处于有载工作状态，简称有载，也称通路，根据全电路欧姆定律，此时电路中的工作电流为

$$I=\frac{E}{R_0+R}$$

电路有载时，若电路中的工作电流与负载的额定电流相等，负载工作在最理想的额定状态；若电路中的工作电流高于或低于负载的额定电流太多时，负载均不能正常工作。供电电压一定时，如果有多个负载并联，工作中的各个负载相互不影响，但是随着并联负载的增多，电路中的总电流会增大，电源内阻上的压降也会随之增大，电源的端电压会随着电流的增大而减小。这种电源的端电压随电路中电流变化而变化的规律称为电源的外特性，也称电源的伏安特性，如图 1-12 所示。

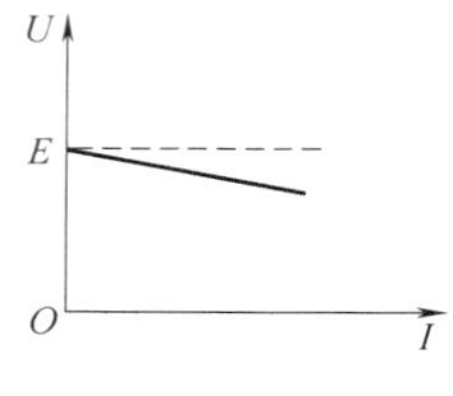

图 1-12　电源的外特性

实际上，电源的端电压 $U=E-R_0I$，内阻 R_0 越小，外特性越平坦，电源的质量也越好。电路中总电流增大的同时，负载从电源取用的功率增大，此时电路在实际应用中常被称为“所带的负载增大了”，而不能理解为“电路的等效电阻增大了”。

［例 1-3］　如图 1-13 所示，电源的电动势 E=6V，电源的内阻 R_0=0.2Ω，闭合开关 S，当负载电阻分别为 R_L=11.8Ω、R_L=0、R_L=∞时，电流表的电流 I、负载电阻的端电压 U、电源的内压降 U_0 各为多大？

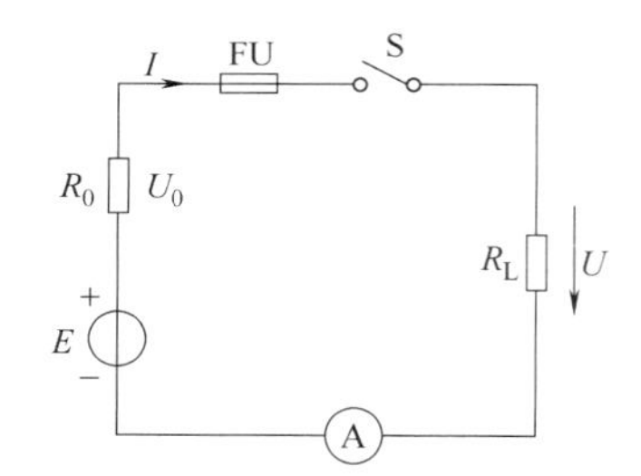

图 1-13　例 1-3 图

解：根据全电路欧姆定律，分析如下：

① 当 R_L=11.8Ω 时，电路处于有载状态，此时有

$$I=\frac{E}{R+R_0}=\frac{6}{11.8+0.2}=0.5\text{（A）}$$

$$U=IR=0.5\times 11.8=5.9\text{（V）}$$

$$U_0=IR_0=0.5\times 0.2=0.1\text{（V）}$$

② 当 R_L=0 时，电源内阻一般比较小，电路处于短路状态，此时有

$$I=\frac{E}{R+R_0}=\frac{6}{0.2}=30\text{（A）}$$

$$U=IR=0$$

$$U_0=IR_0=30\times 0.2=6\text{（V）}$$

③ 当 R_L=∞时，电路处于开路状态，此时有

$$I=0，U=E=6V，U_0=0$$

1.5　电压源和电流源及其等效变换

1.5.1　电压源与电流源

一个理想的电源可以建立不同的电源模型，包括理想电流源和理想电压源。理想电压源能输出恒定的电压，又称为恒压源，其内阻为零，即 $U=U_s$ 或 $U=E$，外特性如图 1-14 所示；理想电流源能输出恒定的电流，又称为恒流源，内阻为无穷大，即 $I=I_s$，其端电压的大小取决于外电路，外特性如图 1-15 所示。画电路图时，要注意电压源标明两端电位的高低、电流源标明电流的方向。

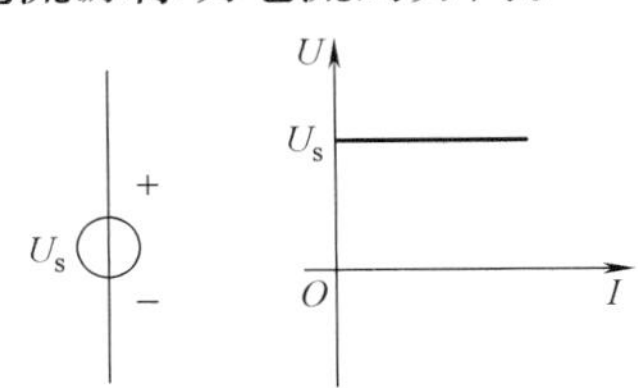

图 1-14　理想电压源及外特性

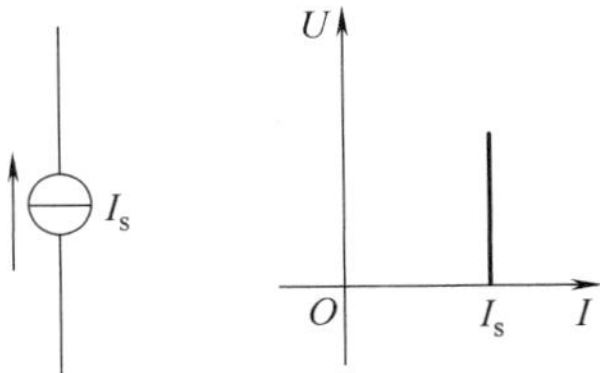

图 1-15　理想电流源及外特性

考虑电源的内阻而建立的模型与实际电源更为接近，称为实际电压源和实际电流源，简称电压源和电流源。电压源可以用一个理想电压源 U_s 与内阻的串联来表示，如图 1-16（a）虚线框所示；电流源可以用一个理想电流源 I_s 与内阻的并联来表示，如图 1-16（b）虚线框所示。

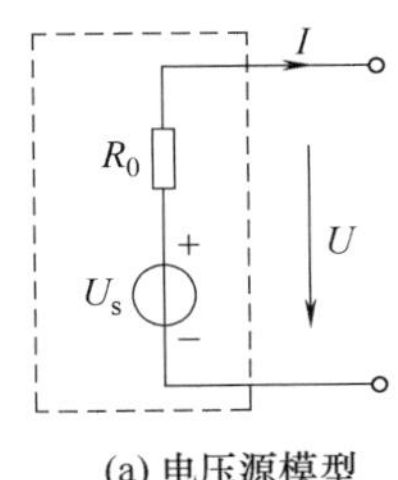

(a) 电压源模型

(b) 电流源模型

图 1-16　两种电源模型

电压源的外特性可以表示为

$$U=U_s-IR_0$$

电流源的外特性可以表示为

$$I=I_s-\frac{U}{R_0}$$

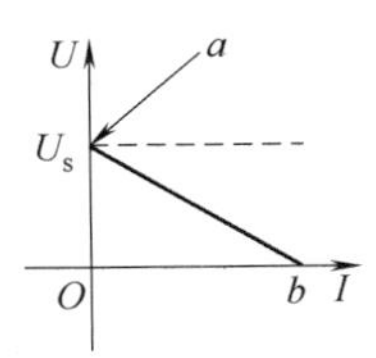

(a) 电压源的外特性

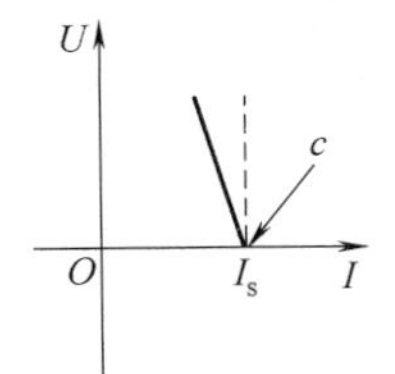

(b) 电流源的外特性

图 1-17　电压源和电流源的外特性曲线

电压源的外特性曲线如图 1-17（a）所示。电流源的外特性曲线如图 1-17（b）所示。

对于电压源，当电源处于开路状态时，负载电阻可以视为无穷大（$R_L=\infty$），电路电流 $I=0$，电压源的端电压 $U=U_s$，可以用外特性曲线上的 a 点表达；当电源处于短路状态时，负载电阻可以视为零（R_L=0），电路电流 $I=\dfrac{U}{R_0}$，可以用外特性曲线上的 b 点表达；当电源处于有载状态且负载中电流增大时，电压源内阻 R_0 上的压降也会随之增大，电压源的输出电压反而会有所下降，可以用外特性曲线上的 ab 之间的区域表达。电压源的内阻 R_0 越小，内阻的分压作用就越小，电压源就越接近于理想电压源。

对于电流源，当电源处于开路状态时，负载电阻 $R_L=\infty$，电路电流 I=0，电流源的端电压 $U=I_sR_0$，可以用外特性曲线上的坐标原点表达；当电源处于短路状态时，负载电阻 R_L=0，电路电流 $I=I_s$，电流源的端电压 U=0，可以用外特性曲线上的 c 点表达；当电路处于有载状态时，随着负载电阻的增大，负载电阻和内阻并联后的电阻值（$R_L/\!/R_0$）增大，电流源的端电压 U 会随之增大。电流源的内阻 R_0 越大，其分流作用就越小，输出的电流 I 就越大，电流源就越接近于理想电流源，可以用外特性曲线横轴上的 Oc 之间的区域表达。

1.5.2 电压源与电流源的等效变换

一个实际的电源既可以用电压源表示，也可以用电流源表示。对同一个负载，如果两种电源提供的电压、电流、能量相同，则对该负载的作用是等效的，此时称电压源和电流源互为等效电源。为了便于研究，不妨设电压源的内阻为 R'_0，电流源的内阻为 R_0，由两种电源的外特性方程可得负载电压方程：

$$U=U_s-IR'_0,\quad U=I_sR_0-IR_0$$

若两种电源等效，则两个负载电压方程应该相等，因此，两种电源等效的条件是

$$I_s=\frac{U_s}{R_0},\quad R'_0=R_0$$

但应注意以下几点：

- 电压源与电流源的等效只对外电路而言，两电源内部不等效且不能互相置换；
- 在两种电源等效变换前后，电压源的极性与电流源电流的方向应使外电路的电流方向保持不变；
- 在两种电源等效变换时，与恒流源相串联的电阻或电压源，因不影响电流源输出稳定的电流，可以视为短路；与恒压源相并联的电阻或电流源，因不影响电压源输出恒定的电压，可以视为断路。

[例 1-4]　画出图 1-18 所示电路的等效电源模型。

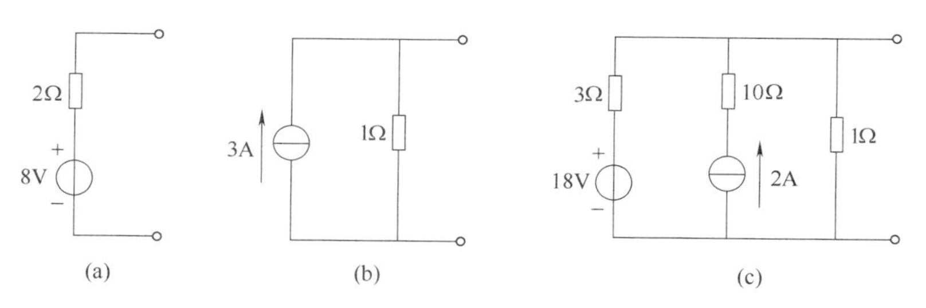

图1-18　例1-4图

解：① 图 1-18（a）为一电压源，可以等效为一电流源。根据两种电源等效的条件有

$$R'_0=R_0=2\Omega,\quad I_s=\frac{U_s}{R_0}=\frac{8}{2}=4\text{（A）}$$

等效的电流源内阻 $R_0=2\Omega$，输出的恒流 $I_s=4A$，电路如图 1-19（a）所示。

② 图 1-18（b）为一电流源，可以等效为一电压源。根据两种电源等效的条件有

$$R'_0=R_0=1\Omega,\quad U_s=I_sR_0=3\times1=3\text{（V）}$$

等效的电压源内阻 $R_0=1\Omega$，电动势 $U_s=3V$，电路如图 1-19（b）所示。

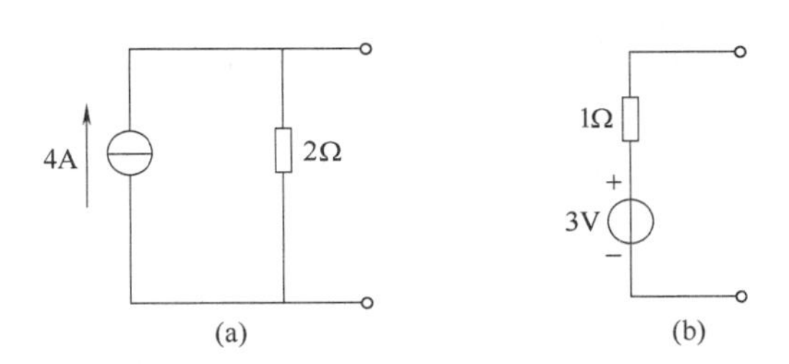

图1-19　题解图

③ 图 1-18（c）为一个电压源和一个电流源的并联电路。可以将电压源变换为电流源，与 $I_s=2A$ 的恒流源相串联的 10Ω 电阻可视为短路；两个并联的电流源，可以等效为一个电流源，如果两个电流源的电流方向一致则相加，方向相反则相减。最后将电流源变换为电压源，如图 1-20 所示。

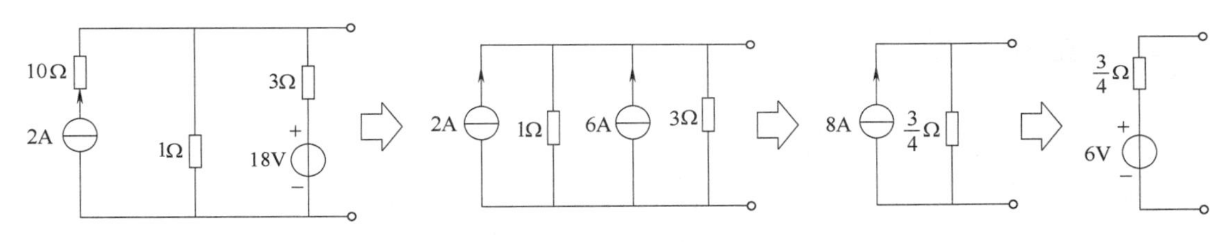

图1-20　等效变换过程

［例 1-5］　用电压源与电流源的等效变换，求图 1-21（a）中负载电阻 R_L 中的电流。

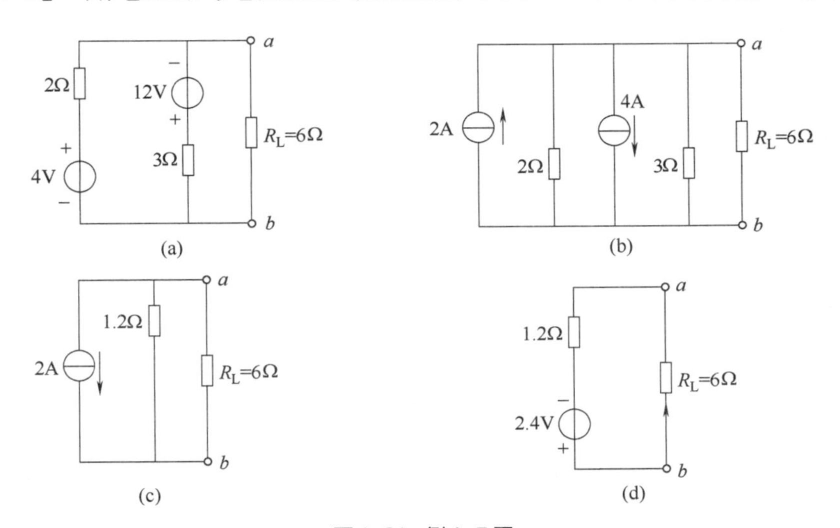

图1-21　例1-5图

解：根据两种电源等效的条件，图 1-21（a）可以简化为图 1-21（b），然后进一步简化为图 1-21（c）和图 1-21（d），由全电路欧姆定律，R_L 中的电流为

$$I=\frac{2.4}{1.2+6}=0.33\text{（A）}$$

两种电源等效变换的方法可以归结为：

- 若有多个电源相并联，可将其中的电压源等效为电流源，从而变成多个电流源的并联，再合并成一个电流源；
- 若有多个电源相串联，可将其中的电流源等效为电压源，从而变成多个电压源的串联，然后从一端到另一端，遇电位升记为正值，遇电位降记为负值，累计其代数和即为等效电源的电动势；
- 两种电源的每次变换应该使电压源的极性与电流源的电流方向保持一致，使负载中电流的方向保持不变。
- 在实际电路中，电压源与电流源的等效变换，并不限定 R'_0 和 R_0 为两电源的内阻。只要电路是一个恒压源 U_s 与电阻 R_0 串联的，就可以变换为一个恒流源 I_s 与电阻 R_0 的并联电路，反之亦然。这样就扩大了电源间等效概念的应用范围，可以简化一些较为复杂的电路而便于分析。

1.6 基尔霍夫定律

电路分析的目的是确定负载的电压、电流和功率损耗，然后才能考虑诸如绝缘、散热、温升等问题。能够用串、并联以及欧姆定律就可以解决问题的电路为简单电路，通常把不能用上述方法解决问题的电路称为复杂电路。分析复杂电路最基本的定律是基尔霍夫定律。先介绍几个有关的基本概念。

1.6.1 基本概念

支路：把电路中由若干个元件串联组成的不再分岔的一个分支称为支路。一条支路中只流过一个电流，称为支路电流。

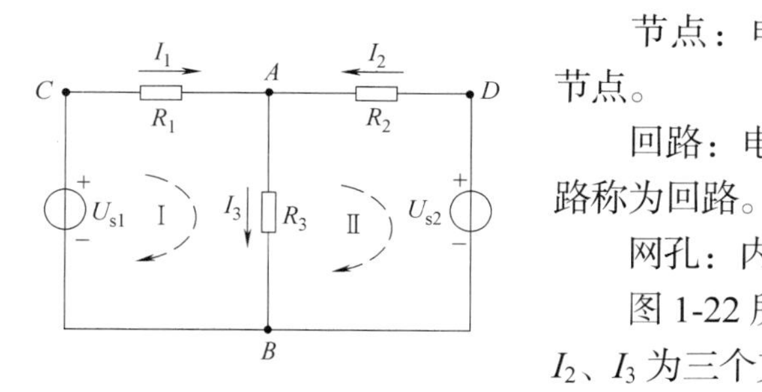

图 1-22 电路结构举例

节点：电路中三条或三条以上支路的连接点称为节点。

回路：电路中由一条或多条支路组成的任一闭合电路称为回路。

网孔：内部不含有其他支路的回路称为网孔。

图 1-22 所示电路有 ACB、ADB 和 AB 三条支路，I_1、I_2、I_3 为三个支路电流；有 A、B 两个节点；有 $ABCA$、$ADBA$、$ADBCA$ 三个回路；有 $ABCA$、$ADBA$ 两个网孔。

1.6.2 基尔霍夫电流定律（KCL）

基尔霍夫电流定律反映的是与节点相关联的所有支路电流之间的关系。表述为：在任一瞬间，流入某一节点的电流之和等于从该节点流出的电流之和。若流入节点的电流为正值，流出节点的电流则为负值，电路中任一节点所关联的支路电流的代数和等于零。数学表达式为

$$\sum I=0,$$

或

$$\sum I_{入}=\sum I_{出}$$

由于电路中的任意一点在任何瞬间都不会发生电荷的堆积和减少现象，所以KCL是电流连续性原理的体现。

对图1-22所示电路的节点A列节点电流方程：

$$I_1+I_2-I_3=0$$

或

$$I_1+I_2=I_3$$

KCL不仅适用于电路中的节点，也可推广应用于电路中任意假设的封闭面，如图1-23所示电路，对封闭面内A、B、C三个节点应用KCL，有

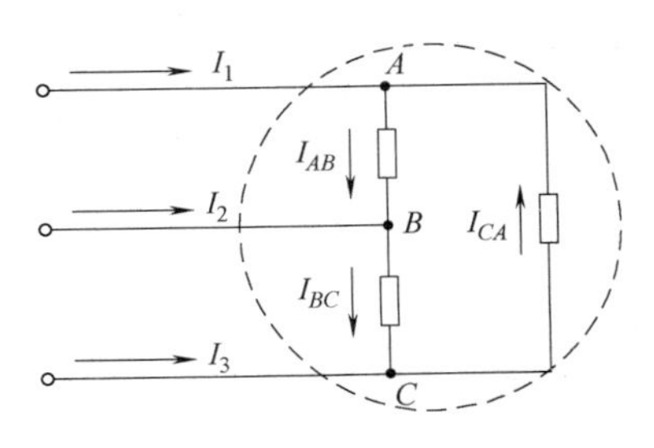

图1-23　KCL的推广应用（广义节点）

$$I_1=I_{AB}-I_{CA}$$

$$I_2=I_{BC}-I_{AB}$$

$$I_3=I_{CA}-I_{BC}$$

将三式相加可得：$I_1+I_2+I_3=0$，可见，流入该封闭面的电流与流出该封闭面的电流的总和为零，在KCL的推广应用中，通常称该封闭面为广义节点。

1.6.3　基尔霍夫电压定律（KVL）

基尔霍夫电压定律反映的是电路回路中的各段电压之间的关系。表述为：在任一瞬间，电路中任一回路内各段电压的代数和等于零，其数学表达式为

$$\sum U=0$$

应用KVL时，首先确定各支路任意选定的电流参考方向，并由此确定元件两端电位的高低，其次从任一点开始，以顺时针或逆时针方向沿回路绕行一周，元件端电压（包括电源电动势）与绕行方向一致的取为正值，元件端电压（包括电源电动势）与绕行方向相反的取为负值，累计其代数和为零，就可以列出回路电压方程。这样约定的实质是绕行方向即为电压降的方向。

以图1-22中所示回路$BCADB$为例，沿顺时针绕行，可列出回路电压方程：

$$-U_{s1}+I_1R_1-I_2R_2+U_{s2}=0$$

KVL不仅适用于闭合回路，也可推广应用于开口电路，如图1-24所示，该电路不是闭合回路，但在电路A、B两端存在电压U_{AB}，如按顺时针方向绕行该假想回路一周，则有

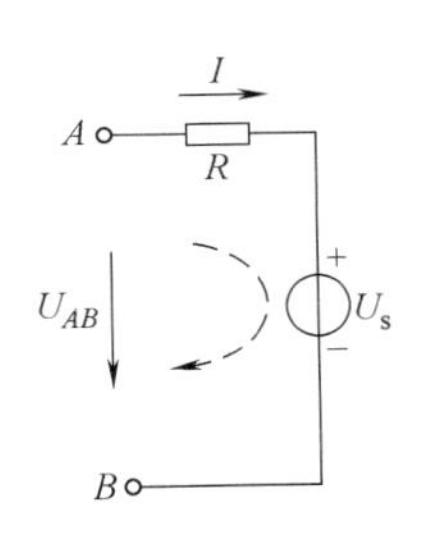

图1-24　KVL的推广应用——广义回路

$$U_{AB}-IR-U_s=0$$

可见，整个回路升高的电压总和等于降低的电压总和，即使沿逆时针方向绕行也可以得到相同的结论，因此常称开口电路为广义回路。

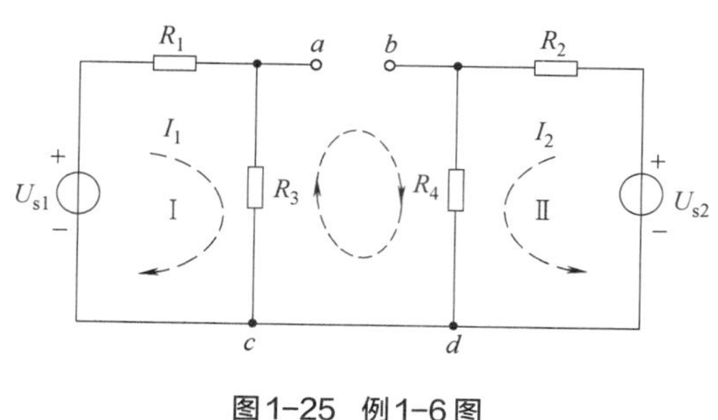

图1-25　例1-6图

［例1-6］　如图1-25所示，已知R_1=2Ω，R_2=4Ω，R_3=3Ω，R_4=6Ω，U_{s1}=12V，U_{s2}=18V，求广义回路的端电压U_{ab}。

解：回路Ⅰ和回路Ⅱ各自形成回路，设回路电流分别为I_1、I_2：

$$I_1=\frac{U_{s1}}{R_1+R_3}=\frac{12}{2+3}=2.4\text{（A）}$$

$$I_2=\frac{U_{s2}}{R_2+R_4}=\frac{18}{4+6}=1.8\text{（A）}$$

方法一：因ab断开，cd之间没有电流流过，c、d两点电位相同，回路电压为R_3、R_4两电阻的端电压之差，即

$$U_{ab}=U_a-U_b=I_1R_3-I_2R_4=2.4\times3-1.8\times6=-3.6\text{（V）}$$

方法二：可直接应用KVL得

$$U_{ab}+I_2R_4-I_1R_3=0$$

$$U_{ab}=-I_2R_4+I_1R_3=-1.8\times6+2.4\times3=-3.6\text{（V）}$$

1.7　电路的基本分析方法

1.7.1　支路电流法

支路电流法以电路的各支路电流为未知量，根据基尔霍夫定律列出方程，然后求解各支路电流。下面以例1-7为例，介绍应用支路电流法的具体步骤。

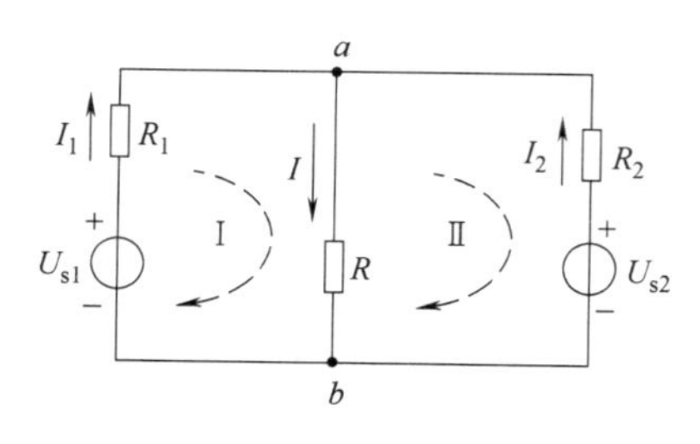

图1-26　支路电流法

［例1-7］　如图1-26所示，已知U_{s1}=9V，U_{s2}=4V，R_1=1Ω，R_2=2Ω，R=3Ω，试求各支路电流I、I_1、I_2。

解：① 假设各支路电流为I、I_1、I_2，参考方向如图1-26所示。

② 根据KCL列写节点电流方程。

对节点a：　$I_1+I_2-I=0$

对节点b：　$I-I_1-I_2=0$

可以看出两个节点电流方程相等，此时两方程互称为非独立的节点电流方程，联立方程组只能选其中之一。可以证明：如果电路有n个节点，可以列出$n-1$个独立的节点电流方程。若要使所列的节点电流方程为独立方程，需使每个方程均包含有一个区别于其他方程的新的节点。

③ 根据 KVL 列出回路电压方程。如果电路有 b 条支路，n 个节点，可以列出 $b-(n-1)$ 个独立的回路电压方程。为了保证电压方程的独立性，一般平面电路选网孔作为回路，列网孔的回路电压方程。所谓平面电路，是指将电路画成一个平面图时，不出现任何交叉支路的电路。图 1-26 所示平面电路的支路数 b=3，节点数 n=2，网孔数 $b-(n-1)=2$。

对回路Ⅰ：　　$R_1I_1+IR-U_{s1}=0$

对回路Ⅱ：　　$-R_2I_2+U_{s2}-IR=0$

这两个回路电压方程是相互独立的。如果要使所列回路电压方程为独立方程，就要使每个电压方程均包含有一条区别于其他方程的新的支路。

④ 将独立方程组成方程组，代入已知数据，即

$$I-I_1-I_2=0$$
$$I_1+3I-9=0$$
$$-2I_2+4-3I=0$$

解方程组得

$$I_1=3\text{A}$$
$$I_2=-1\text{A}$$
$$I=2\text{A}$$

⑤ 将所得结果代入未选用过的节点或回路，加以验证。将结果代入节点 a，$I_1+I_2-I=0$，结果正确。

1.7.2 叠加定理

叠加定理是线性电路的一条普遍原理，表述为：在有多个电源同时作用的线性电路中，任何一条支路中的电流（或电压），等于各个电源单独作用时在该支路中所产生的电流（或电压）的代数和。

应用叠加定理计算复杂电路，就是把一个多电源作用的复杂电路转化为几个单电源的电路来进行计算。若某个电源单独作用，此时其他不起作用的电源输出应该为零，可以将不起作用的电压源（$U_s=0$）视为短路；将不起作用的电流源（$I_s=0$）视为开路，但要保留实际电压源和电流源的内阻。由于线性电路中电流或电压为比例关系，因此叠加定理可以适用于电流、电压的叠加，但不能对功率进行叠加。

［例 1-8］　已知 U_{s1}=18V，I_{s2}=6A，R_1=3Ω，R_2=6Ω，应用叠加定理，求图 1-27（a）中的电流 I_1、I_2。

解：图 1-27 中所标电流方向均为参考方向，其中图（a）为 I_1、I_2 是两个电源共同作用时的电流。首先将原电路转化为各个电源单独作用时的电路，图 1-27（b）为电压源单独作用，将恒流源视为开路；图 1-27（c）为电流源单独作用，将电压源视为短路。其次分别求出各个电源单独作用时对应的各个支路电流，最后应用叠加原理求出各电流。

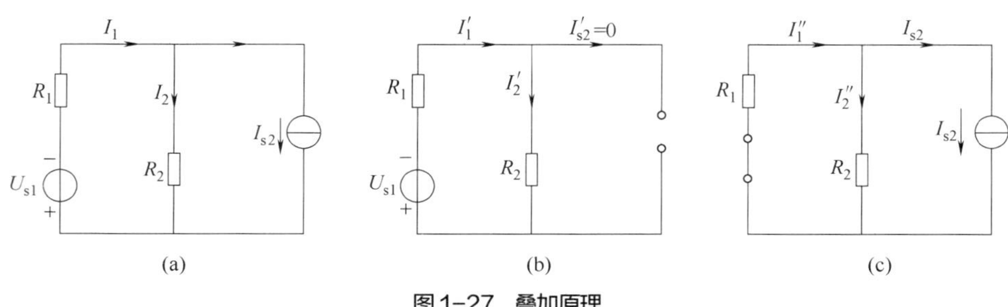

图1-27　叠加原理

图 1-27（b）中，$I_1' = I_2' = \dfrac{U_{s1}}{R_1 + R_2} = \dfrac{18}{3+6} = 2$（A）。

图 1-27（c）中，电阻 R_2 中电流的实际方向与参考方向相反，结果为负值，即

$$I_1'' = 2\text{A}$$

$$I_2'' = -4\text{A}$$

应用叠加原理，I_1'、I_1'' 与 I_1 的方向相同，均为正值；I_2' 与 I_2 的方向相同，为正值；I_2'' 与 I_2 的方向相反，为负值。因此有

$$I_1 = I_1' + I_1'' = 2+2=4\text{（A）}$$

$$I_2 = I_2' + I_2'' = 2-4=-2\text{（A）}$$

所得结果 $I_1 > 0$，$I_2 < 0$，说明图 1-27（a）中所标 I_1 的参考方向就是实际方向，I_2 的参考方向与实际方向相反。

1.7.3　节点电压法

节点电压法是以电路中的节点电压为未知量，列方程求解的电路分析方法，这种方法用在多支路少节点的电路中，计算支路电流时尤为简便。应用这种方法的一般步骤：

- 在电路中选定某个节点为参考点，即零电位点；
- 根据一段电路的欧姆定律，写出用节点电压表示的各支路电流的表达式；
- 根据 KCL，写出除参考点之外的各节点的节点电流方程，这组方程的未知量为节点电压；
- 解方程求出节点电压，然后代入各支路电流的表达式中，就可求出各支路电流；
- 将所得结果代入节点电流方程加以验证。

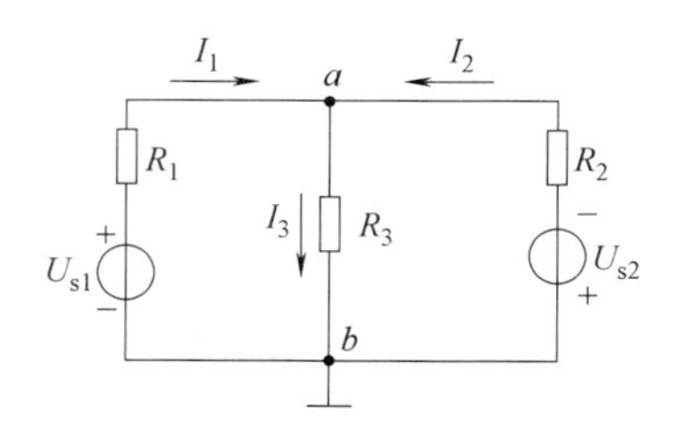

图1-28　节点电压法

下面以图 1-28 所示电路为例，进行具体讨论。该电路有 a、b 两个节点，选节点 b 为参考点，各支路电流的参考方向已标注。

节点 a 的电压 U_a 即 a 点相对于参考点 b 的电位，假设 U_a 已知，列写 U_a 与各支路电流的关系

$$U_a = -I_1 R_1 + U_{s1} \Rightarrow I_1 = \frac{U_{s1} - U_a}{R_1}$$

$$U_a = I_3R_3 \Rightarrow I_3 = \frac{U_a}{R_3}$$

$$U_a = -I_2R_2 - U_{s2} \Rightarrow I_2 = \frac{-U_{s2} - U_a}{R_2}$$

根据 KCL，写出节点 a 电流方程

$$I_1+I_2=I_3$$

$$\frac{U_{s1} - U_a}{R_1} + \frac{-U_{s2} - U_a}{R_2} = \frac{U_a}{R_3}$$

整理后得到节点 a 的电压表示式

$$U_a = \frac{\frac{U_{s1}}{R_1} - \frac{U_{s2}}{R_2}}{\frac{1}{R_1} + \frac{1}{R_2} + \frac{1}{R_3}}$$

上式中，分母是两节点之间各支路的恒压源为零输出后，各支路电阻的倒数和；分子是各支路的恒压源与本支路电阻相除后的代数和。当恒压源的电动势方向指向节点时取正值，背离节点时取负值。图 1-28 中，U_{s1} 取正值，其电动势的方向指向节点 a；U_{s2} 取负值，其电动势的方向背离节点 a。

两节点电路的节点电压公式一般形式可写成

$$U_a = \frac{\Sigma \frac{U_s}{R}}{\Sigma \frac{1}{R}}$$

如果两节点电路的支路中有一条支路是恒压源，就以恒压源的一端为参考点，另一端即为另一节点，所求节点电压即为恒压源的电压值，不必再进行计算；如果两节点之间有恒流源支路，或有恒流源与电阻串联的支路，则两节点电路的节点电压公式一般形式可写成

$$U_a = \frac{\Sigma \frac{U_s}{R} + \Sigma I_s}{\Sigma \frac{1}{R}}$$

上式中，分子增加了恒流源的代数和。当恒流源的电流流入节点时，恒流源 I_s 取正值；流出节点时 I_s 取负值。分母中不包含与恒流源串联的电阻，原因是与恒流源串联的电阻不影响恒流源的输出。

［例 1-9］　已知 U_{s1}=12V，U_{s2}=8V，I_s=1A，R_1=1Ω，R_2=3Ω，R_3=6Ω，R_4=15Ω。用节点电压法，求图 1-29 所示电路的各支路电流 I_1、I_2、I_4。

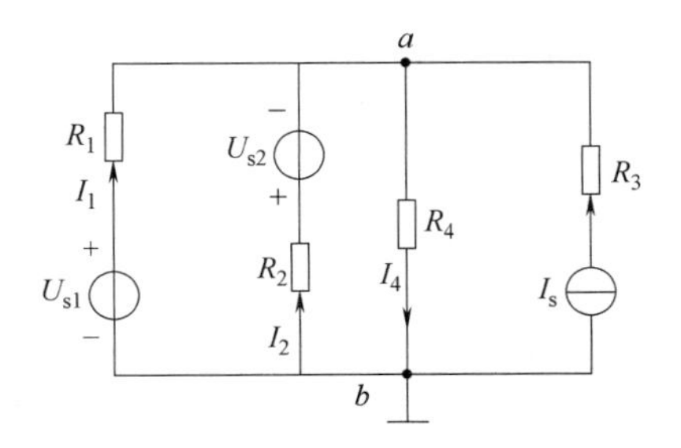

图1-29　例1-9图

解：选节点 b 为参考点，a 点电位为

$$U_a=\frac{\frac{U_{s1}}{R_1}-\frac{U_{s2}}{R_2}+I_s}{\frac{1}{R_1}+\frac{1}{R_2}+\frac{1}{R_3}}=\frac{\frac{12}{1}-\frac{18}{3}+1}{1+\frac{1}{3}+\frac{1}{15}}=5\text{（A）}$$

各支路电流为

$$I_1=\frac{U_{s1}-U_a}{R_1}=\frac{12-5}{1}=7\text{（A）}$$

$$I_2=\frac{-U_{s2}-U_a}{R_2}=\frac{-18-5}{3}=-7.67\text{（A）}$$

$$I_4=\frac{U_a}{R_4}=\frac{5}{15}=0.33\text{（A）}$$

根据 KCL 可得

$$I_1+I_2+I_3-I_4=7+(-7.67)+1-0.33=0\text{（A）}$$

由此可知结果正确。

1.7.4 戴维南定理

在电路分析中，经常需要计算电路中某一个支路的电流，如果用支路电流法或节点电压法，列方程就会引出不必求解的电流，使计算过程反而变得很麻烦，引入有源二端网络的概念，应用戴维南定理，能简便解决此类问题。下面以图 1-30（a）所示复杂电路为例，求该图中的支路电流 I。

将所求支路从电路中取出后，剩余部分因有两个出线端子，因而称为二端网络。若二端网络内部含有电源，就称为有源二端网络。戴维南定理可以表述为：任何一个有源二端线性网络，可以用一个电动势为 U_s 的理想电压源和内阻 R_0 串联而成的等效电源来代替，电压源的电动势 U_s 等于有源二端网络的开路电压 U_0，内阻 R_0 等于有源二端网络包含的所有电源输出为零后的等效电阻。由电动势 U_s 和内阻 R_0 串联组成的等效电源称为戴维南等效电路，如图 1-31 虚线框所示。

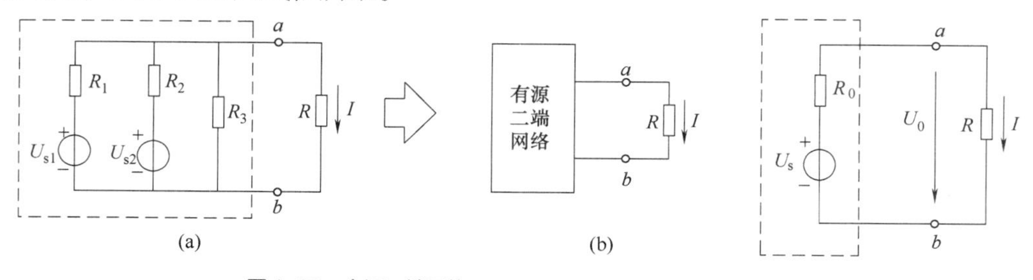

图 1-30 有源二端网络

图 1-31 戴维南等效电路

应用戴维南定理解题的一般步骤：

- 断开待求支路，将电路分为待求支路和有源二端网络两部分；
- 画出有源二端网络，求出有源二端网络的开路电压 U_0；

➢ 画出有源二端网络包含的所有电源输出为零后的电路，求出等效电阻 R_0；

➢ 画出戴维南等效电路，求出待求量。

［例 1-10］　已知 U_{s1}=10V，U_{s2}=6V，R_1=1Ω，R_2=3Ω，R_3=6Ω，R=16Ω，应用戴维南定理，求图 1-32（a）中负载 R_L 的电流 I。

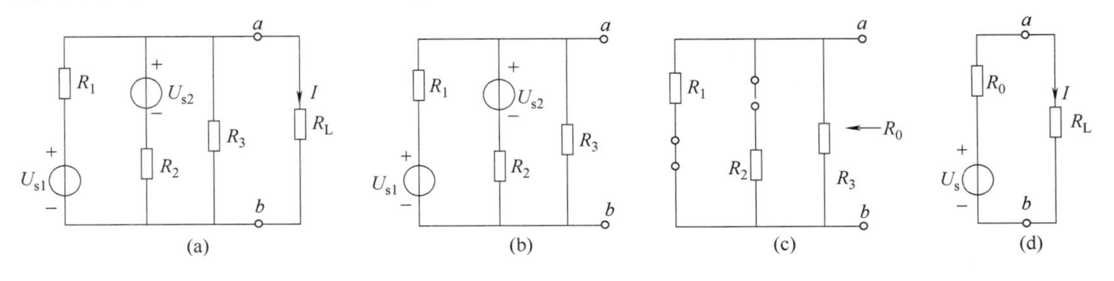

图 1-32　例 1-10 图

解：应用戴维南定理，只要求出戴维南等效电路的电动势 U_s 和内阻 R_0，就能求出任意负载中的电流。

图 1-32（a）所示电路的有源二端网络如图 1-32（b）所示，开路电压 U_0 就是所包含的三条支路的端电压 U_{ab}，用节点电压法求 U_{ab}，设 b 端电位为零，则

$$U_0 = U_{ab} = U_a = \frac{\dfrac{U_{s1}}{R_1}+\dfrac{U_{s2}}{R_2}}{\dfrac{1}{R_1}+\dfrac{1}{R_2}+\dfrac{1}{R_3}} = \frac{\dfrac{10}{1}+\dfrac{6}{3}}{1+\dfrac{1}{3}+\dfrac{1}{6}} = 8\text{（A）}$$

戴维南等效电路的电动势为

$$U_s = U_{ab} = 8\text{V}$$

求有源二端网络等效电阻 R_0 的电路如图 1-32（c）所示，此时电压源输出为零，将 U_{s1}、U_{s2} 短路，则

$$R_0 = R_1 /\!/ R_2 /\!/ R_3 = \frac{1}{\dfrac{1}{R_1}+\dfrac{1}{R_2}+\dfrac{1}{R_3}} = \frac{1}{1+\dfrac{1}{3}+\dfrac{1}{6}} = \frac{2}{3}\text{（Ω）}$$

画出戴维南等效电路，如图 1-32（d）所示，R_L 中的电流 I 为

$$I = \frac{U_s}{R_0 + R} = \frac{8}{\dfrac{2}{3}+16} = 0.48\text{（A）}$$

［例 1-11］　用戴维南定理计算图 1-33（a）中的电流 I。

解：将待求支路取出，得到图 1-33（b）所示有源二端网络，开路电压 U_0 就是 4Ω 电阻的端电压，即

$$U_0 = 2 \times 4 = 8\text{（V）}$$

戴维南等效电路的电压源为

$$U_s = U_0 = 8\text{V}$$

将电路中 4V 的电压源短路，2A 的电流源开路，得到图 1-33（c）所示电路，有源二

端网络的等效电阻 R_0 就是 4Ω 电阻，其他两个电阻开路，即

$$R_0=4\Omega$$

由戴维南等效电路，如图 1-33（d）所示，可求得电流 I，即

$$I=\frac{8\text{V}}{4\Omega+16\Omega}=0.4\text{A}$$

在实际应用中，有源二端网络的内部电路十分复杂或没必要了解，可以用实验的方法来测定电动势 U_s 和内阻 R_0。

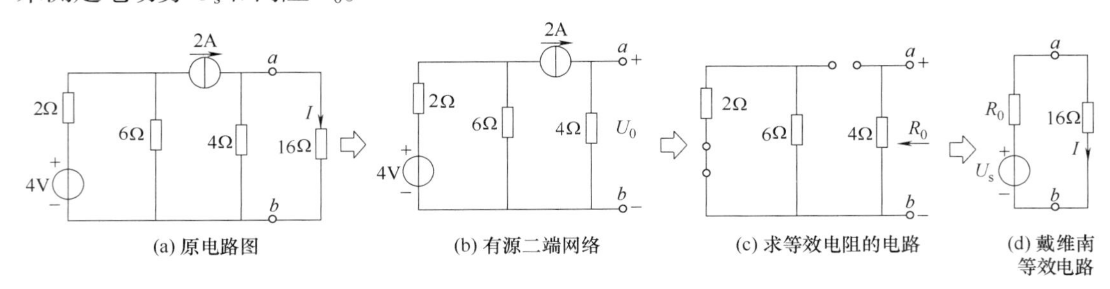

图 1-33 例 1-11 图

【阅读材料】

电阻及识别

电阻对导体中的电流有阻碍作用，是电子电路中使用最多的元件。习惯上把电阻元件（电阻器）简称为电阻，“电阻”一词既可表示电阻元件，又可表示电阻元件的电阻值。电阻元件按制造材料可分为碳膜电阻、金属电阻、线绕电阻、薄膜电阻等，按阻值特性可分为固定电阻、可调电阻、特种电阻（敏感电阻）等。

图 1-34 所示为常用色环电阻的识别。色环电阻的阻值等于色环表示的有效数字乘以倍乘数，最后一位表示误差等级。四色环的前两位是有效数字，五色环的前三位是有效数字。倍乘数就是有效数字后面乘以 10 的几次幂，金色的倍乘数是 10^{-1}，银色的倍乘数是 10^{-2}，其他颜色的与数字对应。为了快速判断阻值的大小，可以参考方便记忆的口诀：棕一红二橙是三，四黄五绿六为蓝，七紫八灰九对白，黑色是零需牢记，金五银十表误差。用表示倍乘数的色环直接判断阻值范围口诀：金色欧姆（几点几欧姆）黑几十（几十几欧姆），棕色几百（几百几十欧姆）红是 k（几点几千欧），几十 k 级橙色当（几十几千欧），几百 k 级是黄环（几百几十千欧），登上兆欧涂绿彩（几点几千兆欧），几十兆欧是蓝环（几十几兆欧），两环出黑是整数。

例如：棕色几百，棕色代表倍乘数为 10^1，四环有两位有效数字，即几十，阻值等于几十乘以 10^1，结果为几百几十欧姆。

对于贴片电阻的识别，由于体积和面积太小，电阻值通常用标注的几位数字表示，即印字标注法。常见的有 3 位数字表示和 4 位数字表示。

① 三位数字表示法：$XXY=XX\times10^Y\Omega$，前两位数字 XX 代表电阻值的 2 位有效数字，第三位数字 Y 代表 10 的几次幂，即在有效数字后面应添加零的个数。这种表示法通常用在阻值误差为±5%电阻系列。例如 $100=10\times10^0=10\Omega$，$272=27\times10^2=2.7\text{k}\Omega$。

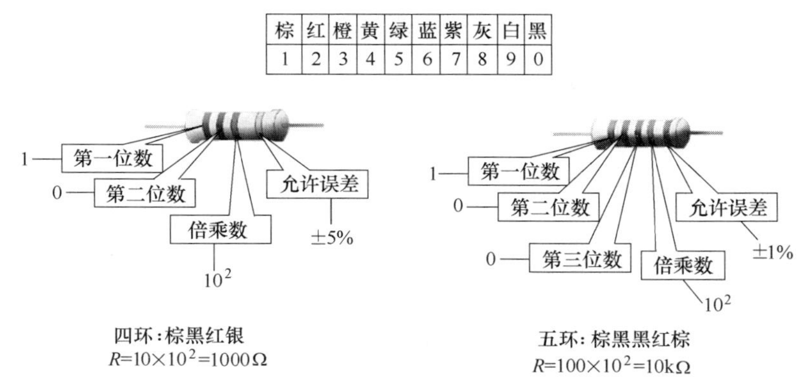

棕	红	橙	黄	绿	蓝	紫	灰	白	黑
1	2	3	4	5	6	7	8	9	0

图1-34 常用色环电阻的识别

当电阻值小于10欧姆时，在代码中用R表示电阻值小数点的位置。例如“2R4”表示“2.4Ω”。

若是小数，则用“R”表示“小数点”，并占用一位有效数字，其余两位是有效数字。例如“R15”表示：“0.15Ω”。

② 四位数字表示法：$\text{XXXY}=\text{XXX}\times10^{\text{Y}}\Omega$，前三位数字XXX代表电阻值的3位有效数字，第四位数字Y代表10的几次幂。这种表示法通常用在阻值误差为±1%精密电阻系列。例如“4701”表示$470\times10^1=4.7\text{k}\Omega$。

本章小结

这一章的内容包括三个大的方面：

① 电路的组成；描述电路用到的基本物理量，包括电压、电流、电动势、电位、电压源、电流源等。

② 在电路分析中常用的基本定理和定律。如欧姆定律、全电路欧姆定律、基尔霍夫定律、戴维南定理等。

③ 分析电路常用的方法。如支路电流法、电压源与电流源等效变换法、节点电压法等，这些都是在后续课程中学习电路分析时将用到的最基本的知识。

习　　题

一、判断题

1. 电路中某点的电位随参考点选择的不同而不同。
2. 网孔一定是回路，但回路不一定是网孔。
3. 电压与电流的实际方向可以与参考方向相同，也可以不同。
4. 参考点是不可以任意选取的，因接地点电位为零，故应选取电路接地点为参考点。
5. 分析电路时，应采用关联参考方向，不可以采用非关联参考方向。

6. 电压源与电流源的等效变换无论对内电路还是对外电路均是等效的。

7. 节点电流方程是按电流参考方向列写的，与电流实际方向无关。

8. KVL 反映的是回路中元件端电压之间关系，与所接元件是线性还是非线性无关。

9. 电路中任意两点间的电位差与参考点的选择有关。

10. 叠加定理广泛应用于电路的分析，适用于所有电路。

二、选择题

1. 将有源二端网络等效变换时，与恒流源相串联的电阻或电压源，可视为（　　）。

A. 短路　　B. 断路

2. 一个实际电源在供电时，其输出电压随着负载中电流的增大将（　　）。

A. 降低　　B. 升高　　C. 不变　　D. 稍微降低

3. 电路中，将其他形式能量转换为电能的电气设备是（　　）。

A. 电源　　B. 导线　　C. 负载　　D. 中间电气元件

4. 根据 KVL，若电路中n个网孔，可以列出（　　）个独立电压方程。

A. n+1　　B. n　　C. n−1　　D. n−2

三、填空题

1. 从结构上看，电路基本上由____、____、____三部分组成。

2. 电路的功能主要是完成____和____。

3. 电动势的实际方向为由电源的负极经电源内部到电源____，即电源内部电位____的方向。

4. 电路的工作状态有____、____、____三种。

5. 电压的参考方向与电流的参考方向一致称为____参考方向。

6. 应用节点电流法分析电路，若所得结果为正值，说明电流实际方向与参考方向____；若所得结果为负，则电流实际方向与参考方向____。

7. 应用叠加定理时，将不起作用的电压源作__________处理，将不起作用的电流源作____________处理。

8. 理想电压源的内阻是____，理想电流源的内阻是 ___。

9. 叠加定理只适用于线性电路中的____或____的叠加，不能对____进行叠加。

10. 若某平面电路有个 n 节点，可列出____个独立的电流方程。

四、分析计算题

1. 图 1-35 中，各方框均表示闭合电路中的某一电气元件，其中各电压、电流的参考方向在图中已标出。已知（1）U=2V，I=−1A；（2）U=−3V，I=−2A；（3）U=5V，I=2A。试判断元件是负载还是电源。

2. 图 1-36 中，A、B、C 为三个元件。电压与电流的参考方向已标注在图中。已知 I_1=3A，I_2=−3A，I_3=−3A，U_1=120V，U_2=10V，U_3=−110V，请标出各电流、电压的实际方向和极性，并判断哪个是电源、哪个是负载。

3. 电路图 1-37 中，如果以 B 点为参考点，图（a）、图（b）中的 A 点电位有变化吗？为什么？图（a）中 E_2 有什么作用？

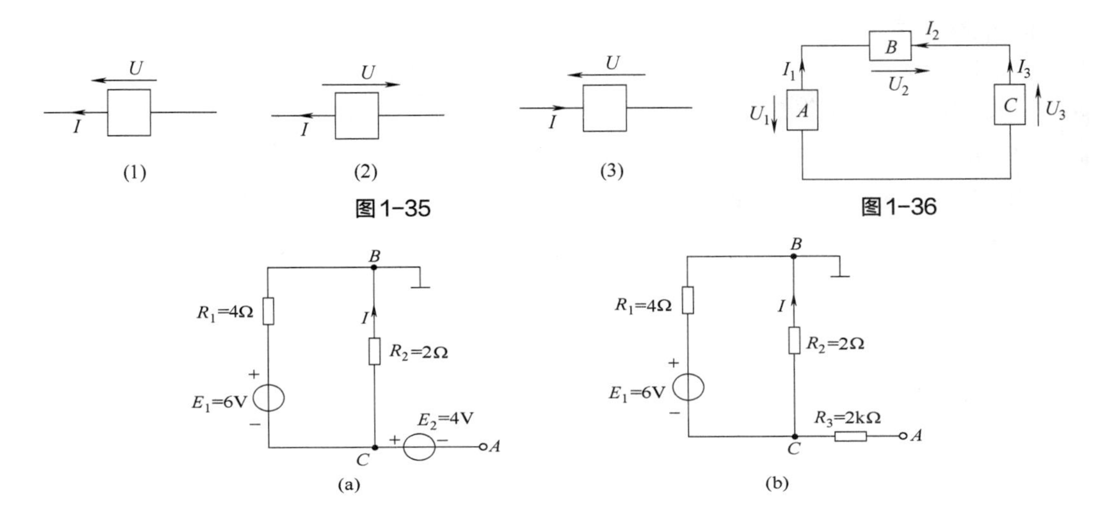

图1-35

图1-36

图1-37

4. 图 1-38 中，15Ω 电阻上的压降为 U=30V，其极性如图所示。求电阻 R 的值及 b 点的电位。

5. 电路如图 1-39，分别用支路电流法、电压源与电流源的等效变换、叠加原理、节点电位法、等效电源定理，求图中各支路的电流。

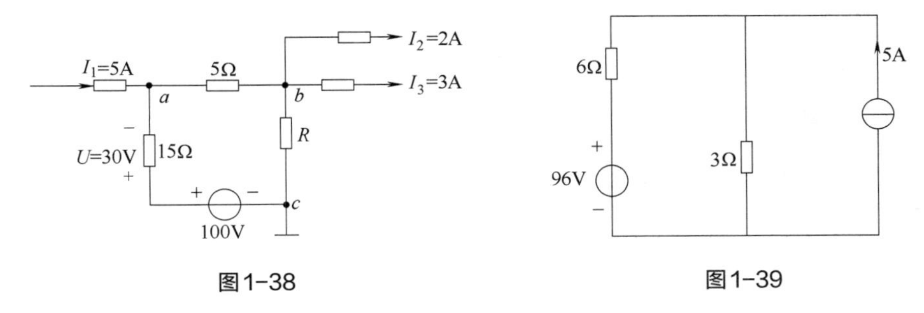

图1-38

图1-39

6. 电路如图 1-40，已知 E_1=230V，R_1=2Ω，E_2=214V，R_2=2Ω，R_L=110Ω，分别用支路电流法、电压源与电流源的等效变换、叠加原理、节点电位法、等效电源定理，求各支路电流。

7. 电路如图 1-41，已知 U_1=12V，U_2=−6V，U_3=2V，R_1=R_2=20kΩ，R_3=R_4=10kΩ，求电路中 A 点的电位。

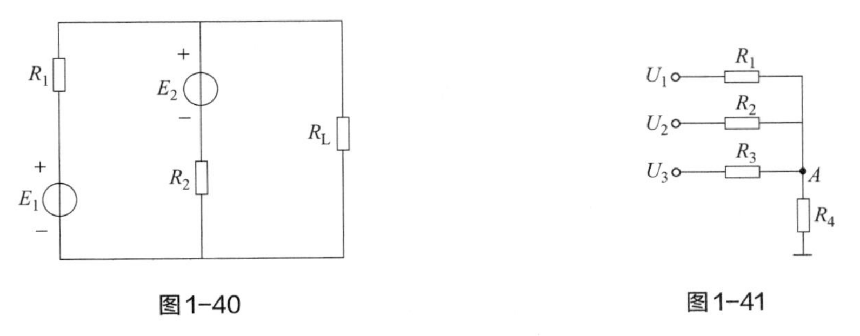

图1-40

图1-41

8. 电路如图 1-42，用等效电源定理将有源二端网络变换为等效电压源。

9. 图 1-43 中 N 为一有源两端网络，用内阻为 100kΩ 的电压表测得其开路电压为 80V，用内阻为 50kΩ 的电压表测得其开路电压为 60V，求出该网络的等效电源模型。若通过 A、B 间所接电阻的电流为 0.02A 时，求 A、B 间所接电阻的阻值。

10. 电路如图 1-44，已知 E_1=12V，E_2=9V，R_1=R_2=R_3=R_4=3Ω，R_5=10Ω，I_s=6A，求 R_5 上的电流 I。

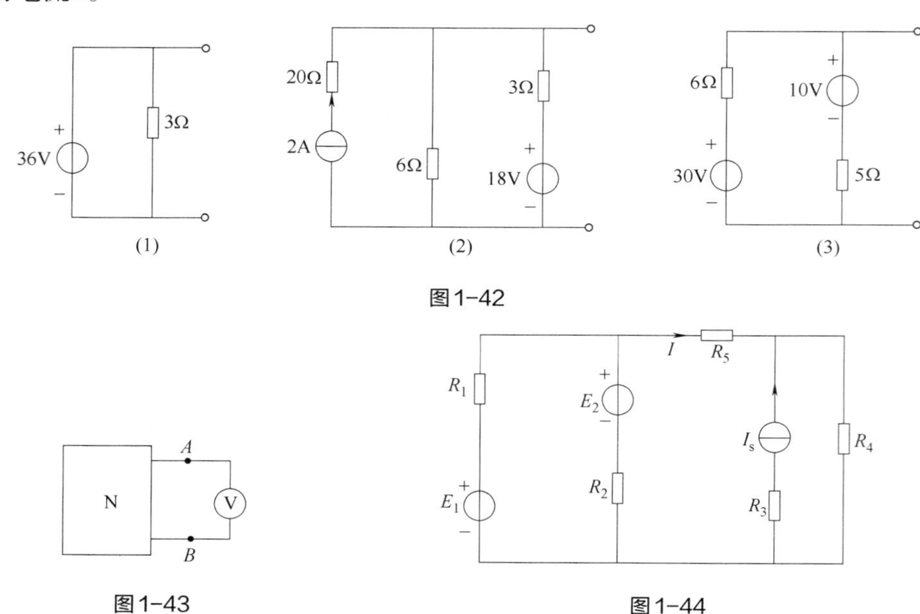

图1-42

图1-43

图1-44

11. 电路图 1-45 中，已知 E_1=6V，E_2=16V，I_s=2A，R_1=R_2=R_3=2Ω，试求各支路电流 I_1、I_2、I_3、I_4和 I_5。

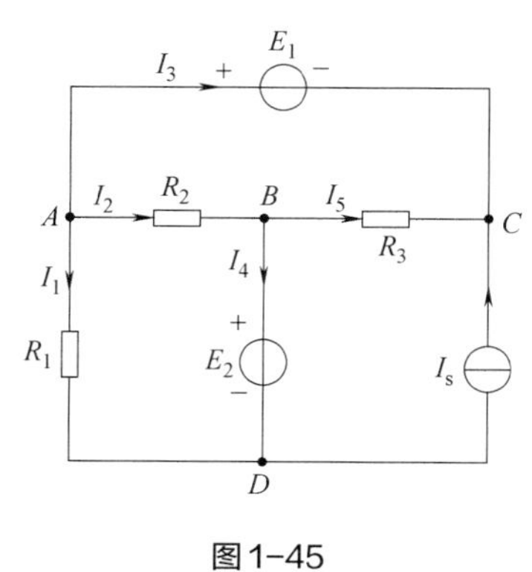

图1-45

第 2 章
单相交流电路

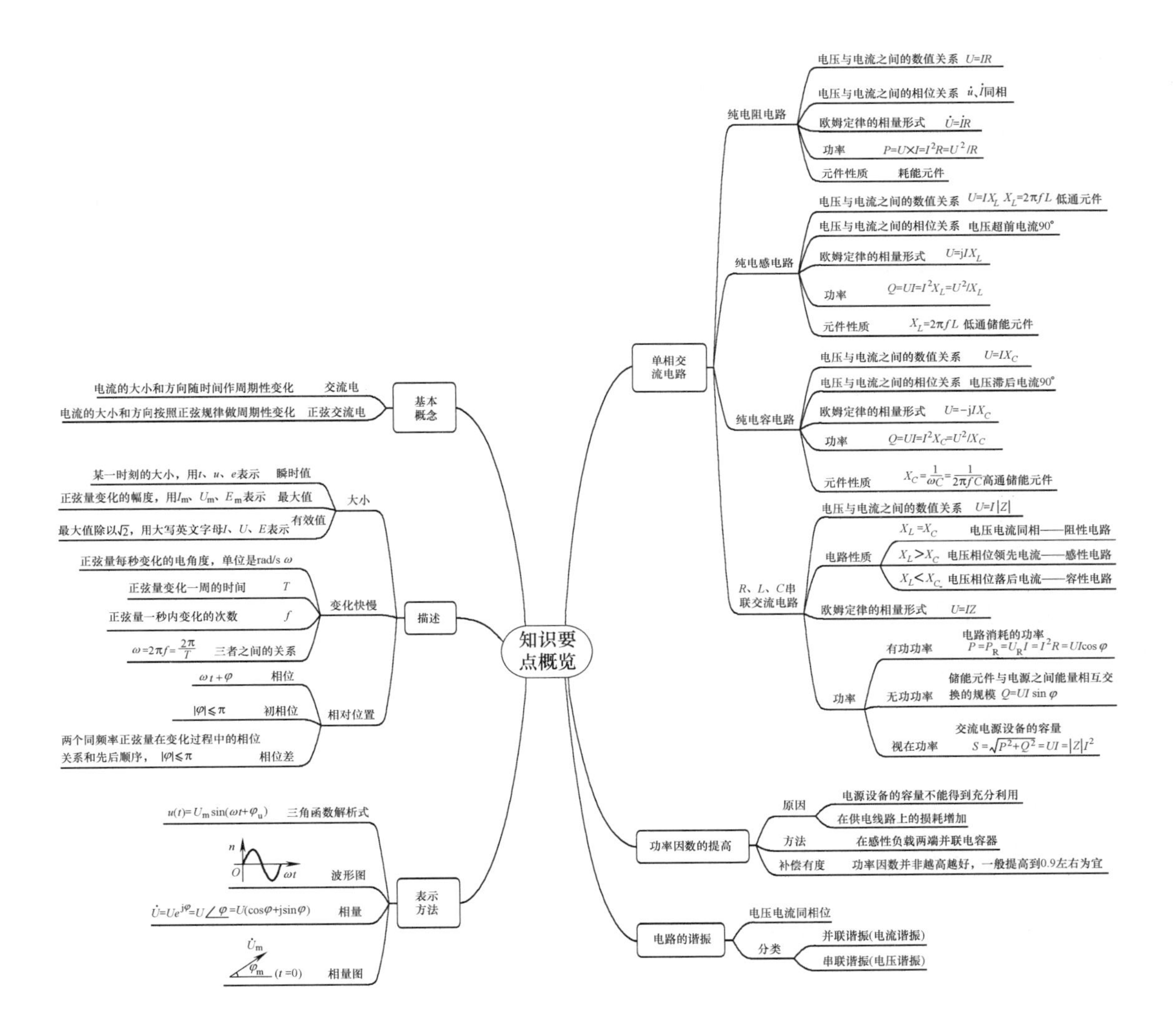

知识要点概览
基本概念
电流的大小和方向随时间作周期性变化 交流电
电流的大小和方向按照正弦规律做周期性变化 正弦交流电
描述
大小
某一时刻的大小，用i、u、e表示 瞬时值
正弦量变化的幅度，用Im、Um、Em表示 最大值
最大值除以√2，用大写英文字母I、U、E表示 有效值
变化快慢
正弦量每秒变化的电角度，单位是rad/s ω
正弦量变化一周的时间 T
正弦量一秒内变化的次数 f
ω=2πf=2π/T 三者之间的关系
相对位置
ωt+φ 相位
|φ|≤π 初相位
两个同频率正弦量在变化过程中的相位关系和先后顺序，|φ|≤π 相位差
表示方法
u(t)=Um sin(ωt+φu) 三角函数解析式
波形图
U̇=Ue^jφ=U∠φ=U(cosφ+jsinφ) 相量
(t=0) 相量图
单相交流电路
纯电阻电路
电压与电流之间的数值关系 U=IR
电压与电流之间的相位关系 u、i同相
欧姆定律的相量形式 U̇=İR
功率 P=U×I=I²R=U²/R
元件性质 耗能元件
纯电感电路
电压与电流之间的数值关系 U=IXL XL=2πfL 低通元件
电压与电流之间的相位关系 电压超前电流90°
欧姆定律的相量形式 U=jIXL
功率 Q=UI=I²XL=U²/XL
元件性质 XL=2πfL 低通储能元件
纯电容电路
电压与电流之间的数值关系 U=IXC
电压与电流之间的相位关系 电压滞后电流90°
欧姆定律的相量形式 U=−jIXC
功率 Q=UI=I²XC=U²/XC
元件性质 XC=1/ωC=1/2πfC 高通储能元件
R、L、C串联交流电路
电压与电流之间的数值关系 U=I|Z|
电路性质
XL=XC 电压电流同相——阻性电路
XL>XC 电压相位领先电流——感性电路
XL<XC 电压相位落后电流——容性电路
欧姆定律的相量形式 U=IZ
功率
有功功率 电路消耗的功率 P=PR=URI=I²R=UIcosφ
无功功率 储能元件与电源之间能量相互交换的规模 Q=UI sinφ
视在功率 交流电源设备的容量 S=√(P²+Q²)=UI=|Z|I²
功率因数的提高
原因
电源设备的容量不能得到充分利用
在供电线路上的损耗增加
方法 在感性负载两端并联电容器
补偿有度 功率因数并非越高越好，一般提高到0.9左右为宜
电路的谐振
电压电流同相位
分类
并联谐振(电流谐振)
串联谐振(电压谐振)

本章教学目标

本章介绍交流电的基本概念，讨论单相交流电路的分析与计算。通过本章的学习，要着重理解正弦交流电的基本概念，包括正弦量及其三要素、相位、相位差、相量等；了解正弦交流电路的分析思路和方法，以及交流电路的谐振状态；理解电阻、电感、电容在交流电路和直流电路中的不同特点；掌握单相交流电路的电压、电流关系及功率的计算，如单一元件交流电路、RLC 串联电路、提高功率因数的电路。

2.1 正弦交流电基础

2.1.1 正弦交流电的基本概念

稳恒直流电的电压、电流是不随时间改变的，如图 2-1 所示。交流电的电压、电流和电动势的大小和方向随时间作周期性变化，如图 2-2 所示，电路图中所标方向均指参考方向。最常用的交流电是波形如图 2-2（a）所示的正弦交流电，其随时间按正弦函数规律变化，其电压、电流和电动势统称为正弦量。非正弦交流电只在特殊的场合使用，常用的有方波和三角波，波形如图 2-2（b）、图 2-2（c）所示。

图 2-1 稳恒直流电

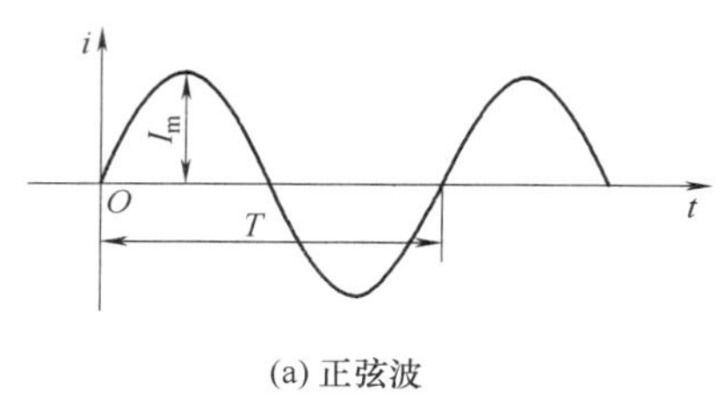

(a) 正弦波

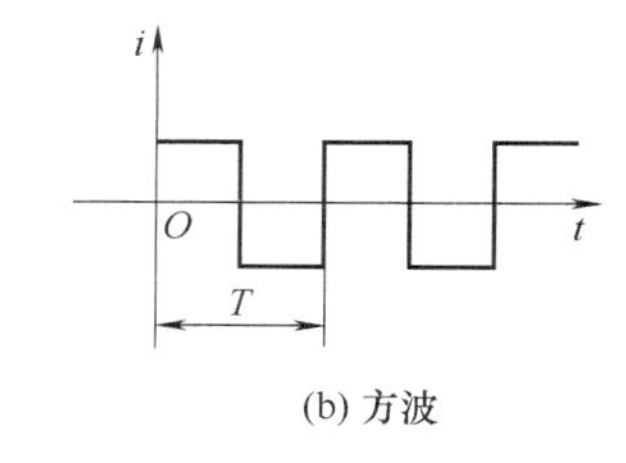

(b) 方波

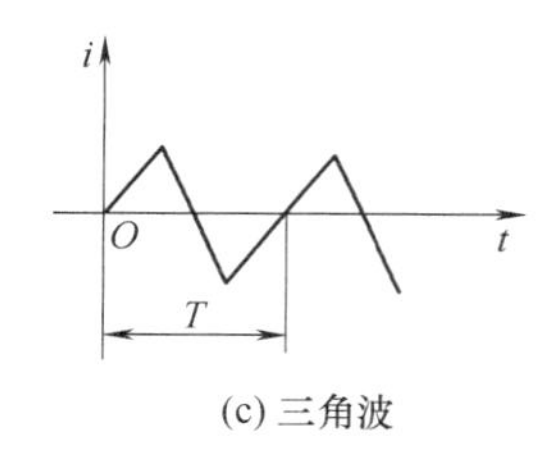

(c) 三角波

图 2-2 交流电

2.1.2 正弦交流电的三要素

正弦量可以用正弦函数形式表示，三角函数解析式表示为

$$u(t)=U_m\sin(\omega t+\varphi_u)$$

式中，U_m 为最大值，ω 为角频率，φ_u 为初相位。若已知正弦量的最大值、角频率和初相位，正弦量与时间的关系就能确定下来，所以称这三个量为正弦量的三要素。

三角函数解析式往往与波形图相对应，正弦量的波形图可以通过旋转矢量法作出，如图 2-3 所示，在坐标系内，旋转矢量的长度等于正弦量的最大值，以角频率 ω 逆时针方向旋转，初始位置（t=0 时）与 x 轴的夹角等于初相位，每一时刻，旋转矢量在纵轴上的投影与正弦量的值满足一一对应关系。在波形图中也体现着正弦量的三要素。

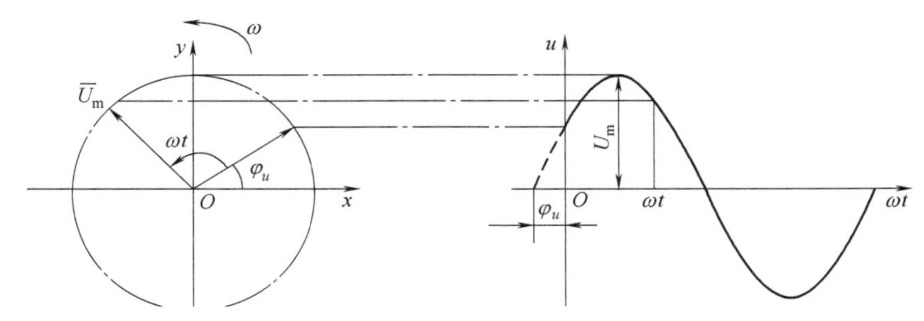

图 2-3 旋转矢量与波形图

2.1.3 描述正弦交流电特征的物理量

周期：是指正弦量变化一次所需要的时间，用 T 表示，单位有秒（s）、毫秒（ms）等。

频率：是指正弦量在每秒内变化的次数，用 f 表示，单位有赫兹（Hz）、千赫（kHz）、兆赫（MHz）等。周期与频率互为倒数，即 $f = \frac{1}{T}$。

我国和其他大多数国家都采用 50Hz 作为电力标准频率，少数国家如日本、美国等采用 60Hz。这种频率在工业上广泛应用，习惯上称为工频。

角频率：是指正弦量每秒内变化的角度，又称角速度，用 ω 表示，单位是弧度每秒（rad/s）。由周期定义可知，正弦量经过一个周期变化的角度为 2π 弧度，故角频率与频率、周期之间的关系为

$$\omega = 2\pi f = \frac{2\pi}{T}$$

若 f=50Hz，则 ω=2πf=100πrad/s=314rad/s，T=0.02s。

瞬时值：是指正弦量在某一时刻的大小，反映了正弦量随时间变化的关系，用小写字母 i、u、e 表示。

最大值：是指正弦量瞬时值中的最大值，也称为幅值，反映了正弦量变化的幅度，用大写英文字母加下脚标表示，即 I_m、U_m、E_m。

瞬时值和最大值仅表示某一时刻的大小，为了确切地衡量正弦量的大小，引入了有效值的概念。

有效值：正弦交流电流的有效值是从电流热效应的角度来定义的。在相同时间内，交流电流 i 通过电阻 R 产生的热量与直流电流 I 通过相同电阻 R 产生的热量相等，则称这一直流电流 I 的数值就是交流电流的有效值，相应的电压称为有效电压。理论和实验都表明：正弦量的最大值是有效值的 $\sqrt{2}$ 倍。以电压为例，其最大值 U_m 与有效值 U 的关系为

$$U = \frac{U_m}{\sqrt{2}} \approx 0.707U_m$$

实际应用中所说的交流电压 220V 或 380V 等，均指交流电的有效值；各种交流电气设备铭牌上标注的额定值以及常用交流测量仪表所测得的数值也均为有效值。

相位：正弦量随时间的变化进程用角度反映更为方便。角频率为 ω 的正弦量经过时间 t 所变化的角度为 ωt，在开始时对应的角度为 φ_0，正弦量经过时间 t 后所对应的角度是 $\omega t+\varphi_0$，称为相位角，简称相位，该角度不对应任何空间角度，往往称其为“电角”。

初相位：把计时起点 $t=0$ 所对应的角度称为初相位或初相角，简称初相。相位和初相位的单位都是弧度（rad）或度（°）。

相位差：两个同频率正弦量的相位之差称为相位角差或相位差，反映了两个正弦量在变化过程中的相对位置关系，用 φ 表示。一般规定 $|\varphi|\leqslant\pi$。

例如：同频率的电压和电流：$u(t)=U_m\sin(\omega t+\varphi_u)$，$i(t)=I_m\sin(\omega t+\varphi_i)$，波形图如图 2-4 所示，相位差 $\varphi=(\omega t+\varphi_u)-(\omega t+\varphi_i)=\varphi_u-\varphi_i$。

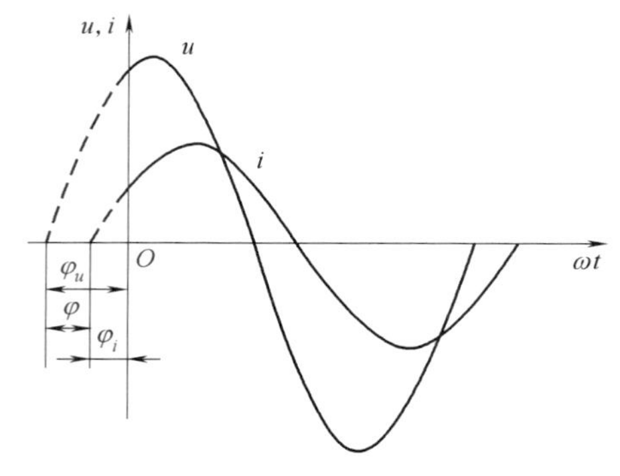

图 2-4　同频率正弦量初相位不同时的波形图

两个同频率正弦量的相位差就是两个正弦量的初相位之差。同频率正弦量的相位关系包括超前、滞后、同相、反相四种。

超前和滞后：正弦量电压 u 与电流 i 的初相位 $\varphi_u>\varphi_i$，相位差 $\varphi=(\varphi_u-\varphi_i)>0$，就称电压超前电流 φ 角，或称电流滞后于电压 φ 角。在图 2-4 中，随着时间的变化，电压 u 比电流 i 先到达零点或正向最大值，可见，超前与滞后是相对而言的。

同相：正弦量电压 u 与电流 i 的初相位 $\varphi_u=\varphi_i$，相位差 $\varphi=(\varphi_u-\varphi_i)=0$，就称电压与电流同相，即相位相同。在图 2-5（a）中，电压 u 与电流 i 变化的步调是一致的，即同时过零点、同时到达正向最大值和负向最大值。

反相：正弦量电压 u 与电流 i 的初相位 $\varphi_u=-\pi$，$\varphi_i=0$，或 $\varphi_u=0$，$\varphi_i=-\pi$，相位差 $\varphi=\pm\pi$，就称电压与电流反相。在图 2-5（b）中，电压 u 和电流 i 变化的步调是相反的，即同时过零点后，当电压 u 到达正向最大值时，电流 i 到达负向最大值。

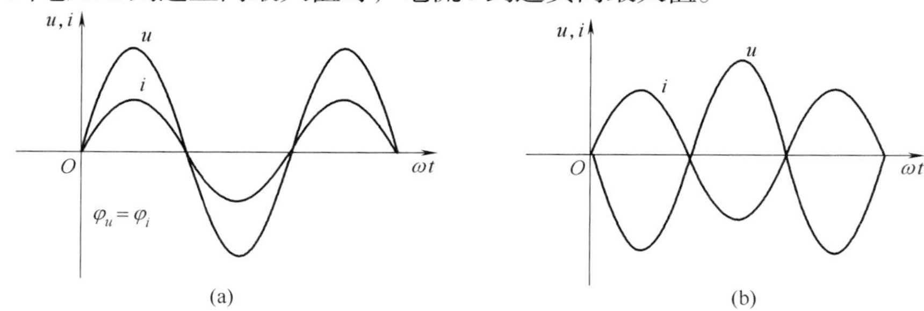

图 2-5　同频率正弦量的相位关系

［例 2-1］　在交流电路中，流过某一支路的电流为 $i_1=10\sin(200\pi t-45°)$A，试求：

（1）电流 i_1 的角频率、频率、周期，最大值、有效值，相位、初相位。

（2）若该电路的另一支路电流 i_2 的初相位为 60°，有效值是 i_1 的一半，写出 i_2 的瞬时值表达式，并求两支路电流的相位差，说明相位关系。

解：（1）电流 i_1 的角频率、频率、周期分别为

$$\omega=200\pi\ \text{rad/s},\quad f=\frac{\omega}{2\pi}=\frac{200\pi}{2\pi}=100\text{Hz},\quad T=\frac{1}{100}=0.01\text{s}$$

最大值为：$I_{1m}=10\text{A}$

有效值为：$I_1=\frac{10}{\sqrt{2}}=7.07$（A）

相位为：$200\pi t-45°$

初相位为：$\varphi_{i1}=-45°$

（2）同一交流电路中的正弦量频率相同，比较相位关系和相位差也才有意义。i_2 的有效值是 i_1 的一半，最大值应满足 $I_{2m}=\frac{1}{2}I_{1m}=5\text{A}$，因此，$i_2$ 的瞬时值表达式为

$$i_2=5\sin(200\pi t+60°)\text{A}$$

相位差为

$$\varphi=\varphi_1-\varphi_2=(-45°)-60°=-105°$$

两支路电流的相位关系是：i_1 滞后于 i_2 的角度是 105° 或 i_2 超前 i_1 的角度是 105°。

2.2　正弦交流电的相量表示

在电工技术中，正弦量除了用三角函数解析式和波形图表示外，还常用相量和相量图表示。相量表示的基础是有关复数的知识。

2.2.1　复数基本知识

图 2-6 是有向线段的复数表示，横轴为实轴，表示复数的实部，单位长度为 1，纵轴是虚轴，表示复数的虚部，单位长度为 j。坐标系中复数 A 为一个有向线段，a 为实部，b 为虚部，r 为复数的模，表示复数的大小，φ 为复数的幅角，并且有

$$r=\sqrt{a^2+b^2},\quad \varphi=\tan^{-1}\frac{b}{a}$$

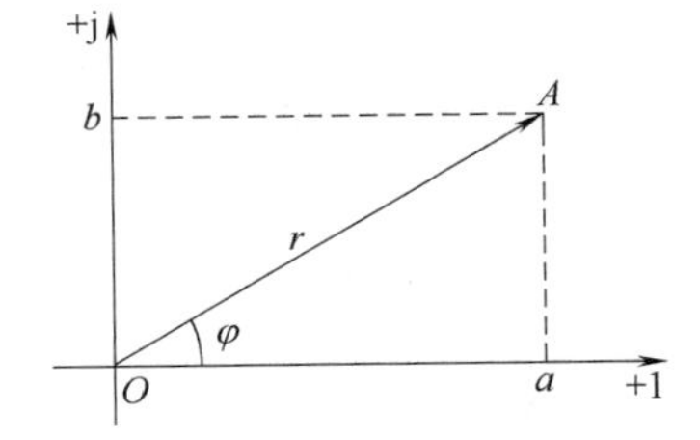

图 2-6　有向线段的复数表示

任何一个复数 A 可以表示为如下形式：

- 代数形式：$A=a+\text{j}b$
- 三角函数形式：$A=r(\cos\varphi+\text{j}\sin\varphi)$
- 指数形式：$A=re^{\text{j}\varphi}$
- 极坐标形式：$A=r\angle\varphi$

复数的几种表示形式可以相互转化，为了方便运算，进行加、减运算常采用代数形式，乘、除运算常采用极坐标形式或指数形式。

2.2.2　相量和相量图

用复数形式表示的正弦量称为该正弦量的相量。为了区别于一般的复数，相量用大写

字母并在其上面加“•”表示，如电压的有效值相量写为$\dot{U}$，电流的最大值相量写为$\dot{I}_{\rm m}$等，在实际中应用最多的是有效值相量。

作相量图类似于在直角坐标系中作旋转矢量图。取消两个坐标轴，选 t=0 时初相位为零的相量作为基准相量，也称参考相量。初始位置与参考相量之间的夹角是正弦量的初相 φ_0，在 φ_0 角方向按一定比例作有向线段，线段长度表示正弦量的有效值（或最大值），所得图形即为相量图，如图 2-7 所示。在分析线性电路时，频率是已知的或特定的，可以不必考虑，相量图能够体现出正弦量的幅值（或有效值）和初相位即可。

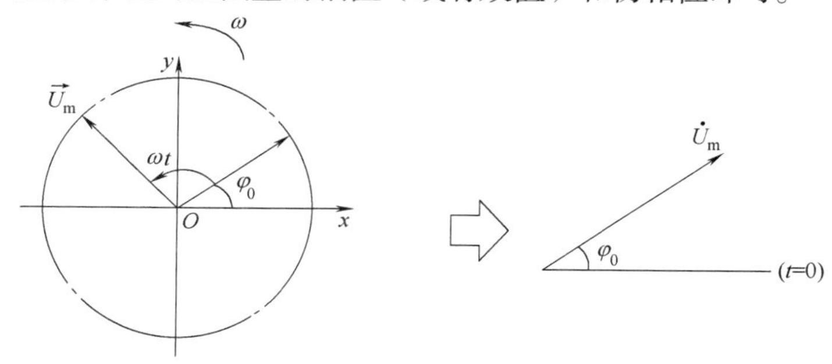

图 2-7 正弦量的旋转矢量和相量图表示

同频率的正弦量由于相位差保持不变，因此可以在同一相量图中表示，更能清楚地反映它们之间的大小和相位关系。

应当注意：一个正弦量的解析式、波形图和相量是几种不同的表示方法，它们相互之间是一一对应的，但在数学上并不相等，如果写成$i=\dot{I}_{\rm m}$或$\dot{I}_{\rm m}=I_{\rm m}\sin(\omega t+\varphi)$则是错误的。

［例 2-2］ 已知正弦量 $i_1=3\sqrt{2}\sin100\pi t$ A，$i_2=4\sqrt{2}\sin(100\pi t-90°)$A，$u=220\sqrt{2}\sin(100\pi t+45°)$V。根据解析式写出与正弦量相对应的有效值相量，作出相量图，并求 $i=i_1+i_2$。

解：① 三个正弦量的角频率相同，可以在同一相量图中表示；电流 i_1、i_2 的有向线段应有相同的比例，电流 i_1、i_2 与电压 u 的有向线段长度不具有可比性；分别用$\dot{I}_1$、$\dot{I}_2$、$\dot{U}$表示对应正弦量的有效值相量。

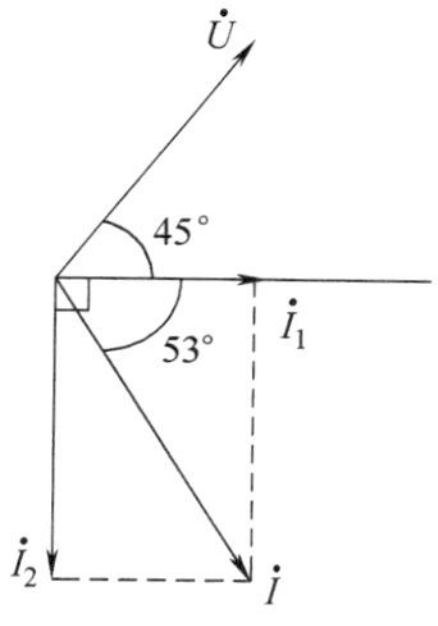

$$\dot{I}_1=3\angle 0°=3(\cos0°+{\rm j}\sin0°)=3\ ({\rm A})$$

$$\dot{I}_2=4\angle -90°=4[\cos(-90°)+{\rm j}\sin(-90°)]=-{\rm j}4\ ({\rm A})$$

$$\dot{U}=220\angle 45°=220(\cos45°+{\rm j}\sin45°)=220\left(\frac{\sqrt{2}}{2}+{\rm j}\frac{\sqrt{2}}{2}\right)\ ({\rm V})$$

图 2-8 例 2-2 图

② 求 $i=i_1+i_2$ 有两种方法，可以利用相量图求解，如图 2-8 所示，也可以用相量式进行计算。同频率的正弦量相加减，所得结果仍然为同频率的正弦量，这在技术上意义重大。

方法一：利用相量图，运用平行四边形法则。

$$I=\sqrt{I_1^2+I_2^2}=\sqrt{3^2+4^2}=5\ ({\rm A})$$

$$\tan^{-1}\varphi=\frac{4}{3}$$

$$\varphi=53°$$

$$\dot{I}=I\angle -53°$$

$$i=i_1+i_2=5\sqrt{2}\sin(100\pi t-53°)\text{ A}$$

方法二：相量法。

$$\dot{I}=\dot{I}_1\angle 0°+\dot{I}_2\angle -90°=3-4\text{j}=\sqrt{3^2+4^2}\angle -53°=5\angle -53°\text{（A）}$$

$$i=i_1+i_2=5\sqrt{2}\sin(100\pi t+53°)\text{ A}$$

运用相量图，可以把几个正弦量的相互关系在图中表示出来，根据图中的几何关系进行简单运算，简化求解过程。运用相量法，可以把三角函数的运算变换为代数运算，并能同时求出正弦量的大小和相位，这是分析正弦交流电路的主要方法。

2.3　单一元件交流电路

在交流电路中，有电阻、电感、电容三种理想元件，但实际元件往往不是单一性质的，因此，先从理想的单一元件即纯电阻、纯电感、纯电容开始，掌握其规律，遇到非单一性质的元件时，可以建立相应的单一性质元件电路模型进一步分析。分析每一种交流电路，主要掌握两点：一是电路中电压与电流的关系，线性电路中电压、电流的频率相同，两者的关系可归结为数值（最大值或有效值）关系和相位关系；二是能量转换和功率的分析与计算。

2.3.1　纯电阻电路

纯电阻电路如图 2-9（a）所示，图中标明了电压、电流的参考方向。

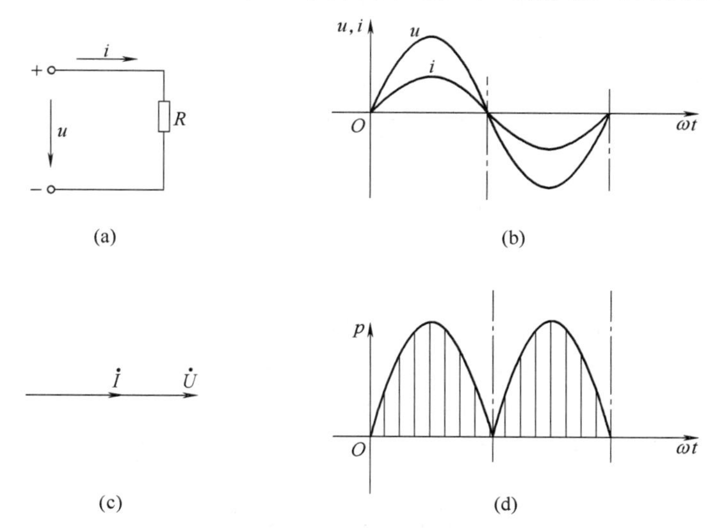

图 2-9　纯电阻交流电路及相量图、波形图

（1）电压与电流的关系

以电阻的端电压为参考正弦量，设 $u=U_\text{m}\sin\omega t$，根据欧姆定律有

$$i=\frac{u}{R}=\frac{U_{\mathrm{m}}}{R}\sin\omega t$$

比较电压和电流的解析式可知：电压与电流是同相的，并且电压与电流之间存在关系 $I_{\mathrm{m}}=\frac{U_{\mathrm{m}}}{R}$，若两边同除以 $\sqrt{2}$，得到有效值之间的关系，即

$$U=IR$$

$$I=\frac{U}{R}$$

如果用相量法分析，电压的相量为

$$\dot{U}=\dot{U}\angle 0°=U$$

电流的相量为

$$\dot{I}=I\angle 0°=\frac{U}{R}\angle 0°=\frac{\dot{U}}{R}，或\dot{U}=\dot{I}R$$

通常把表达式 $\dot{U}=\dot{I}R$ 称为电阻电路欧姆定律的相量形式，它既表达了电压与电流的有效值之间的关系 $U=IR$，又表明了电压与电流同相的相位关系。波形图与相量图如图 2-9（b）、2-9（c）所示，对波形图逐点分析，可以看出每一瞬时电流 i 都与电压 u 成正比，i 与 u 变化的步调一致，相位差 $\varphi=\varphi_u-\varphi_i=0$。

（2）功率

① 瞬时功率 p：

$$p=ui=U_{\mathrm{m}}\sin\omega t I_{\mathrm{m}}\sin\omega t=\frac{U_{\mathrm{m}}I_{\mathrm{m}}}{2}(1-\cos 2\omega t)=UI+UI\sin\left(2\omega t-\frac{\pi}{2}\right)$$

瞬时功率 p 包含常量和正弦函数两部分，相对应的变化曲线可以从 u 和 i 的波形图逐点相乘得到，如图 2-9（d）所示。可以看出，瞬时功率在一个周期内始终是正值，即 $p\geqslant 0$，表明纯电阻元件总是从电源吸收电能，并转换为热能，因此是耗能元件。

② 平均功率 P：瞬时功率总是随时间变化，不利于衡量元件所消耗的功率，在实际应用中常采用平均功率来计量。平均功率是指在一周期内瞬时功率的平均值，用大写字母 P 表示，即

$$P=\frac{1}{T}\int_0^T p\mathrm{d}t=\frac{UI}{T}\int_0^T(1-\cos 2\omega t)\mathrm{d}t=UI=I^2R=\frac{U^2}{R}$$

由此得出结论：纯电阻电路消耗的平均功率等于电压与电流有效值的乘积。在电工技术中，常把元件实际消耗的平均功率称为有功功率，单位是瓦（W）或千瓦（kW）。实际的交流负载，如白炽灯、卤钨灯、电熨斗、工业电阻炉等用电设备，都可看作纯电阻。

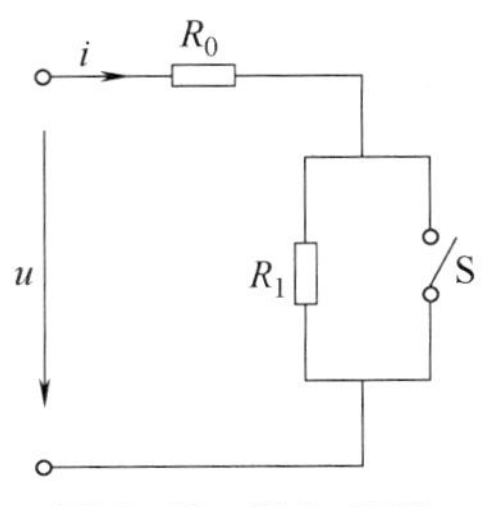

图 2-10 例 2-3 图

［例 2-3］ 生活中常见的自动加热并保温的电水壶基本电路如图 2-10 所示，其中 R_0 是电热管，R_1 是与电热管串联的电阻，S 是一个可自动切换的温控开关。已知电水壶的额定电压为 220V，加热功率 P_1 为 1000W，保温功率 P_2 为 40W，求电水壶加热时通过的电流 I 以及 R_0、R_1。

解：加热时，温控开关 S 闭合，只有电热管电阻 R_0 工作，通过电水壶的电流为

$$I = \frac{P_1}{U} = \frac{1000}{220} = 4.54\ (\text{A})$$

电热管电阻为

$$R_0 = \frac{U^2}{P_1} = \frac{220^2}{1000} = 48.4\ (\Omega)$$

保温时，温控开关S断开，R_0与R_1串联，即

$$(R_0 + R_1) = \frac{U^2}{P_2} = \frac{220^2}{40} = 1210\ (\Omega)$$

$$R_1 = 1210 - 48 = 1162\ (\Omega)$$

2.3.2 纯电感电路

电感也称自感，存在于各种线圈之中，用L表示，单位有亨利（H）、毫亨（mH）。根据电磁感应原理，当通过电感线圈的电流变化时，会在其内部产生自感电动势e_L。根据楞次定律，自感电动势e_L的大小与电流的变化率成正比，而且其变化总是与电流的变化率相反，即当电流增大时，变化率为正，此时e_L为负；当电流减小时，变化率为负，此时e_L为正。因此用负号表示这种相反的关系。电感元件的自感电动势$e_L = -L\frac{\mathrm{d}i}{\mathrm{d}t}$。

纯电感电路如图2-11（a）所示，图中标明了电压、电流和自感电动势e_L的参考方向。

（1）电压与电流的关系

根据基尔霍夫电压定律有

$$u + e_L = 0$$

电路电压

$$u = L\frac{\mathrm{d}i}{\mathrm{d}t}$$

设流过电感线圈的电流为

$$i = I_\mathrm{m}\sin\omega t$$

代入到电压的瞬时值表达式中，得

$$u = L\frac{\mathrm{d}}{\mathrm{d}t}\left(I_\mathrm{m}\sin\omega t\right) = \omega L I_\mathrm{m}\cos\omega t = U_\mathrm{m}\sin\left(\omega t + \frac{\pi}{2}\right)$$

比较电压和电流的解析式可知：电压超前电流$\frac{\pi}{2}$，并且$U_\mathrm{m} = \omega L I_\mathrm{m}$。

电压与电流的有效值满足

$$U = IX_L \text{或} I = \frac{U}{X_L}$$

其中$X_L = \omega L = 2\pi f L$，称为电感电抗，简称感抗，单位是欧姆（Ω）。

如果用相量法分析，电流的相量为

$$\dot{I} = I\angle 0^\circ = I(\cos 0^\circ + \mathrm{j}\sin 0^\circ) = I$$

电压的相量为

$$\dot{U}=U\angle 90^\circ=\mathrm{j}I\omega L=\mathrm{j}\dot{I}X_L$$

通常把表达式$\dot{U}=\mathrm{j}\dot{I}X_L$称为电感电路欧姆定律的相量形式，它既表达了电压与电流的有效值之间的关系 $U=IX_L$，又表明了电压超前电流的角度为 90°。波形图和相量图如图2-11（b）、2-11（c）所示。对波形图逐点分析，可以看出电压总是超前电流 90°，相位差$\varphi=\varphi_u-\varphi_i=90^\circ$。

在交流电路中，感抗 X_L 反映了电感线圈对电流的阻碍作用，电源频率 f 越高，X_L 越大，f 越低，X_L 越小。在直流电路中，电源频率 $f=0$，$X_L=0$，纯电感线圈相当于短路。因此，交流电路中的电感元件具有通低频、阻高频的特点，常被称为“低通”元件。

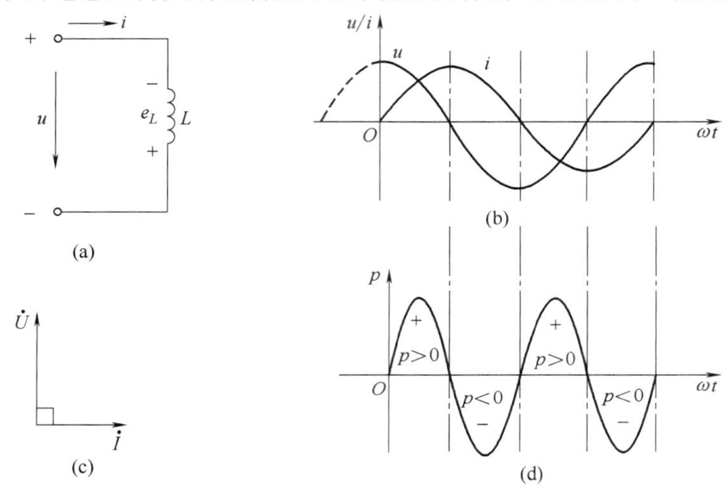

图 2-11 电感元件交流电路及波形图、相量图

（2）功率

① 瞬时功率 p：

$$P=ui=U_{\mathrm{m}}\sin\left(\omega t+\frac{\pi}{2}\right)\times I_{\mathrm{m}}\sin\omega t=UI\sin 2\omega t$$

瞬时功率的变化曲线如图 2-11（d）所示，从 u 和 i 的波形逐点相乘可以得出。瞬时功率在一周期内有时为正有时为负。p 为正值，表明电感元件正在从电源吸收电能并转换为磁场能；p 为负值，表明电感元件正在把储存的磁场能转换为电能还给电源。总之，电感与电源总是在不断地交换着能量，因此，电感是储能元件。

② 有功功率 P：

$$p=\frac{1}{T}\int_0^T p\mathrm{d}t=\frac{1}{T}\int_0^T UI\sin 2\omega t\mathrm{d}t=0$$

上式表明纯电感的有功功率为零，在交流电路中纯电感不消耗电能。

③ 无功功率 Q：

把瞬时功率的最大值定义为无功功率，用字母 Q 表示：

$$Q=UI=X_LI^2=\frac{U^2}{X_L}$$

无功功率反映了储能元件与电源之间能量相互交换的规模。元件只有能量的“吞吐”，没有能量的消耗，所以称为“无功”，而这是储能元件正常工作必需的。为了区别于有功功率，规定无功功率的单位是乏（var）或千乏（kvar）。

实际交流电路中，电感元件到对电流有阻碍作用，而自身又不消耗能量，被广泛用为限流装置。例如荧光灯的镇流器，收音机电路中的高频扼流圈，滤波电路中的滤波电感，以及电动机启动、电扇调速、电焊机调节电流所用的电抗器等。因为绕制线圈的导线总会有电阻，很难制成纯电感元件，所以经常将线圈视为纯电阻与纯电感的串联，只有在电阻很小时，才视为纯电感。

［例 2-4］ 某低通滤波电路中的电感为 80mH，接在 $u=220\sqrt{2}\sin100\pi t$V 的电源上，求流过线圈的电流$i$和无功功率 Q。若电源频率变为 500Hz（其他值不变），流过线圈的电流值将如何变化？

解：从电压解析式可知：

$$U=220\text{V}$$

$$f=50\text{Hz}$$

感抗：

$$X_L=2\pi fL=2\times3.14\times50\times80\times10^{-3}=25.12\ (\Omega)$$

流过线圈的电流值：

$$I=\frac{U}{X_L}=\frac{220}{25.12}=8.76\ (\text{A})$$

电感元件的电压超前电流 $\frac{\pi}{2}$，电流 i：

$$i=8.76\sqrt{2}\sin\left(100\pi t-\frac{\pi}{2}\right)\text{A}$$

无功功率：

$$Q=UI=220\times8.76=1927.2\ (\text{var})$$

若 $f=500$Hz，$X_L=2\pi fL=2\times3.14\times500\times80\times10^{-3}=251.2\Omega$，有

$$I=\frac{U}{X_L}=\frac{220}{251.2}=0.876\ (\text{A})$$

由此可知，交流电源频率增高，感抗增大，电流减小。

2.3.3 纯电容电路

电容器的电容用 C 表示，单位是法拉（F）。电容器每个极板上储存的电量与极间电压的关系满足关系式：

$$q=Cu$$

式中，q 表示电量，u 表示电压。在交流电路中，电容的充放电过程周而复始进行，电路电流的瞬时值就是该时刻极板上电荷的变化率，即

$$i=\frac{\text{d}q}{\text{d}t}=C\frac{\text{d}u}{\text{d}t}$$

纯电容电路如图 2-12（a）所示，图中标明了电压和电流的参考方向。

（1）电压与电流的关系

设电容的端电压为

$$u=U_m\sin\omega t$$

则电路电流为

$$i=C\frac{\mathrm{d}u}{\mathrm{d}t}=C\omega U_m\sin\left(\omega t+\frac{\pi}{2}\right)=I_m\sin\left(\omega t+\frac{\pi}{2}\right)$$

比较电压与电流的解析式可知，电流超前电压$\frac{\pi}{2}$，并且有

$$I_m=C\omega U_m=\frac{U_m}{\frac{1}{C\omega}}$$

电压与电流的有效值满足

$$I=\frac{U}{X_C}\text{，或 }U=IX_C$$

其中$X_C=\frac{1}{\omega C}=\frac{1}{2\pi fC}$，称为电容电抗，简称容抗，单位是欧姆（Ω）。

用相量法分析，电压的相量为

$$\dot{U}=U\angle 0^\circ$$

则电流的相量为

$$\dot{I}=\frac{U}{X_C}\angle 90^\circ=\mathrm{j}\frac{U}{X_C}$$

或
$$\dot{U}=\frac{\dot{I}X_C}{\mathrm{j}}=-\mathrm{j}\dot{I}X_C$$

通常把表达式$\dot{U}=-\mathrm{j}\dot{I}X_C$称为电容电路欧姆定律的相量形式，它既表达了电压与电流有效值之间的关系 $U=IX_C$，又表明了电压滞后于电流的角度为 90°。波形图和相量图如图 2-12（b）、图 2-12（c）所示。对波形图逐点分析，可以看出电压总是滞后于电流 90°，相位差 $\varphi=\varphi_u-\varphi_i=-90^\circ$。

在交流电路中，容抗 X_C 反映了电容对电流的阻碍作用，电源的频率 f 越高，X_C 越小；f 越低，X_C 越大。在直流电路中，电源的频率 $f=0$，$X_C\to\infty$，纯电容相当于开路。因此，电容元件具有通高频、阻低频的特点，常被称为“高通”元件。

（2）功率

① 瞬时功率 p：

$$p=ui=U_m\sin\omega t\times I_m\sin\left(\omega t+\frac{\pi}{2}\right)=UI\sin 2\omega t$$

瞬时功率的变化曲线如图 2-12（d）所示，从 u 和 i 的波形逐点相乘可以得出。电容与电感两元件的瞬时功率变化曲线相同，表明电容与电源之间同样存在着能量交换，不同的是电容与电源进行交换的是电场能，因此电容也是储能元件。

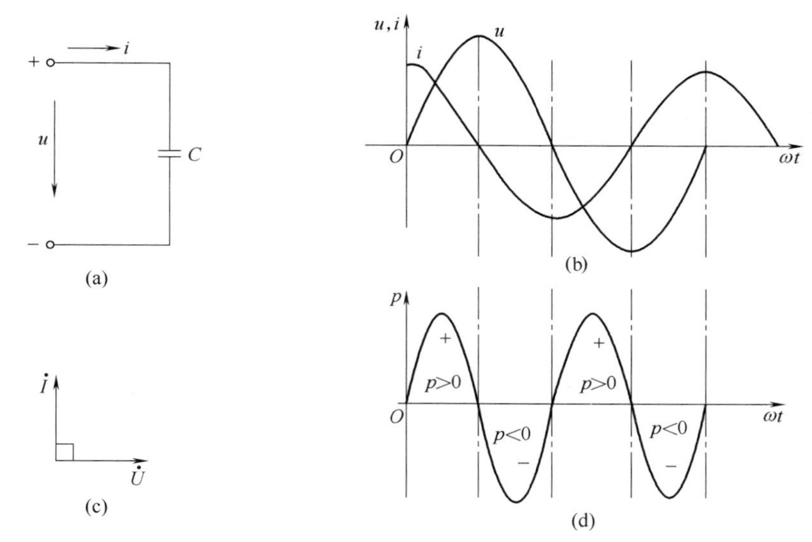

图2-12 电容元件交流电路及波形图、相量图

② 有功功率 P，在交流电路中纯电容也是不消耗电能的，有功功率为零。

③ 无功功率 Q：

$$Q=UI=X_C I^2=\frac{U^2}{X_C}$$

［例2-5］ 某高通滤波器的电容为50μF，接在 $u=220\sqrt{2}\sin 100\pi t$ V的电源上，求电路中电流 i 的解析式。若电源频率变为500Hz，电路中的电流有什么变化？

解：从电压解析式可知：

$$U=220\text{V}$$

$$f=50\text{Hz}$$

$$X_C=\frac{1}{\omega C}=\frac{1}{2\pi fC}=\frac{1}{2\pi\times 50\times 50\times 10^{-6}}=63.7\ (\Omega)$$

$$I=\frac{U}{X_C}=\frac{220}{63.7}=3.45\ (\text{A})$$

电容的电流超前电压 $\frac{\pi}{2}$，电路中的电流为

$$i=3.45\sqrt{2}\sin\left(100\pi t+\frac{\pi}{2}\right)\ \text{A}$$

若 f=500Hz，则

$$X_C=\frac{1}{\omega C}=\frac{1}{2\pi fC}=\frac{1}{2\pi\times 500\times 50\times 10^{-6}}=6.37\ (\Omega)$$

$$I=\frac{U}{X_C}=\frac{220}{6.37}=34.5\ (\text{A})$$

$$i=3.45\sqrt{2}\sin\left(100\pi t+\frac{\pi}{2}\right)\ \text{A}$$

可以看出，交流电源频率增大，容抗减小，电流增大。

2.4 RLC 串联电路

（1）电压与电流的关系

RLC 串联电路如图 2-13 所示，图中标明了电流及各部分电压的参考方向。

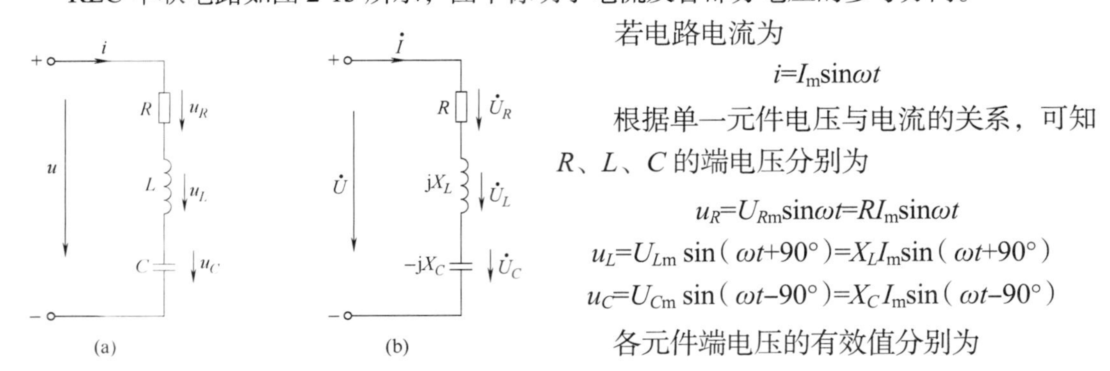

图 2-13 RLC 串联电路

若电路电流为

$$i=I_m\sin\omega t$$

根据单一元件电压与电流的关系，可知 R、L、C 的端电压分别为

$$u_R=U_{Rm}\sin\omega t=RI_m\sin\omega t$$

$$u_L=U_{Lm}\sin(\omega t+90°)=X_LI_m\sin(\omega t+90°)$$

$$u_C=U_{Cm}\sin(\omega t-90°)=X_CI_m\sin(\omega t-90°)$$

各元件端电压的有效值分别为

$$U_R=RI，U_L=X_LI，U_C=X_CI$$

电流和各元件端电压的相量分别为

$$\dot{I}=I\angle 0°，\dot{U}_R=R\dot{I}，\dot{U}_L=jX_L\dot{I}，\dot{U}_C=-jX_C\dot{I}$$

假设该电路的 $X_L>X_C$，根据电流 i 和 R、L、C 端电压的解析式作相量图和电压三角形，如图 2-14 所示。可以看出，$\dot{U}$、$\dot{U}_R$、（$\dot{U}_L+\dot{U}_C$）组成了一个直角三角形。

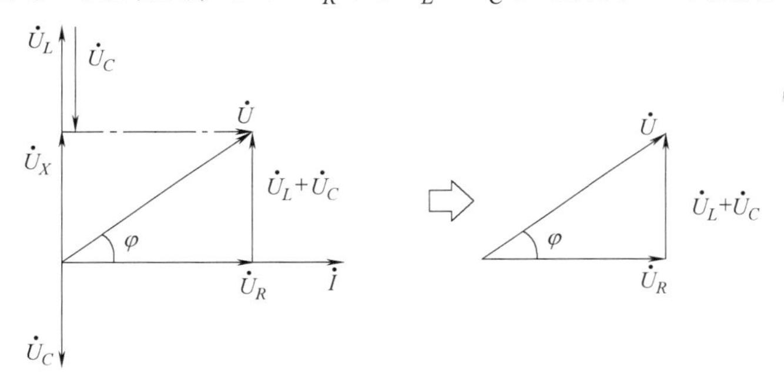

图 2-14 RLC 串联电路的相量图及电压三角形

由电压三角形可以看出

$$U=\sqrt{U_R^2+\left(U_L-U_C\right)^2}=\sqrt{\left(RI\right)^2+\left(X_LI-X_CI\right)^2}=I\sqrt{R^2+\left(X_L-X_C\right)^2}$$

令 $X=X_L-X_C$，称为电抗；$|Z|=\sqrt{R^2+\left(X_L-X_C\right)^2}=\sqrt{R^2+X^2}$，称为阻抗，电抗和阻抗的单位都是欧姆（Ω）。

因此，电路的总电压与电流的数值关系可以写为

$$U=I|Z|$$

由相量图可以看出，电路的总电压与电流的相位差角 φ 满足：

$$\varphi = \tan^{-1}\frac{U_L - U_C}{U_R}$$

根据基尔霍夫电压定律有

$$u = u_R + u_L + u_C = U_\mathrm{m}\sin(\omega t + \varphi)$$

用相量法分析，电源的电压：

$$\dot{U} = \dot{U}_R + \dot{U}_L + \dot{U}_C = R\dot{I} + \mathrm{j}X_L\dot{I} + (-\mathrm{j}X_C)\dot{I} = [R + \mathrm{j}(X_L - X_C)]\dot{I}$$

令 $Z = R + \mathrm{j}(X_L - X_C) = |Z|\angle\varphi$，$Z$ 称为电路的复阻抗，阻抗 $|Z|$ 是复阻抗的模，幅角 φ 也称为阻抗角，与电压电流间的相位差角 φ 相同。复阻抗虽然是复数，但不是相量，因为没有正弦量与之相对应。

$$\varphi = \tan^{-1}\frac{X_L - X_C}{R} = \tan^{-1}\frac{X}{R}$$

电路的总电压与电流关系的相量表示为

$$\dot{U} = \dot{I}Z$$

如果将电压三角形的每边同时除以 I，可以得到由 R、X、$|Z|$ 组成的阻抗三角形，如图 2-15 所示。

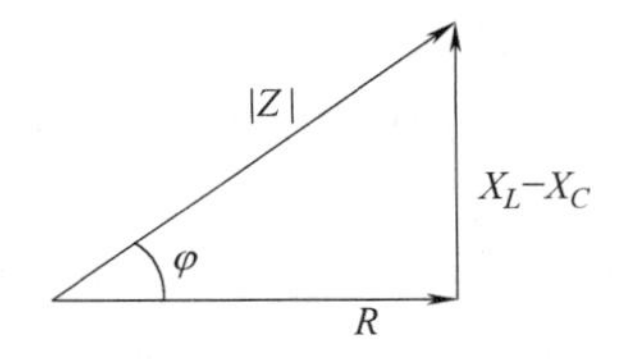

图 2-15　阻抗三角形

（2）功率

① 瞬时功率 p：

$$p = ui = U_\mathrm{m}\sin(\omega t + \varphi) \times I_\mathrm{m}\sin\omega t = UI[\cos\varphi - \cos(2\omega t + \varphi)]$$

② 平均功率 P：

$$P = \frac{1}{T}\int_0^T p\mathrm{d}t = \frac{1}{T}\int_0^T UI[\cos\varphi - \cos(2\omega t + \varphi)]\mathrm{d}t = UI\cos\varphi$$

由电压三角形可知：

$$U\cos\varphi = U_R = IR$$

$$P = UI\cos\varphi = U_R I = I^2 R$$

在 RLC 串联电路中，只有电阻消耗功率。其中 $\cos\varphi$ 称为电路的功率因数，角 φ 称为功率因数角。

③ 无功功率 Q。在 RLC 串联电路中，电感、电容的端电压反相，两元件的瞬时功率总是相反，即当电感从电源吸收电能时，电容正把电场能还给电源；当电容从电源吸收电能时，电感正把磁场能还给电源。实际上电感、电容两个元件首先进行能量的相互补偿，只有其差值才跟电源进行能量交换，因此电路的无功功率为

$$Q = Q_L - Q_C = I(X_L - X_C) = UI\sin\varphi$$

④ 视在功率 S。电路的总电压与电流有效值的乘积称为视在功率，用 S 表示，单位是伏・安（V・A），即

$$S = UI$$

视在功率常用于标称交流电源设备的容量，表明交流电源设备能够提供的最大功率，标注在铭牌上。

若将电压三角形的每边同时乘以 I，可得到由 P、Q、S 组成的功率三角形，如

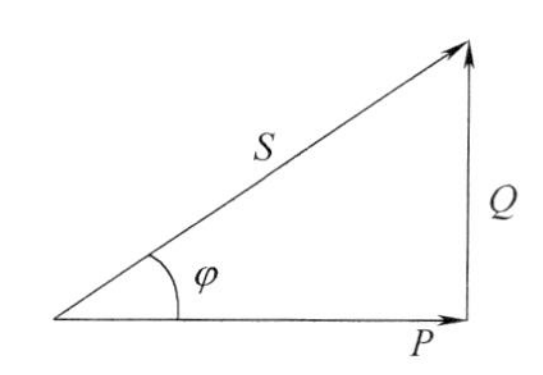

图 2-16 功率三角形

图 2-16 所示。

由功率三角形可知：

$$\cos\varphi = \frac{P}{S}$$

$$S = \sqrt{P^2 + Q^2}$$

下面通过 RLC 串联电路，讨论交流电路的性质。

由阻抗三角形和电压三角形可以看出，当 $X_L > X_C$ 时，$U_L > U_C$，电压超前电流 φ 角度；电路中电感电压 $\dot{U}_L$ 补偿电容电压 $\dot{U}_C$ 后尚有余量，即电感的作用大于电容的作用，电路整体呈电感性，故称为电感性电路或感性电路，相量图如图 2-17（a）所示。

当 $X_L < X_C$ 时，$U_L < U_C$，电压滞后电流 φ 角度；电路中电容电压 $\dot{U}_C$ 补偿电感电压 $\dot{U}_L$ 后尚有余量，即电容的作用大于电感的作用，电路整体呈电容性，故称电容性电路或容性电路，相量图如图 2-17（b）所示。

当 $X_L = X_C$ 时，$U_L = U_C$，电压与电流同相；电路中电容电压 $\dot{U}_C$ 与电感电压 $\dot{U}_L$ 相等，即电容的作用与电感的作用相互抵消，电路整体呈电阻性，简称电阻性电路或阻性电路，相量图如图 2-17（c）所示。

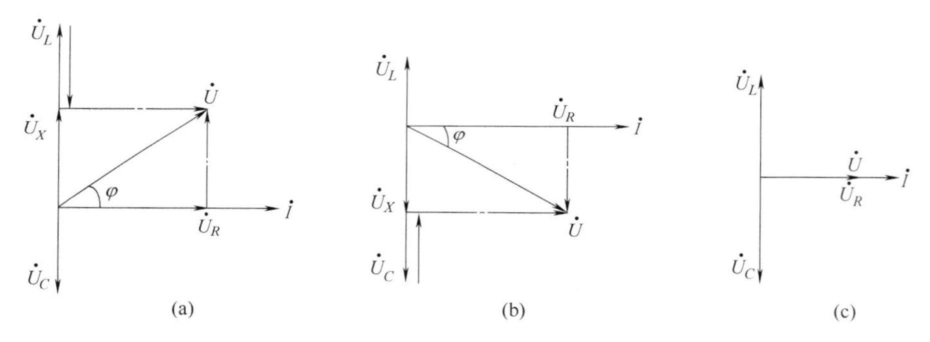

图 2-17 电路的性质

［例 2-6］ 某电阻与线圈的串联电路如图 2-18（a）所示。电阻 R_1=1kΩ，线圈电阻 R_2=300Ω，自感系数 L=0.4H，接在 ω=1000rad/s 的电源上，电压表 V_1 的读数为 2 V，试作出相量图，并求其余电压表的读数。

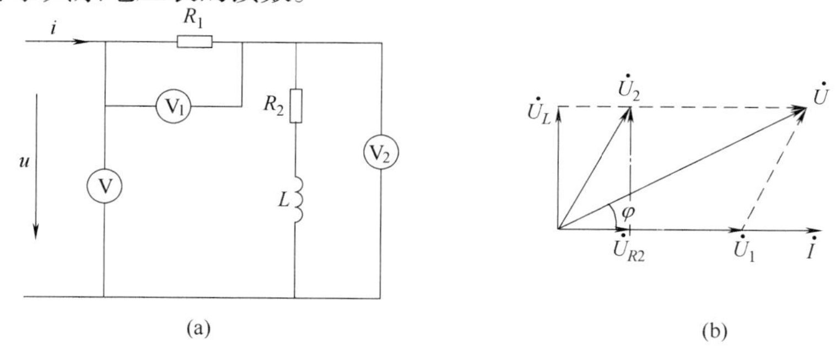

图 2-18 例 2-6 图

解：该电路是电阻 R 与电感 L 的串联，电路呈电感性。相量图如图 2-18（b）所示。

电阻元件的端电压与电流同相位。

设 u_1 为参考正弦量，其相量为

$$\dot{U}_1=U\angle 0°=2\ (\mathrm{V})$$

电路电流为

$$I=\frac{U_1}{R_1}=\frac{2}{1000}=2\times10^{-3}\ (\mathrm{A})$$

电流相量为

$$\dot{I}=I\angle 0°=2\times10^{-3}\ (\mathrm{A})$$

线圈的阻抗为

$$Z=R_2+\mathrm{j}\omega L=300+\mathrm{j}400=500\angle 53°$$

$$\dot{U}_2=\dot{I}Z=2\times10^{-3}\times500\angle 53°=1\angle 53°\ (\mathrm{V})$$

电源电压为

$$\dot{U}=\dot{U}_1+\dot{U}_2=2+1\angle 53°=2.72\angle 17°\ (\mathrm{V})$$

所以电压表 V 的读数为 2.72V，电压表 V_2 的读数为 1V，均为有效值。

［例 2-7］　在电子线路中，常用电阻与电容串联组成 RC 移相器，使输出电压与输入电压相比较，相位向前或向后移动了一定的角度，电路如图 2-19（a）所示。若总阻抗 $|Z|=2000\Omega$，接在 $f=2000\mathrm{Hz}$ 的电源上，要使输入电压 u_i 与电容的端电压 u_C 的夹角为 30°，相量图如图 2-19（b）所示，试求 R、C 参数。

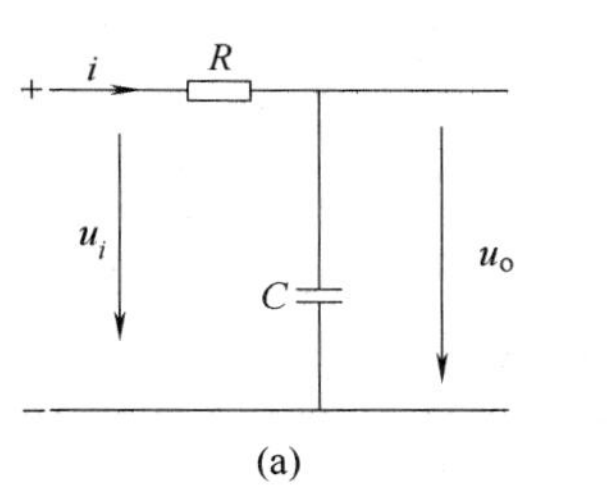

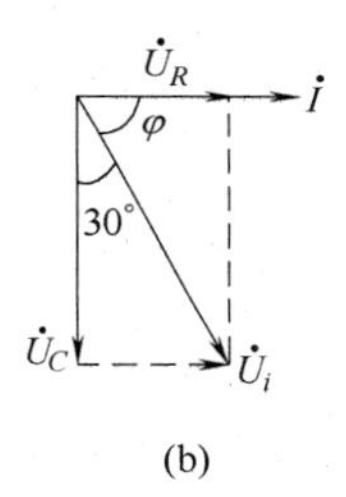

图 2-19　例 2-7 图

解：设 i 为参考正弦量，其相量为

$$\dot{I}=I\angle 0°$$

由相量图可以看出，输入电压 $\dot{U}_i$ 与电流 $\dot{I}$ 的夹角为

$$\varphi=60°$$

$\dot{U}_R$、$\dot{U}_C$、$\dot{U}_i$ 组成了电压三角形，对应的 R、X_C、$|Z|$ 满足阻抗三角形，则有

$$R=|Z|\cos\varphi=2000\times\frac{1}{2}=1000\ (\Omega)$$

$$X_C=|Z|\sin\varphi=2000\times\frac{\sqrt{3}}{2}=1732\ (\Omega)$$

$$C=\frac{1}{2\pi fX_C}=\frac{1}{2\pi\times2000\times1732}=0.1\ (\mu\mathrm{F})$$

2.5　功率因数的提高

工农业生产和生活中，大量的用电设备是电感性负载，阻抗角较大，即功率因数比

较低。如三相异步电动机的功率因数 $\cos\varphi$ 一般为 0.6~0.9，荧光灯的功率因数约为 0.5。通常供电系统所带负载的功率因数 $\cos\varphi<1$，只有阻性负载才有 $\cos\varphi=1$。这就意味着整个供电电路存在着无功功率，负载与电源之间存在着能量的相互交换。

2.5.1 功率因数低对电路的影响

主要表现在以下两方面。

① 电源设备的容量不能得到充分利用。

在额定状态，电源设备的额定容量为

$$S_N=U_NI_N$$

电源向负载输出的有功功率为

$$P=S_N\cos\varphi=UI\cos\varphi$$

负载的无功功率为

$$Q=S_N\sin\varphi=UI\sin\varphi$$

功率因数 $\cos\varphi$ 取决于负载的参数。功率因数越低，电源输出的有功功率越小，造成电源的部分能量将以无功功率的形式在电源和负载之间进行交换。如果采取措施提高整个电路的功率因数，无功功率就会减小，电源就可以向更多的负载输出功率，从而充分利用电源设备的容量，其效果就好像扩建了电厂。

例如：供电电源 S_N=20kV·A，能带额定功率 20W 的白炽灯（$\cos\varphi=1$）的盏数 n_1 为

$$n_1=\frac{S_N}{P\cos\varphi}=\frac{20\times10^3}{20\times1}=1000$$

若负载改为额定功率为 20W 的荧光灯（$\cos\varphi=0.4$），能带的盏数 n_2 为

$$n_2=\frac{S_N}{P\cos\varphi}=\frac{20\times10^3}{20\times0.4}=400$$

可见，功率因数低会使电源的供电潜力不能得到充分发挥，电源的容量不能得到充分利用。

② 在供电线路上的损耗增加。在电源电压一定的情况下，相同功率的负载，供电线路上的电流与用户所带负载的功率因数 $\cos\varphi$ 成反比，即 $\cos\varphi=\dfrac{P}{UI}$，功率因数越低，线路电流越大，而供电线路上有一定电阻值，故在线路上的电压降也越大，线路功率损耗就愈大。

例如：220V、20W、$\cos\varphi=1$ 的白炽灯电流为

$$I=\frac{P}{U\cos\varphi}=\frac{20}{220\times1}=0.09\text{（A）}$$

而 220V、20W、$\cos\varphi=0.4$ 的荧光灯电流为

$$I=\frac{P}{U\cos\varphi}=\frac{20}{220\times0.4}=0.23\text{（A）}$$

显然荧光灯上的电流大于白炽灯上的电流，荧光灯线路上的功率损耗 $\Delta P=rI^2$ 要增加。

2.5.2　提高功率因数的方法

提高功率因数的方法除了提高用电设备本身的功率因数，例如正确选用异步电动机的容量，减少轻载和空载外，主要采用在感性负载两端并联电容器的方法对无功功率进行补偿，电路如图 2-20（a）所示。

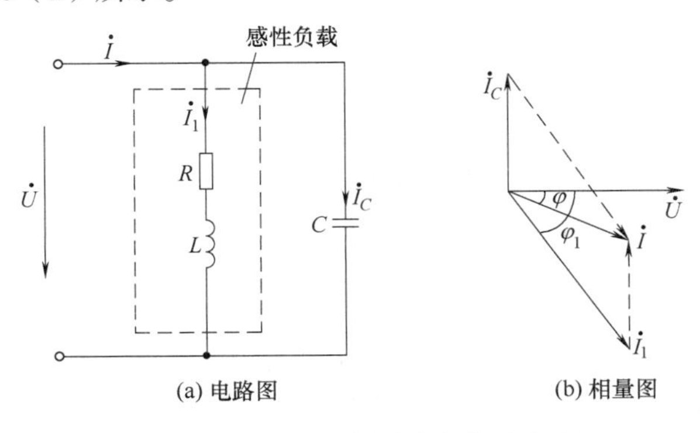

图 2-20　感性负载并联电容电路及相量图

设感性负载的端电压为 $\dot{U}$，在未并联电容前，电路的电流就是感性负载中的电流为

$$\dot{I}_1=\frac{\dot{U}}{Z_1}=\frac{\dot{U}}{R+\mathrm{j}X_L}=\frac{\dot{U}}{|Z_1|\angle\varphi_1}=\frac{\dot{U}}{|Z_1|}\angle-\varphi_1$$

$$\varphi_1=\tan^{-1}\frac{X_L}{R}=\cos^{-1}\frac{R}{|Z_1|}$$

从相量图 2-20（b）可以看出，感性支路电流 $\dot{I}_1$ 滞后电压 $\dot{U}$ 的角度为 φ_1。

感性负载的有功功率为

$$P=UI_1\cos\varphi_1$$

感性负载的无功功率为

$$P=UI_1\sin\varphi_1$$

当并联电容后，感性支路电流 $\dot{I}_1$ 不变，而电容支路的电流为

$$\dot{I}_C=-\frac{\dot{U}}{\mathrm{j}X_C}=\mathrm{j}\frac{\dot{U}}{X_C}$$

线路的总电流为

$$\dot{I}=\dot{I}_1+\dot{I}_C$$

由相量图 2-20（b）可以求得

$$I_C=I_1\sin\varphi_1-I\sin\varphi$$

$$I=\sqrt{(I_1\cos\varphi_1)^2+(I_1\sin\varphi_1-I_C)^2}$$

$$\varphi=\tan^{-1}\frac{I_1\sin\varphi_1-I_C}{I_1\cos\varphi_1}=\cos^{-1}\frac{I_1\cos\varphi_1}{I}$$

从相量图可以看出：线路的总电流 $\dot{I}$ 滞后电压 $\dot{U}$ 的角度变为 φ，但 $\varphi<\varphi_1$，所以 $\cos\varphi>\cos\varphi_1$，说明电路的功率因数较未并联电容器之前提高了。这里所讲的提高功率因数，是指提高包括电容器在内的整个电路的功率因数，而不是指提高某个感性负载的功率因数，而且感性负载本身的功率因数并没有变化。

由于电容器是不消耗电能的，因此在感性负载的两端并联电容器后整个电路的有功功率不变。

从相量图也可以看出：

$$I_1\cos\varphi_1=I\cos\varphi$$

因此

$$P=UI_1\cos\varphi_1=UI\cos\varphi$$

感性负载与电容的无功功率相互补偿：

$$Q=UI\sin\varphi=U(I_1\sin\varphi_1-I_C)=UI_1\sin\varphi_1-UI_C=Q_L-Q_C$$

这说明有一部分能量的互换存在于感性负载与电容之间，相互补偿，不再涉及电源和线路。从电源的角度来看，感性负载与电源能量互换的规模较未并联电容器之前减小了，从而使电源设备的容量得到充分利用。

由于电容器的补偿作用，电路的总电流减小了，这点也可以从相量图看出，即 $I_1<I$，且 $\varphi<\varphi_1$，功率因数得到提高后，供电线路上的能耗和压降减小了。

从理论上讲，电容器的容量越大，功率因数提高得越多，一般通过电容器补偿提高到 0.9 左右就可以了。如果将负载的功率因数 $\cos\varphi$ 提高到 1，所需电容器的电容量会增大，反而增加了设备投资。如果用了过大的电容器，造成了电容的“过补偿”，致使电路变为容性，功率因数反而会降低，就更没有必要了。

提高功率因数有很大的经济意义。国家规定，凡容量 160kV·A 以上的高压电用户，月平均功率因数标准为 0.9，在计算电费时，高于标准者收费下调，低于标准者收费上调。因此提高用电负载的功率因数，不仅可以提高企业本身的经济效益，还可以节约电能，节省资源。

［例 2-8］ 一台功率 $P=1.1\text{kW}$ 的感应电动机，接在 $u=220\sqrt{2}\sin100\pi t\ \text{V}$ 的电源上，功率因数 $\cos\varphi_1=0.5$，如果将功率因数提高到 0.9，应并联多大的电容？比较并联电容前后线路电流的大小。（电路图和相量图参见图 2-20）

解：并联电容前后电路的有功功率保持不变。

电容并联前的线路电流：

$$I_1=\frac{P}{U\cos\varphi_1}=\frac{1100}{220\times0.5}=10\text{（A）}$$

并联电容后的线路电流：

$$I=\frac{P}{U\cos\varphi}=\frac{1100}{220\times0.9}=5.56\text{（A）}$$

电容器支路中的电流：

$$I_C = I_1 \sin\varphi_1 - I\sin\varphi = 10\times0.87 - 5.56\times0.44 = 6.25\text{（A）}$$

$$X_C = \frac{U}{I_C} = \frac{220}{6.25} = 35.2\text{（}\Omega\text{）}$$

$$C = \frac{1}{2\pi f X_C} = \frac{1}{2\pi\times50\times35.2} = 90.5\text{（}\mu\text{F）}$$

可见，并联电容前后线路总电流的关系是：$I<I_1$，总电流减小了。

2.6 谐振电路

由电阻、电感、电容组成的正弦交流电路，电路的端电压与电流一般相位不同。改变电感、电容的参数或改变电源的频率，可使电压与电流同相，工程应用中将电路的这种状态称为谐振。根据谐振电路元件的不同连接形式，通常分为串联谐振与并联谐振。

2.6.1 串联谐振电路

图 2-21（a）所示 RLC 串联电路的复阻抗为

$$Z = R + \mathrm{j}（X_L - X_C）= R + \mathrm{j}\left(\omega L - \frac{1}{\omega C}\right)$$

当复阻抗的虚部为零，即 $X_L=X_C$ 时，电路呈阻性，电压与电流同相，此时称电路处于串联谐振状态，相量图如图 2-21（b）所示。

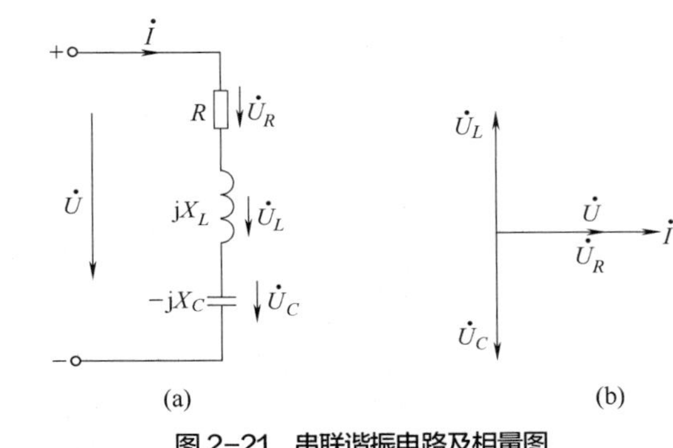

图 2-21　串联谐振电路及相量图

电路谐振时的频率、角频率分别称为谐振频率、谐振角频率，分别用 f_0、ω_0 表示：

$$\omega_0 L - \frac{1}{\omega_0 C} = 0$$

$$\omega_0 = \frac{1}{\sqrt{LC}} \quad \text{或} \quad f_0 = \frac{1}{2\pi\sqrt{LC}}$$

可以看出，谐振频率 f_0 与电阻 R 无关，由元件参数 L、C 决定，反映了串联谐振电路的固有特性，f_0 又称电路的固有频率。当电源频率与谐振频率相同，即 $f=f_0$ 时，电路会产生谐振现象，此时的阻抗称为谐振阻抗 Z_0，电路电流称为谐振电流 I_0，感抗 X_L 和容抗 X_C 称为特性阻抗。

串联谐振电路具有以下特点：

➢ 电源电压与电流同相位，$\varphi=0$，电路呈阻性；

➢ 电抗 $X=X_L-X_C=0$，谐振阻抗最小，即 $Z_0=R$，电源电压一定时，谐振电流最大，即 $I_0 = \dfrac{U}{R}$；

➢ $X_L=X_C$，$U_L=U_C$，并且 U_L、U_C 相位相反，因此电源电压等于电阻端电压，即 $U=U_R$；

➢ 如果 $X_L=X_C \gg R$，则 $U_L=U_C \gg U_R$，因此串联谐振又称为电压谐振。

U_L 或 U_C 与电源电压 U 的比值，称为串联谐振电路的品质因数或谐振系数，用 Q 表示，有

$$Q=\frac{U_L}{U}=\frac{U_C}{U}=\frac{X_L}{R}=\frac{X_C}{R}=\frac{1}{R}\sqrt{\frac{L}{C}}$$

Q 值一般可达几十至几百，此时，$U_L=U_C=UQ$，电感或电容元件上的电压是电源电压的 Q 倍，不能忽视。在电力工程中，往往要避免谐振的发生。如果出现串联谐振现象，电感线圈和电容器的端电压会过高，回路电流过大，导致元件过热、绝缘击穿。在电子和无线电工程中，如果改变电源频率 f 或电路参数 L 与 C 的值，可使电路发生谐振或消除谐振。

2.6.2 并联谐振电路

图 2-22（a）所示电路是工程应用中常用的并联谐振电路，由电感线圈与电容器组成，其中电感线圈用电阻 R 和电感 L 的串联表示，相量图如图 2-22（b）所示。

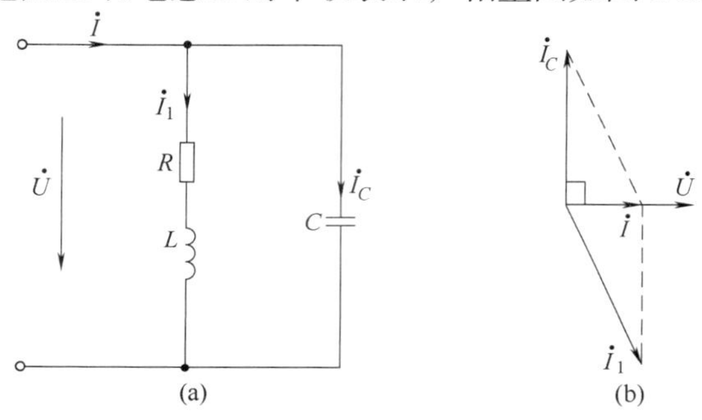

图 2-22 并联谐振电路及相量图

线圈和电容的复阻抗分别为

$$Z_L=R+\mathrm{j}X_L=R+\mathrm{j}\omega L,\ Z_C=-\mathrm{j}X_C=\frac{1}{\mathrm{j}\omega C}$$

电路的等效复阻抗：

$$Z=\frac{1}{\dfrac{1}{Z_L}+\dfrac{1}{Z_C}}=\frac{(R+\mathrm{j}\omega L)\dfrac{1}{\mathrm{j}\omega C}}{R+\mathrm{j}\omega L+\dfrac{1}{\mathrm{j}\omega C}}$$

一般情况下，线圈本身的电阻很小，特别是在频率较高时，$X_L=\omega L \gg R$，则电路的复阻抗为

$$Z\approx\frac{\dfrac{L}{C}}{R+\mathrm{j}\omega L+\dfrac{1}{\mathrm{j}\omega C}}=\frac{1}{\dfrac{RC}{L}+\mathrm{j}\left(\omega C-\dfrac{1}{\omega L}\right)}$$

谐振时复阻抗的虚部为零，则有

$$\omega_0 C - \frac{1}{\omega_0 L} \approx 0 \text{，或 } X_L \approx X_C$$

谐振频率为

$$\omega_0 \approx \frac{1}{\sqrt{LC}} \text{或} f_0 \approx \frac{1}{2\pi\sqrt{LC}}$$

在 $X_L \approx X_C \gg R$ 情况下，得到与串联谐振电路相同的谐振频率表达式。并联谐振时，电压、电流同相位，谐振阻抗最大，即 $|Z_0| = \frac{L}{RC}$，在电源电压 U 一定时，电路总电流 I 最小。

并联谐振电路具有以下特点：

- 电路电流与总电压同相位，阻抗角 $\varphi=0°$，电路呈阻性；
- 当外加电压一定时，谐振阻抗值最大，谐振电流 I_0 最小；
- $X_L \gg R$，线圈支路电流与电容支路电流大小近似相等，即 $I_1 \approx I_C$；
- 如果 $X_L = X_C \gg R$，则有 $I_1 \approx I_C \gg I$，因此并联谐振又称为电流谐振。

I_1 或 I_C 与电路总电流 I 的比值，称为并联谐振电路的品质因数或谐振系数，用 Q 表示：

$$Q = \frac{I_1}{I} = \frac{I_C}{I} = \frac{X_L}{R} = \frac{X_C}{R}$$

这说明，在并联谐振时，电路的阻抗是支路阻抗的 Q 倍，支路电流 I_1 或 I_C 是总电流 I 的 Q 倍。这种现象在直流电路中是不会发生的。

在电子技术中，常利用并联谐振实现选频，在众多不同频率的电信号中，选出所需要的具有特定频率 f_0 的电信号，同时把其他频率的电信号加以抑制或滤除，消除干扰。

【阅读材料】

谐波的产生与滤波

在实际应用中，常会遇到如方波、锯齿波、尖脉冲波等随时间不按正弦规律做周期性变化的信号。按照傅里叶级数运算，任何一个频率为 f 的信号可分解为直流分量、基波、谐波的叠加。其中基波是频率为 f 的正弦波分量，谐波是频率为 f 的整数倍的正弦波分量。

交流电气设备在与电源接通的瞬间，产生的“电冲击”中包含有各种频率的微弱谐波信号。谐波的存在会使供电线路产生附加损耗，影响各种电气设备的正常工作，也可能使继电保护和自动装置出现误动作等，因此，利用电感“通直流、阻交流”和电容“通交流、阻直流”的特性，电感 L 和电容 C 可以组成多种形式的滤波器，可根据需要对含有多种谐波成分的非正弦周期信号进行滤波，保留信号中有用的部分。图 2-23 所示是常用的滤波器。图 2-23（a）图是低通滤波器，电感 L 对高频成分有较高的阻抗，电容 C 对高频成分有较低的阻抗，使其被旁路，最后通过负载 R_L 的电流中只含有低频成分；图 2-23（b）将图 2-23（a）中电感 L 与电容 C 的位置进行了互换，电路就变成了高通滤波器；图 2-23（c）是单通滤波器，也称选频电路，L_1−C_1 和 L_2−C_2 具有相同的谐振频率 f_0，L_1、C_1 串联，对频率为 f_0 的谐波有最小的阻抗，L_2、C_2 并联，对频率为 f_0 的谐波有最大的阻抗，所以负载

R_L中只通过频率为f_0的电流，其余频率的分量将被L_1-C_1阻断和被L_2-C_2旁路。

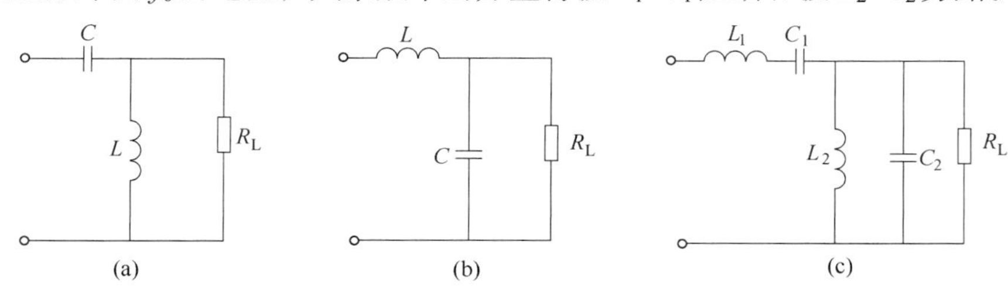

图 2-23　常用的滤波器

本 章 小 结

1. 正弦交流电的基础

正弦量的三要素即角频率、最大值、初相位，分别从变化快慢、大小和变化进程三方面描述正弦量的特征。最大值是有效值的$\sqrt{2}$倍。同频率正弦量的相位关系包括超前、滞后、同相、反相。

正弦交流电有三角函数解析式、波形图、相量图和相量式多种表示形式。三角函数解析式又称瞬时值表达式，相量是用复数表示的正弦量，相量式与三角函数解析式是正弦量的不同表示形式，两者仅存在对应关系而不相等，表示符号不能混淆。相量图在正弦电路中常作为一种辅助的分析工具。一般串联电路常选电流为参考正弦量，因为各串联元件上的电压都与此电流有关；并联电路常选电压为参考正弦量，因为各并联支路上的电流都与此电压有关。

2. 单一元件交流电路

交流电路的电压与电流的关系都可以统一为：$\dot{U}=\dot{I}Z$。

纯电阻电路：$Z=R$，电压与电流同相，有功功率$P_R=UI=I^2R$。

纯电感电路：$Z=\mathrm{j}X_L$，电压超前电流90°，有功功率$P_L=0$，无功功率$Q_L=UI=I^2X_L$。

纯电容电路：$Z=-\mathrm{j}X_C$，电压滞后电流90°，有功功率$P_C=0$，无功功率$Q_C=UI=I^2X_C$。

纯电阻是耗能元件，纯电感是“低通”储能元件，纯电容是“高通”储能元件。

3. RLC 串联电路

$u=u_R+u_L+u_C$

$\dot{U}=\dot{U}_R+\dot{U}_L+\dot{U}_C$

$Z=R+\mathrm{j}(X_L-X_C)$

$|Z|=\sqrt{R^2+(X_L-X_C)^2}=\sqrt{R^2+X^2}$

$X=X_L-X_C$

有功功率 $P=P_R=UI=I^2R$

无功功率 $Q=Q_L-Q_C=I^2(X_L-X_C)$

视在功率 $S=UI$

4. 电路的性质

相位上，感性电路的电压超前电流 φ，容性电路的电压滞后电流 φ，阻性电路的电压与电流同相。

5. 功率因数的提高

提高功率因数的常用方法是在感性负载两端并联电容器，感性负载本身的 P、Q 和 $\cos\varphi$ 保持不变，但整个电路的功率因数提高后，总电流 I 和总无功功率 Q 减小了。

6. 谐振电路

谐振是电路电压与电流同相的状态，包括串联谐振与并联谐振。串联谐振又称电压谐振，并联谐振又称电流谐振。

习　题

一、判断题

1. 正弦交流电的三要素是最大值、角频率、初相位。
2. 我国交流电的工频为 50Hz，并且周期和频率互为倒数。
3. 正弦交流电的多种表示形式之间均满足一一对应关系。
4. 交流电路同频率的两正弦量之间的相位差，体现了两者超前或滞后的关系。
5. 交流电路中的纯电阻是耗能元件。
6. 交流电路中电容元件相当于短路，电感元件相当于开路。
7. 在 RLC 串联电路中，总电压的有效值总会大于各元件的电压有效值。
8. 负载的功率因数越高，对一定容量的电源设备的利用率越高。
9. 在感性负载两端并联适当的电容，可使通过该负载的电流减小，使电路的功率因数得到改善。
10. 电感性负载并联电容不影响其消耗的有功功率。
11. 若通过电阻上的电流增大到原来的 2 倍时，它所消耗的功率也增大 2 倍。
12. 交流电路中的阻抗包含电阻（R）和电抗（X）两部分，其中电抗在数值上等于感抗与容抗的差值。
13. 正弦交流电压 u_1 和 u_2 的频率和初相位不同，若两者有效值相同，则最大值也相同。
14. 视在功率就是有功功率与无功功率之和。
15. 普通荧光灯包括三个主要部件：灯管、镇流器、启辉器。
16. 交流电路的有功功率是指电阻性元件在一个周期内消耗的瞬时功率的平均值。
17. 电源设备的额定容量指的是设备的视在功率。
18. 大小随时间变化的电流就是交流电。
19. 交流电路中的纯电感、纯电容是储能元件，不消耗电能。
20. 所有交流电均可以用相位差衡量二者随时间变化的差异。
21. 感性负载可以通过并联电容来提高功率因数，并联电容越大，功率因数越大，因此并联的电容越大越好。

二、选择题

1. 用电设备的最理想的工作电压是（　　）。

A. 允许电压　B. 电源电压　C. 额定电压　D. 最低电压

2. 用万用表测量交流电，所得的电压值和电流值是交流电的（　　）。

A. 瞬时值　B. 有效值　C. 最大值　D. 模

3. 用电压表测量负载电压时，要求表的内阻（　　）负载电阻。

A. 等于　B. 大于　C. 远远大于　D. 小于

4. 家用电器常标注电压 220V，这个值是指（　　）。

A. 单相交流电压的有效值　B. 单相交流电压的最大值

C. 两相交流电压的有效值　D. 三相交流电压的有效值

5. 容性电路的总电压与电流的相位关系满足（　　）。

A. 电压超前电流 φ　B. 电流超前电压 φ

C. 电压与电流同相　D. 电压与电流反相

6. 电路中无功功率用来反映电路中（　　）。

A. 单位时间放出的热量　B. 电路与电源能量交换的规模

C. 单位时间消耗的功率　D. 没有用的功有多少

7. 感性负载的两端并联电容器的目的是（　　）。

A. 使有功功率减小，节约电能　B. 使有功功率增大，无功功率减小

C. 提高功率因数，可少交电费　D. 提高功率因数，充分利用电源设备的容量

8. 纯电容电路的功率因数（　　）。

A. 大于零　B. 小于零　C. 等于零　D. 等于零或大于零

9. 当电源容量一定时，功率因数值越大，说明电路中用电设备的（　　）。

A. 无功功率大　B. 有功功率大　C. 有功功率小　D. 视在功率大

10. 将一 50μF 的电容器接到直流电源上充电，这时其电容为 50μF；当它不带电时电容是（　　）。

A. 0μF　B. 25μF　C. 50μF　D. 100μF

11. 电容器在充电过程中，两极间建立起电场， 极间电压升高，在此过程中，它从（　　）吸取能量。

A. 电容　B. 高次谐波　C. 电源　D. 电感

12. 正弦交流电路中，纯电容的端电压与电流的相位差是（　　）。

A. 0°　B. 180°　C. 90°　D. 0° ~ 90°

13. RLC 串联电路中，测得三个元件的端电压都是 10V，电路总电压是（　　）。

A. 5V　B. 10V　C. 20V　D. 30V

14. RC 串联电路中，R=3kΩ，X_C=3kΩ，总电压与总电流的相位差是（　　）。

A. 0°　B. 90°　C. 180°　D. 45°

15. 有功功率主要是（　　）元件消耗的功率。

A. 电感　B. 电容　C. 电阻　D. 感抗

16. 在交流电路中总电压与总电流的乘积称为交流电路的（　　）。

A. 有功功率　B. 无功功率　C. 瞬时功率　D. 视在功率

17. 在正弦交流电路的波形图上正交的两个正弦量，相位差是（　　）。

A. 180°　B. 60°　C. 90°　D. 0°

18. 交流电路中的电源与电感、电容之间的能量交换分别是电能与（　　）的交换。

A. 电场能、电场能　B. 磁场能、磁场能

C. 磁场能、电场能　D. 电场能、磁场能

19. 两个有效值均为 10V 的正弦电压$\dot{U}_1$和$\dot{U}_2$，当$\dot{U}_1+\dot{U}_2$的合成电压有效值为 20V 时，$\dot{U}_1$与$\dot{U}_2$的相位差是（　　）。

A. 0°　B. 60°　C. 120°

D. 180°　E. 270°

三、填空题

1. 正弦交流电压 $u=220\sqrt{2}\sin(314t-45°)$ V，其最大值是_____，有效值是_____，相位是_____，初相位是_____，频率是_____，周期_____，电压的相量表示是__________。

2. 正弦交流电的三要素是_____，_____，_____。

3. 交流电路按性质可以分为_____性电路、_____性电路、_____性电路。

4. 某一 RL 串联交流电路，复阻抗 $Z=8+6j\ \Omega$，该电路的电阻 $R=$___Ω，感抗 $X_L=$___Ω，阻抗$|Z|=$___Ω，功率因数 $\cos\varphi=$______，电压与电流间的相位差是_____，相位关系是超前。

5. 在感性负载的两端并联合适的电容提高功率因数，并联电容之后电路中的下列各量是怎样变化的（增大、减小、不变）？有功功率_____，无功功率_____，视在功率_____，总电流_____。

6. 线性元件组成的交流电路，正弦量的叠加遵循的运算法则是___________________。

7. 在单一元件交流电路中，_____的阻抗值与频率成反比，_____的阻抗值与频率成正比。

8. 我国一般民用照明电路所用的交流电是有_______个相位角的交流电，因此简称为_______相交流电。

9. 1度电相当于________。

10. 有功功率的单位是_____，无功功率的单位是_____，视在功率的单位是______。

11. 有一个 100Ω 的电阻，功率 $P=0.25$W，其端电压允许的最高值是_____ V，允许通过的最大电流是_____ mA。

12. 总电压$\dot{U}=-\mathrm{j}$ V，$\dot{I}=1$A，对应的最简单的交流电路是_____。

四、分析计算题

1. 已知两正弦量 $u=220\sqrt{2}\sin3140t$ V，$i=5\sin(628t-60°)$ A。（1）指出相应量的最大值、有效值、相位、初相位；（2）能确定两正弦量的相位关系吗？

2. 写出 $i=20\sin(314t-30°)$ A，$u=380\sqrt{2}\sin(314t+120°)$ V 的相量。

3. 写出下列相量对应的正弦量。

（1）$\dot{U}=60\angle 53.1^\circ$ （2）$\dot{I}=6+8j$ （3）$\dot{U}=6(\cos45^\circ+j\sin45^\circ)$ （4）$\dot{I}=12e^{j90^\circ}$

4. 一个白炽灯泡接在 $u=311\sin(314t+30^\circ)$ V 的交流电源上，灯丝炽热时电阻为484Ω。试求流过灯丝的电流瞬时值表达式以及灯泡消耗的功率。

5. 根据某线性元件的端电压和流过其中的电流，判断是哪种线性元件。

（1）$\dot{U}=6(\cos45^\circ-j\sin45^\circ)$，$\dot{I}=2[\cos(-45^\circ)+j\sin(-45^\circ)]$

（2）$u=18\cos2\pi t$，$i=-6\sin2\pi t$

（3）$u=5\sin200t$，$i=2\cos200t$

（4）$u=5\sin(200t+90)$，$i=2\cos200t$

6. 一只参数为 0.1μF 的电容，工作电压 $u_C=10\sqrt{2}\sin(200\pi t+30^\circ)$ V，试求该电容的容抗 X_C 和工作电流的相量 $\dot{I}$ 。

7. 一个电阻可以忽略的线圈，其电感为 275mH，接到 $u=220\sqrt{2}\sin314t$ V 的电源上，试求通过线圈的电流最大值，有功功率 P，无功功率 Q，画出电压、电流的相量图。

8. 为了测定一个空心线圈的参数，将线圈两端接在 U=12V 的直流电源上，通过线圈的电流为 4A，如接在频率 f=50Hz、U=12V 的交流电源上，通过线圈的电流为 2.4A。试求这个线圈的电感 L 和电阻 R。

9. 将 R=13Ω、L=165mH 的电感线圈与 C=1μF 的电容器串联，接在 U=12V、f=500Hz 交流电源上，求电路中的电流 I 以及电流与电压的相位差，并判断电路的性质。

10. 荧光灯管在额定工作状态下的功率 P_1=20W，测得与灯管串联的镇流器两端的电压 U_2=166V，电路中的电流 I=0.44A，镇流器消耗的功率 P_2=8W，电源频率 f=50Hz。试求镇流器的电阻 R 和电感 L 以及电路中的总阻抗$|Z|$。

11. 某交流接触器线圈的等效参数为：电阻 R=300Ω，电感 L=6H，额定电压 U_N=380V。试求与 380V 工频交流电源连接时通过的电流。若分别连接 220V、50Hz 的交流电源和 220V 直流电源，电流分别是多少？后两种接法会有什么结果？

12. 电路如图 2-24 所示，电源提供正弦交流电，从 a 到 g 的各条支路中均有一盏电阻为 R 的白炽灯，各支路中的电阻、电感、电容满足关系 $R=X_L=X_C$。（1）试画出各支路的相量图并比较各支路灯的亮度。（2）如果将电源改为直流电，再比较一次各支路灯的亮度。

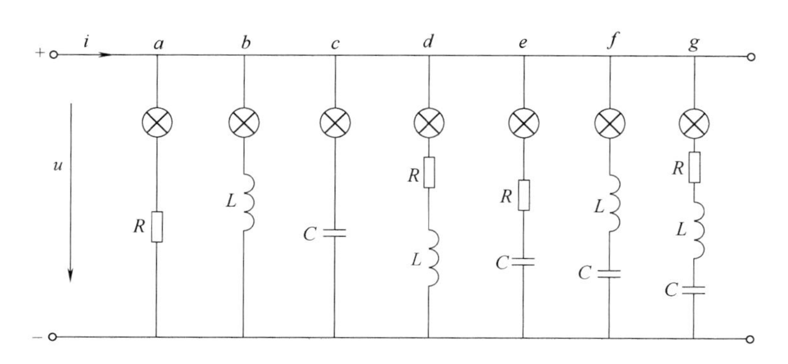

图2-24

13. 欲使功率为 40W、电压为 220V、电流为 0.65A 荧光灯电路的功率因数提高到 0.92，应并联多大的电容器？

14. 某收音机的输入回路由 R=12Ω，L=0.5mH 的电感线圈和可变电容 C 组成串联谐振电路。为了使收音机接收到 800kHz 和 1000kHz 的电台信号，电容 C 应分别是多少？品质因数应分别是多少？

第3章
三相交流电路

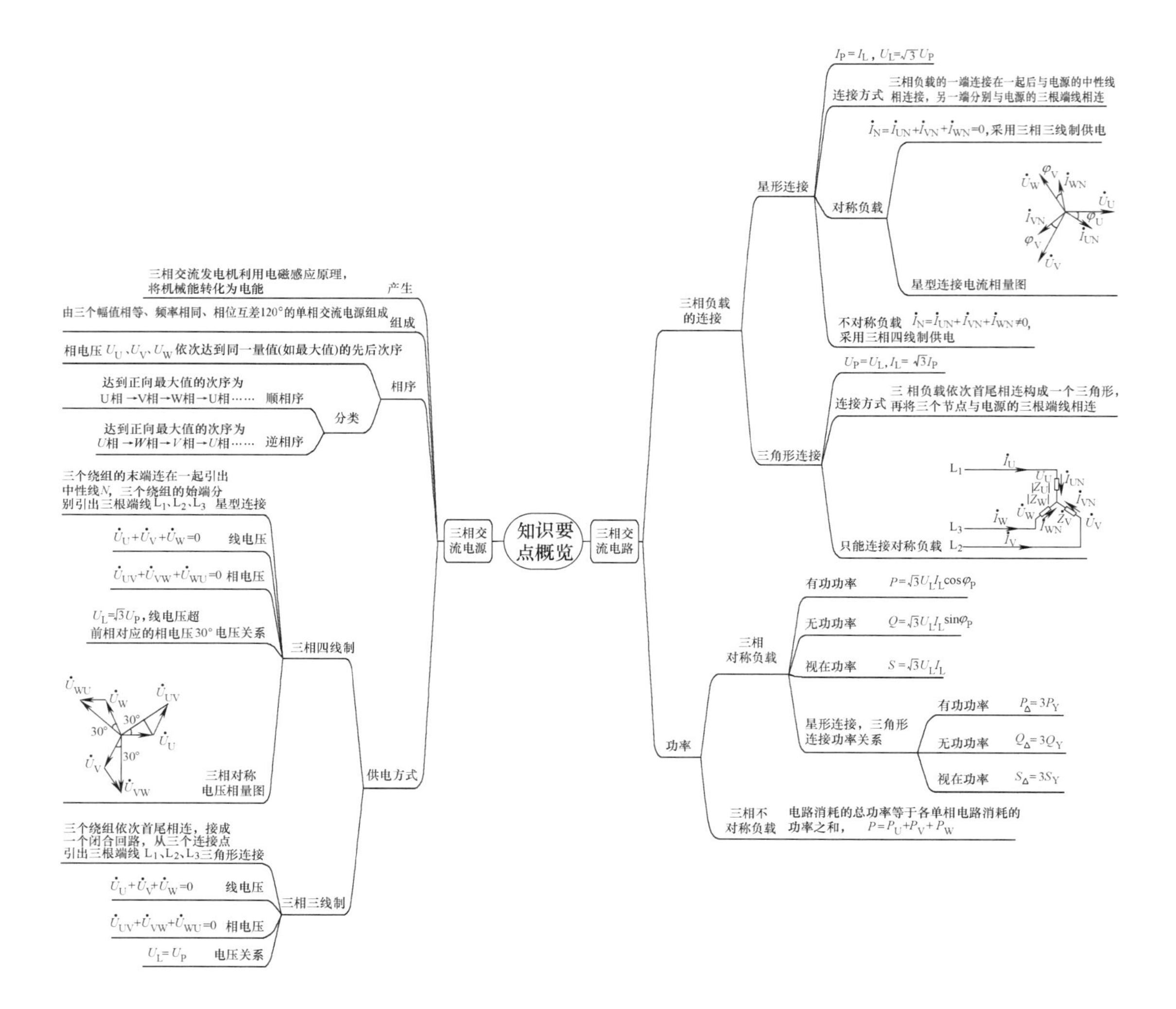

知识要点概览
三相交流电源
产生
三相交流发电机利用电磁感应原理，将机械能转化为电能
组成
由三个幅值相等、频率相同、相位互差120°的单相交流电源组成
相序
相电压 U_U、U_V、U_W 依次达到同一量值(如最大值)的先后次序
分类
达到正向最大值的次序为U相→V相→W相→U相…… 顺相序
达到正向最大值的次序为U相→W相→V相→U相…… 逆相序
供电方式
三相四线制
三个绕组的末端连在一起引出中性线N，三个绕组的始端分别引出三根端线 L_1、L_2、L_3 星型连接
$\dot{U}_U+\dot{U}_V+\dot{U}_W=0$ 线电压
$\dot{U}_{UV}+\dot{U}_{VW}+\dot{U}_{WU}=0$ 相电压
$U_L=\sqrt{3}U_P$，线电压超前相对应的相电压30° 电压关系
三相对称电压相量图
三相三线制
三个绕组依次首尾相连，接成一个闭合回路，从三个连接点引出三根端线 L_1、L_2、L_3 三角形连接
$\dot{U}_U+\dot{U}_V+\dot{U}_W=0$ 线电压
$\dot{U}_{UV}+\dot{U}_{VW}+\dot{U}_{WU}=0$ 相电压
$U_L=U_P$ 电压关系
三相交流电路
三相负载的连接
星形连接
$I_P=I_L$，$U_L=\sqrt{3}U_P$
连接方式 三相负载的一端连接在一起后与电源的中性线相连接，另一端分别与电源的三根端线相连
对称负载
$\dot{I}_N=\dot{I}_{UN}+\dot{I}_{VN}+\dot{I}_{WN}=0$，采用三相三线制供电
星型连接电流相量图
不对称负载 $\dot{I}_N=\dot{I}_{UN}+\dot{I}_{VN}+\dot{I}_{WN}\neq0$，采用三相四线制供电
三角形连接
$U_P=U_L$，$I_L=\sqrt{3}I_P$
连接方式 三相负载依次首尾相连构成一个三角形，再将三个节点与电源的三根端线相连
只能连接对称负载
功率
三相对称负载
有功功率 $P=\sqrt{3}U_LI_L\cos\varphi_P$
无功功率 $Q=\sqrt{3}U_LI_L\sin\varphi_P$
视在功率 $S=\sqrt{3}U_LI_L$
星形连接，三角形连接功率关系
有功功率 $P_\Delta=3P_Y$
无功功率 $Q_\Delta=3Q_Y$
视在功率 $S_\Delta=3S_Y$
三相不对称负载
电路消耗的总功率等于各单相电路消耗的功率之和，$P=P_U+P_V+P_W$

本章教学目标

学习本章时，首先了解三相交流电源的特点，熟悉相电压、线电压、相电流、线电流的基本概念，在此基础上理解三相电源供电的方式及特点，掌握三相负载星形连接和三角形连接时线电压与相电压的关系、线电流与相电流的关系，理解低压供电系统中性线的作用，掌握三相电路功率的计算。

三相交流电源是由三个不同相位的单相交流电源组成的供电系统。在发电、输电、用电方面，三相交流电比单相交流电有着明显的优势，因而被广泛使用。例如同容量的交流发电机和变压器，三相设备比单相设备更节省材料，而且体积小、结构性能更优越、运行可靠性更高。目前，电力系统大多采用三相交流供电，负载可以根据需要选择使用三相或其中的一相。

3.1　三相交流电源

3.1.1　三相交流电的产生

三相交流电是由三相交流发电机利用电磁感应原理，将机械能转变为电能产生的。

三相交流发电机主要由定子和转子组成，其中固定不动的部分称为定子，可以转动的部分称为转子，结构原理如图 3-1 所示。

定子铁芯的内圆周表面冲有槽，用于嵌放三相绕组。每相绕组的几何形状、尺寸和匝数都相同，其首端为 U_1、V_1、W_1，末端为 U_2、V_2、W_2，每相绕组放在相应的定子铁芯的槽内，要求绕组的首端之间或末端之间都彼此间隔 120° 电角度。

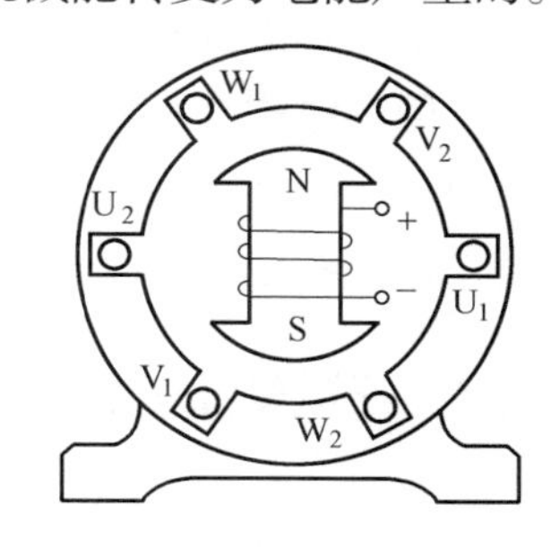

图 3-1　三相交流发电机结构原理图

转子的铁芯上绕有励磁绕组，用直流励磁，选择合适的绕组布置和磁极极面形状，可使空气隙中产生一个按正弦规律分布的磁场。

当转子磁极由原动机拖动以角速度 ω 匀速旋转时，三相绕组依次切割磁感线，感应产生随时间按正弦规律变化的三相电动势 e_U、e_V、e_W，它们频率相同，最大值相等，彼此间相位互差 120°，这就产生了三相交流电。

若规定三相电动势的方向由绕组的末端指向首端，并以 U 相为参考，则三相电动势的瞬时值表达式为：

$$e_U=E_m\sin\omega t$$

$$e_V=E_m\sin(\omega t-120°)$$

$$e_W=E_m\sin(\omega t+120°)$$

对应的相量形式表示为：

$$\dot{E}_U=E\angle 0°=E$$

$$\dot{E}_V = E\angle -120°$$
$$\dot{E}_W = E\angle 120°$$

每相绕组首端与末端之间的电压称为相电压，其有效值为 U_U、U_V、U_W，相电压一般用 U_P 表示。由于发电机三相绕组的阻抗很小，可以略去绕组上的压降，因此，一般认为三相电源的每相电压与其电动势大小相等。其波形图和相量图如图 3-2 所示。

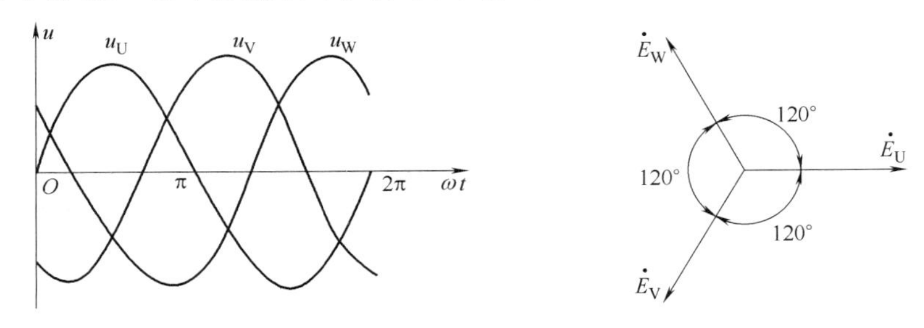

图 3-2　三相电动势波形图和相量图

由图 3-2 可以看出，三个相电压的瞬时值或相量之和为零，因此称这样的电源为三相对称电源，即

$$u_U+u_V+u_W=0 \text{ 或 } \dot{U}_U+\dot{U}_V+\dot{U}_W=0$$

由于三相电动势之间存在相位差，因此达到正向最大值（或相应的零值）有先后次序，这种次序称为相序。若达到正向最大值的次序为 U 相→V 相→W 相→U 相……，称为顺相序，简称顺序，若达到正向最大值的次序为 U 相→W 相→V 相→U 相……，称为逆相序，简称逆序。工程中通常用黄、绿、红三种颜色分别表示 U、V、W 三相的导线。

3.1.2　三相交流电源的连接

采用三相交流电源供电时，通常先将三相绕组做一定的连接，然后再向负载供电。三相绕组的连接方法有星形（Y）连接和三角形（△）连接两种。

1. 星形连接

三相电源的星形连接如图 3-3 所示，三相绕组的末端 U_2、V_2、W_2 的连接在一起，这一连接点称为中性点，用 N 表示，从中性点引出的导线称为中性线，简称中线。从三相绕组的首端 U_1、V_1、W_1 引出的三条导线称为相线或端线，分别用 L_1、L_2、L_3 表示。如果中性点接地，中性线又称为零线，相线或端线又称为火线。实际应用中通常用黑色导线或淡蓝色导线表示中性线。

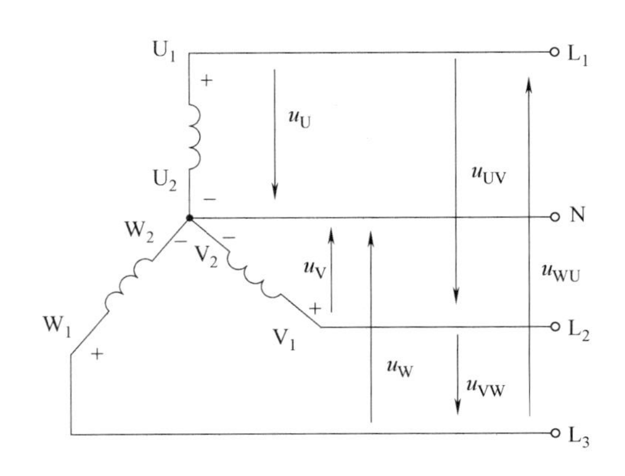

图 3-3　三相电源的星形连接

由图 3-3 可以看出，相线与中性线之间的电压也是三相绕组首末端之间的电压，均为相电压。由于有相序，因此将任意两相线之间

的电压称为线电压，其有效值为 U_{UV}、U_{VW}、U_{WU}，线电压一般用 U_L 表示。

根据基尔霍夫电压定律，相电压与线电压的关系用相量表示为：

$$\dot{U}_{UV} = \dot{U}_U - \dot{U}_V$$
$$\dot{U}_{VW} = \dot{U}_V - \dot{U}_W$$
$$\dot{U}_{WU} = \dot{U}_W - \dot{U}_U$$

作相量图时，可以先作出三个相电压的相量 $\dot{U}_U$ 、$\dot{U}_V$ 、$\dot{U}_W$ ，然后根据相电压与线电压的相量关系，分别作出线电压的相量 $\dot{U}_{UV}$ 、$\dot{U}_{VW}$ 、$\dot{U}_{WU}$ ，如图 3-4 所示。

可以看出，三个相电压和三个线电压均为三相对称电压，即

$$U_U=U_V=U_W=U_P$$
$$U_{UV}=U_{VW}=U_{WU}=U_L$$

在相位上，线电压超前相对应的相电压 30°，在大小上，线电压的有效值是相电压的有效值的 $\sqrt{3}$ 倍，即 $U_L=\sqrt{3}U_P$ 。

发电机或变压器的三相绕组星形连接时，可以引出三根端线和一根中性线组成三相四线制的供电方式，也可以中性点没有引出中性线，而只引出三根端线组成三相三线制的供电方式。

2. 三角形连接

电路如图 3-5 所示。将三相绕组的首末端依次首尾相连，形成一个封闭的三角形，并从连接点引出三条相线 L_1、L_2、L_3。从电路图可以看出，这种绕组连接方式的线电压等于相电压，即 $U_L=U_P$。

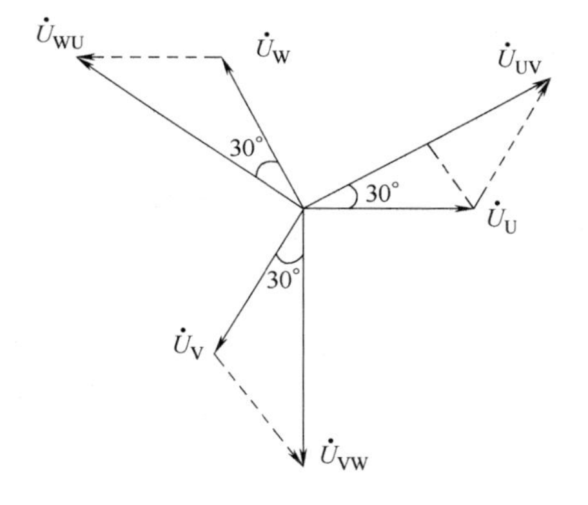

图 3-4　三相对称电压的相量图

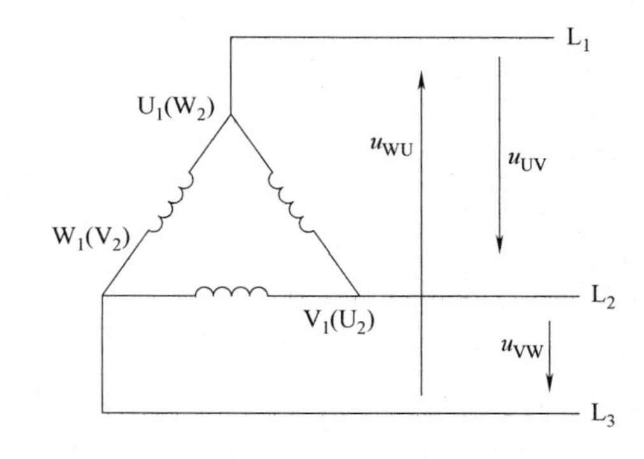

图 3-5　三相电源的三角形连接

通常，低压配电系统大多采用星形连接的三相四线制供电，可以提供 380V 的线电压和 220 V 的相电压。一般常说的三相供电系统的电源电压都是指其线电压。

3.2　三相负载的连接

由三相电源供电的电路称为三相电路。分析三相电路与分析单相电路一样，先画出电路图，标出电压和电流的参考方向，然后用电路的基本定律找出电压和电流之间的关系，

再确定三相功率。

根据三相负载所需电压的不同，三相负载的连接方式分为星形（Y）连接和三角形（△）连接。

若要三相电路中的负载能够正常工作,需要使负载的额定电压与三相电源提供的电压相一致。星形连接的三相电源可以向负载提供相电压和线电压两种电压。

三相交流电路中的负载包括对称三相负载和不对称三相负载。若三相负载的等效复阻抗相等（$Z_U=Z_V=Z_W=Z$），称为对称三相负载，例如三相交流电动机、三相变压器等，都属于对称三相负载。

3.2.1 三相负载的星形连接

三相负载的星形连接如图 3-6 所示，图中采用了三相四线制电路。可以看出，三相负载与三相电源组成了三个单相的交流电路，负载的相电压就是电源的相电压，负载的相电流就是对应的线电流。

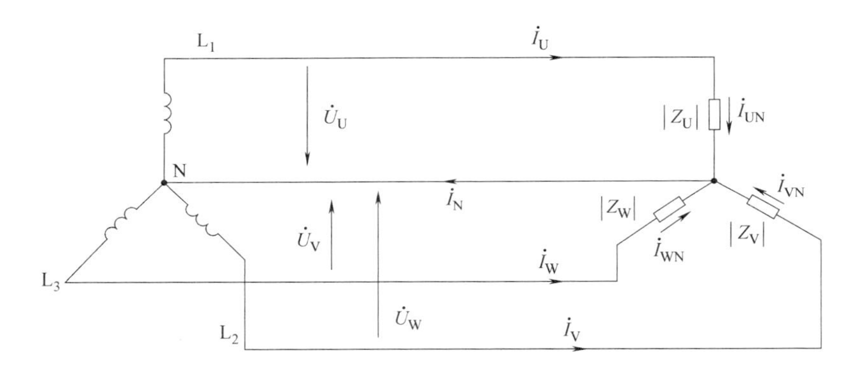

图 3-6 三相负载的星形连接

设电源的三个相电压为参考正弦量，即

$$\dot{U}_U = U_U\angle 0^\circ$$
$$\dot{U}_V = U_V\angle -120^\circ$$
$$\dot{U}_W = U_W\angle 120^\circ$$

负载的相电流为

$$\dot{I}_{UN} = \frac{\dot{U}_U}{Z_U} = \frac{U_U\angle 0^\circ}{|Z|\angle\varphi_U} = \frac{U_U}{|Z|}\angle(0^\circ-\varphi_U) = I_{UN}\angle(-\varphi_U)$$

$$\dot{I}_{VN} = \frac{\dot{U}_V}{Z_V} = \frac{U_V\angle -120^\circ}{|Z|\angle\varphi_V} = \frac{U_V}{|Z|}\angle(-120^\circ-\varphi_V) = I_{VN}\angle(-120^\circ-\varphi_V)$$

$$\dot{I}_{WN} = \frac{\dot{U}_W}{Z_W} = \frac{U_W\angle 120^\circ}{|Z|\angle\varphi_W} = \frac{U_V}{|Z|}\angle(120^\circ-\varphi_W) = I_{WN}\angle(120^\circ-\varphi_W)$$

根据基尔霍夫电流定律，中性线电流为

$$i_N = i_{UN} + i_{VN} + i_{WN} \text{ 或 } \dot{I}_N = \dot{I}_{UN} + \dot{I}_{VN} + \dot{I}_{WN}$$

1. 对称三相负载

对称三相负载的阻抗值$|Z|$相等，阻抗角 φ 相同，并且三个相电压对称，因此三个相电流也是对称的，即三个相电流大小相等，相位互差 120°，瞬时值的代数和为零，见图 3-7。

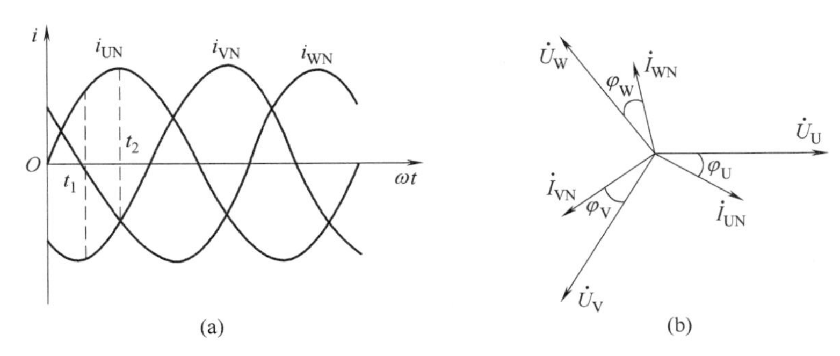

图 3-7　对称三相负载星形连接时电流的波形图和相量图

由图 3-7 可以看出，星形连接的对称三相负载，中性线电流为零，即

$$i_N = i_{UN} + i_{VN} + i_{WN} = 0 \text{ 或 } \dot{I}_N = \dot{I}_{UN} + \dot{I}_{VN} + \dot{I}_{WN} = 0$$

此时，若三相电源采用三相四线制为对称三相负载供电，中性线即使去掉，也不会影响负载的正常工作，因此，可以改为三相三线制连接，如图 3-8 所示，实际应用中，对称三相负载多采用这种供电方式。

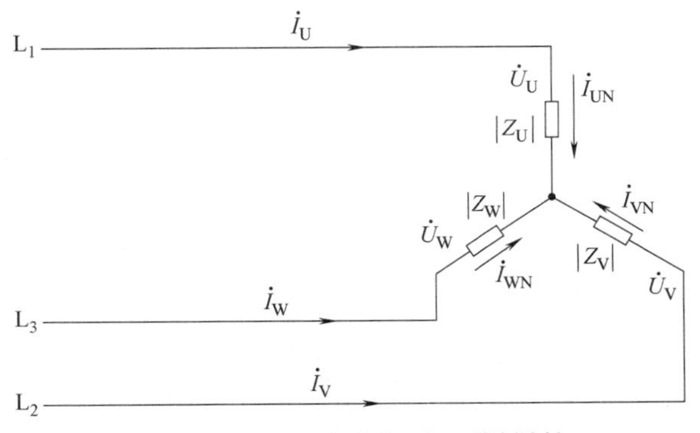

图 3-8　对称三相负载的三相三线制连接

2. 不对称三相负载

多个单相负载分布在三相电路上，往往是不对称的，这时的中性线电流可以通过相量图或相量运算求得。

［例 3-1］　电路如图 3-9（a）所示，三相四线制低压供电系统的相电压 U_P=220V，三相负载 $R=X_L=X_C=22\Omega$，求中性线电流。

解：三相负载虽然阻抗值相等，但阻抗角不同，即三相负载的性质不同。设电源的三个相电压为参考正弦量：

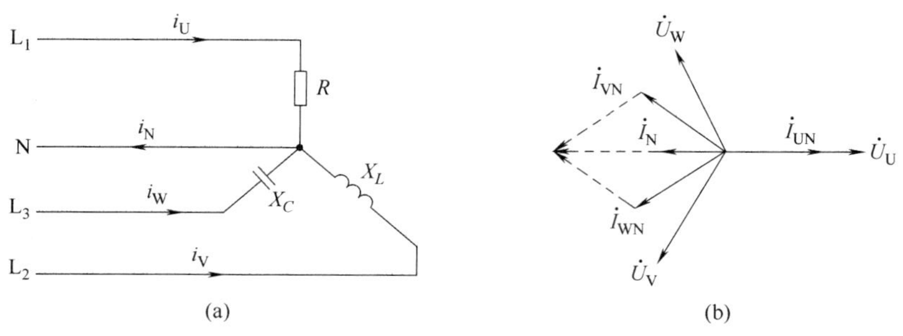

图3-9 例3-1图

$$\dot{U}_U = U_U\angle 0^\circ$$
$$\dot{U}_V = U_V\angle -120^\circ$$
$$\dot{U}_W = U_W\angle 120^\circ$$

各相负载的复阻抗为

$$Z_U = R$$
$$Z_V = jX_L$$
$$Z_W = -jX_C$$

各相负载的电流为

$$\dot{I}_{UN} = \frac{\dot{U}_U}{Z_U} = \frac{220\angle 0^\circ}{22} = 10\angle 0^\circ\ (\text{A})$$

$$\dot{I}_{VN} = \frac{\dot{U}_V}{Z_V} = \frac{220\angle -120^\circ}{22\text{j}} = 10\angle(-120^\circ - 90^\circ) = 10\angle 150^\circ\ (\text{A})$$

$$\dot{I}_{WN} = \frac{\dot{U}_W}{Z_W} = \frac{220\angle 120^\circ}{-22\text{j}} = 10\angle(120^\circ + 90^\circ) = 10\angle(-150^\circ)\ (\text{A})$$

中性线电流为

$$\dot{I}_N = \dot{I}_{UN} + \dot{I}_{VN} + \dot{I}_{WN} = 10\angle 0^\circ + 10\angle 150^\circ + 10\angle(-150^\circ) = 10(\sqrt{3}-1)\angle 180^\circ = -7.3\ (\text{A})$$

相量图如图 3-9（b）所示。

可以看出，星形连接的不对称三相负载电路的中性线电流不为零，因此中性线不能省，一定要采用三相四线制供电。

［例 3-2］ 将例 3-1 中的电感和电容进行互换，电路变化为图 3-10（a）所示。（1）电路变化后，相量图有变化吗？（2）求中性线电流；（3）如果断开中性线，电路是否能正常工作？

解：① 电路变化后，负载相对应的电源相电压变化了，仍然以电源的三个相电压为参考正弦量，相量图如图 3-10（b）所示。

② 中性线电流为

$$\dot{I}_N = \dot{I}_{UN} + \dot{I}_{VN} + \dot{I}_{WN} = 10(\sqrt{3}+1)\angle 0^\circ = 10(\sqrt{3}+1)\ (\text{A})$$

通过计算和分析，电路发生变化前后，中性线电流均不为零，而且中性线电流相差很大。这说明三相四线制供电系统中，若能做到负载在三相电源上合理地均衡分布，可以减小中性线电流，降低供电线路的损耗，节约电能。

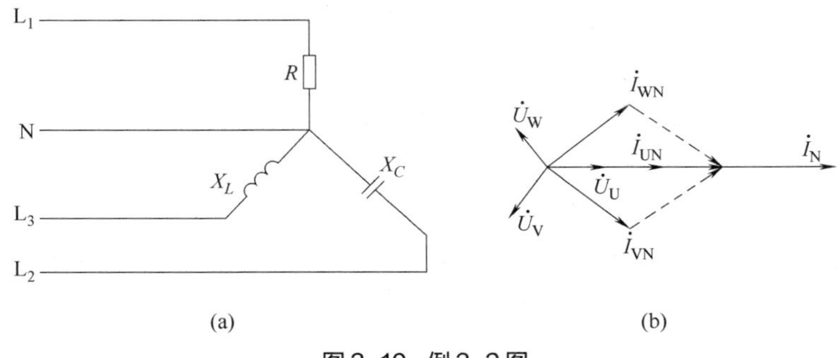

图3-10 例3-2图

不对称三相负载采用三相四线制供电，由于中性线的存在，每相负载两端的电压为相电压，保证了每相负载都能够独立正常工作，即使某相负载有变化也不会影响到其他相。

③ 如果三相负载不对称且断开中性线，供电方式就变为三相三线制，每相负载的端电压就由原来的相电压变为线电压，各相负载两端的电压会根据各相负载阻抗值的大小重新分配。有的相负载两端的电压可能低于额定电压，使负载不能正常工作；有的相负载两端的电压可能高于额定电压，以至于将用电设备损坏。因此，中性线决不能断开，在中性线上不能安装开关、熔断器等装置。

3.2.2 三相负载的三角形连接

将三相负载依次首尾相连构成一个三角形，再将三个连接点与电源的三根端线相连，这种连接方式称为三相负载的三角形连接，如图 3-11 所示。

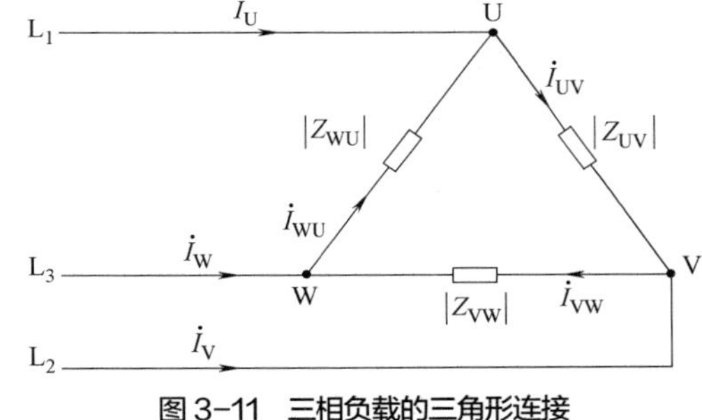

图3-11 三相负载的三角形连接

三相负载的三角形连接电路中，相电流和线电流是不相等的；负载的端电压与电源的线电压相等：

$$U_{UV}=U_{VW}=U_{WU}=U_P=U_L$$

各相负载的相电流为

$$\dot{I}_{UV}=\frac{\dot{U}_{UV}}{Z_{UV}}$$

$$\dot{I}_{VW}=\frac{\dot{U}_{VW}}{Z_{VW}}$$

$$\dot{I}_{WU}=\frac{\dot{U}_{WU}}{Z_{WU}}$$

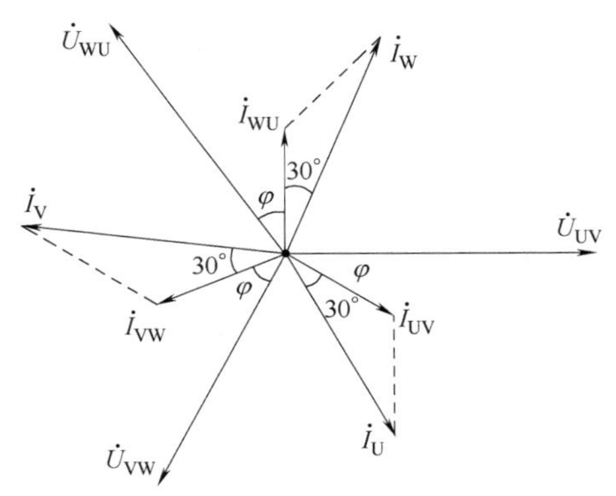

图3-12 对称三相负载采用三角形连接时的相量图

根据基尔霍夫电流定律，相电流和线电流之间有如下关系：

$$\dot{I}_U=\dot{I}_{UV}-\dot{I}_{WU}$$

$$\dot{I}_V=\dot{I}_{VW}-\dot{I}_{UV}$$

$$\dot{I}_W=\dot{I}_{WU}-\dot{I}_{VW}$$

对称三相负载采用三角形连接时，相量图如图 3-12 所示。

对称三相负载采用三角形连接时，线电流与相电流均是对称的，线电流是相电流的 $\sqrt{3}$ 倍，即 $I_L=\sqrt{3}I_P$，在相位上线电流滞后相对应的相电流 30°。

3.3 三相交流电路的功率

无论三相负载采用星形连接还是三角形连接，三相交流电路消耗的总功率等于各单相电路消耗的功率之和，即

$$P=P_U+P_V+P_W$$

设对称三相负载每相的功率因数角为 φ_P，则总功率为

$$P=3P_P=3U_PI_P\cos\varphi_P$$

若对称三相负载采用星形连接，则 $U_P=\frac{1}{\sqrt{3}}U_L$，$I_P=I_L$，三相电路的总功率为

$$P_Y=3U_PI_P\cos\varphi_P=3\times\frac{1}{\sqrt{3}}U_L\times I_L=\sqrt{3}U_LI_L\cos\varphi_P$$

若对称三相负载采用三角形连接，则 $U_P=U_L$，$I_P=\frac{1}{\sqrt{3}}I_L$，三相电路的总功率为

$$P_\triangle=3U_PI_P\cos\varphi_P=3\times U_L\times\frac{1}{\sqrt{3}}I_L=\sqrt{3}U_LI_L\cos\varphi_P$$

在实际应用中，因线电压和线电流比较容易测量，因此功率的计算公式常用线电压和线电流表示，即

$$P=\sqrt{3}U_LI_L\cos\varphi_P$$

对称三相负载的无功功率和视在功率分别为

$$Q=\sqrt{3}U_LI_L\sin\varphi_P$$

$$S=3U_PI_P=\sqrt{3}U_LI_L=\sqrt{P^2+Q^2}$$

［例 3-3］ 已知低压供电系统的线电压为 380V，对称三相负载的复阻抗 $Z=10\angle30^\circ$，求对称三相负载分别采用星形连接和三角形连接时的有功功率、无功功率、视在功率。

解：对称三相负载的阻抗角就是功率因数角，即 $\varphi_P=30^\circ$，采用星形连接时，有

$$U_P=\frac{1}{\sqrt{3}}U_L=\frac{380}{\sqrt{3}}=220\text{（V）}$$

$$I_L=I_P=\frac{220}{10}=22\text{（A）}$$

$$P_Y=\sqrt{3}U_LI_L\cos30^\circ=\sqrt{3}\times380\times22\times\frac{\sqrt{3}}{2}=12.54\text{（kW）}$$

$$Q_Y=\sqrt{3}U_LI_L\sin30^\circ=\sqrt{3}\times380\times22\times\frac{1}{2}=7.24\text{（kvar）}$$

$$S_Y=\sqrt{3}U_LI_L=\sqrt{3}\times380\times22=14.48\text{（kV·A）}$$

三相负载采用三角形连接时，有

$$U_L=U_P=380V$$

$$I_L=\sqrt{3}I_P=\sqrt{3}\times\frac{380}{10}=65.82\text{（A）}$$

$$P_\triangle=\sqrt{3}U_LI_L\cos30^\circ=\sqrt{3}\times380\times65.82\times\frac{\sqrt{3}}{2}=37.52\text{（kW）}$$

$$Q_\triangle=\sqrt{3}U_LI_L\sin30^\circ=\sqrt{3}\times380\times65.82\times\frac{1}{2}=21.66\text{（kvar）}$$

$$S_\triangle=\sqrt{3}U_LI_L=\sqrt{3}\times380\times65.82=43.32\text{（kV·A）}$$

可以看出，对称三相负载采用三角形连接时消耗的功率是采用星形连接时消耗的功率的三倍。在电源电压一定时，实际应用中负载的连接方式影响其消耗的功率，因此负载的连接方式不能随意改变。

【阅读材料】

供电质量与电力负荷

工业企业供电质量优劣的主要指标有电压、频率、波形和供电的可靠性等。我国对供电电压变化幅度的规定是：10kV 及以下的电力用户受电端电压不能超过额定电压的±7%，低压照明用户的电压不能超过额定电压的+5%或−10%，否则会造成用电设备不能正常工作、温升过高甚至损坏等。我国的工业企业供电，工频为 50Hz，频率偏差要求不超过±0.2Hz。采用新技术、新工艺将电子设备接入电网，会产生比 50Hz 高几倍的谐波，致使正常的正弦波形发生畸变，为了保证波形质量，有必要加装滤波装置，抑制谐波的产生。

电力负荷又称用电负荷，指电力用户向供电系统取用的电功率。按照对供电可靠性要求的不同，我国的电力负荷分为三个等级。

一级负荷是指中断供电将造成重大的政治、经济损失或人员伤亡的负荷。如重要的铁路枢纽、通讯枢纽、重要的国际活动场所、医院的手术室、重要的生物实验室的电力负荷等。一级负荷的供电，除采用两个互相独立的电网电源供电之外，还设置有备用电源。

二级负荷是指中断供电将造成较大的政治、经济损失或引起公共场所秩序混乱的负荷。如政府办公楼、大型工厂企业、科研院校、博物馆的电力负荷等。二级负荷的供电，除采用两条彼此独立的电源线路之外，根据实际情况，还应设置备用电源。

三级负荷是指不属于一级负荷和二级负荷的其他电力负荷。三级负荷在供电方式上没有特殊的要求，一般采用单路供电。

用户设备启动或停止，环境温度变化等，都会随时影响电力负荷的实时变化，一般夏季高温和冬季严寒时段，电力负荷会升高，因为电能不能大规模储存，电网调度部门会根据实时用电负荷情况调整发电量。

本 章 小 结

三相交流电源由三个单相电源组成，其特点为三相电压最大值相等、频率相同且相位互差 120°。三相交流电源的 U 相、V 相、W 相与 L_1、L_2、L_3 三根端线和黄、绿、红三种颜色严格对应。三相交流电的相序是指三相电压 U_U、U_V、U_W 依次达到最大值的先后顺序，包括顺相序和逆相序两种。三相交流电源的供电方式以星形连接为主，可以提供相电压和线电压两种不同的电压供负载选择。

三相交流电路的负载分为对称三相负载和不对称三相负载两大类。三相负载的连接方式有星形连接和三角形连接两种，在两种连接方式中，相电压、线电压、相电流、线电流各有特点。采用星形连接时，对称三相负载可采用省去中性线的三相三线制供电，不对称三相负载必须采用有中性线的三相四线制供电，而且中性线要有足够的强度，绝对不能断开；采用三角形连接的是对称三相负载。

三相交流电路的功率是三个单相交流电路功率的总和。若是对称三相负载，总的功率是单相功率的三倍；相同的供电系统，对称三相负载采用三角形连接时消耗的功率是采用星形连接时消耗功率的三倍。

习　　题

一、判断题

1. 三相交流电源由三个完全相同的单相电源组成。

2. 在三相四线制供电系统中，若负载为非对称负载，为了保证用电安全，三根端线和一根中线上都必须安装熔断器或者开关。

3. 相电压是指相线与中性线之间的电压。

4. 采用三角形连接的三相负载电路，线电流与相电流大小相等。

5. 同一个三相负载作 Y 连接与△连接所消耗的电功率相等。

6. 若三相四线制电路的相电压为 220V，则线电压为 380V。

7. 三相交流电路任意两根端线之间的电压称为相电压。

8. 对称三相负载的有功功率、无功功率、视在功率均是每相负载的 3 倍。

9. 对称三相负载是三相完全相同的负载，即阻抗值相同，阻抗角相同。

二、选择题

1. 三相交流电源的三个电动势频率相同，大小相等，相位互差（　　）。

A. 90°　　B. 60°　　C. 120°　　D. 45°

2. 对称三相负载采用星形连接时，线电压是相电压的（　　）倍。

A. 1　　B. $\sqrt{2}$　　C. $\sqrt{3}$　　D. 3

3. 对称三相负载采用三角形连接时，线电流是相电流的（　　）倍。

A. 1　　B. $\sqrt{2}$　　C. $\sqrt{3}$　　D. 3

4. 不对称三相负载应采用的供电方式为（　　）。

A. 三角形连接　　B. 星形连接

C. 星形连接并加装中性线　　D. 星形连接并在中性线上加装熔丝

三、填空题

1. 三相四线制供电系统可输出两种电压供用户选择，即____电压和____电压，这两种电压的数值关系是______，相位关系是______。

2. 三相交流电路的三根相线的颜色是U相____、V相____、W相____。

3. 通常把三相交流电源产生的三个相电压依次达到某值的先后次序称为__________，包括________和________两种。

4. 将对称三相负载首尾相连，然后三个连接点分别与三相电源的三根端线进行连接，这种连接方式称为________，供电方式是________。

四、分析计算题

1. 指出图3-13中各组负载的连接方式。

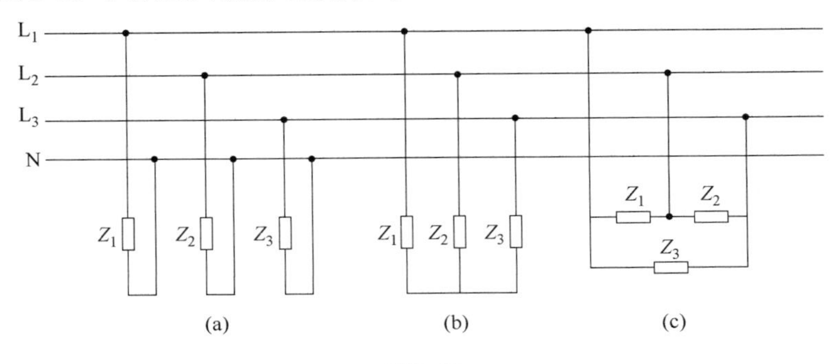

图3-13

2. 设三相交流电源的相电压 $u_V=220\sqrt{2}\sin(100\pi t+10°)$ V，根据三相电源相电压与线电压的关系，试写出其余两个相电压以及三个线电压的表达式。

3. 一台三相交流发电机绕组采用星形连接，每相额定电压为220V。在一次试验时，用电压表测得相电压 $U_{UN}=U_{VN}=U_{WN}=220$V，线电压 $U_{UV}=U_{VW}=220$V，$U_{WU}=380$V，试分析这种现象是怎样造成的。

4. 如图3-14所示，三只额定电压为220V、功率40W的白炽灯，采用星形连接接在线电压为380V的三相四线制电源上。（1）若将 L_1 线上的开关S闭合和断开，对 L_2、L_3 两相的白炽灯亮度有无影响？（2）若去掉中性线变为三相三线制，L_1 线上的开关S闭合和断开，流过各灯的电流各是多少？

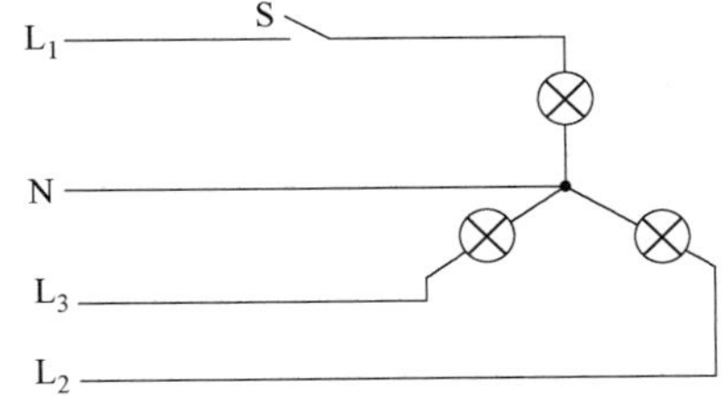

图3-14

5. 三相对称负载，每相负载为 $R=5\Omega$，$X_L=5\Omega$，接入线电压为380V的三相电源上，求三相负载分别采用星形连接和三角形连接时的相电流、线电流、有功功率、无功功率。

6. 某三相电阻炉，每相电阻均为 $R=10\Omega$，额定电压为380V。三相电源线电压为380V，求：（1）当电阻炉采用三角形连接时，相电流、线电流及有功功率；（2）为调节炉温，将三相电阻炉中的某一相电炉丝断开，这时各相的相电流、线电流及总有功功率各是多少？（3）在同一电源上把电炉丝接成星形，此时相电流、线电流及总有功功率各是多少？

第 4 章
磁路与变压器

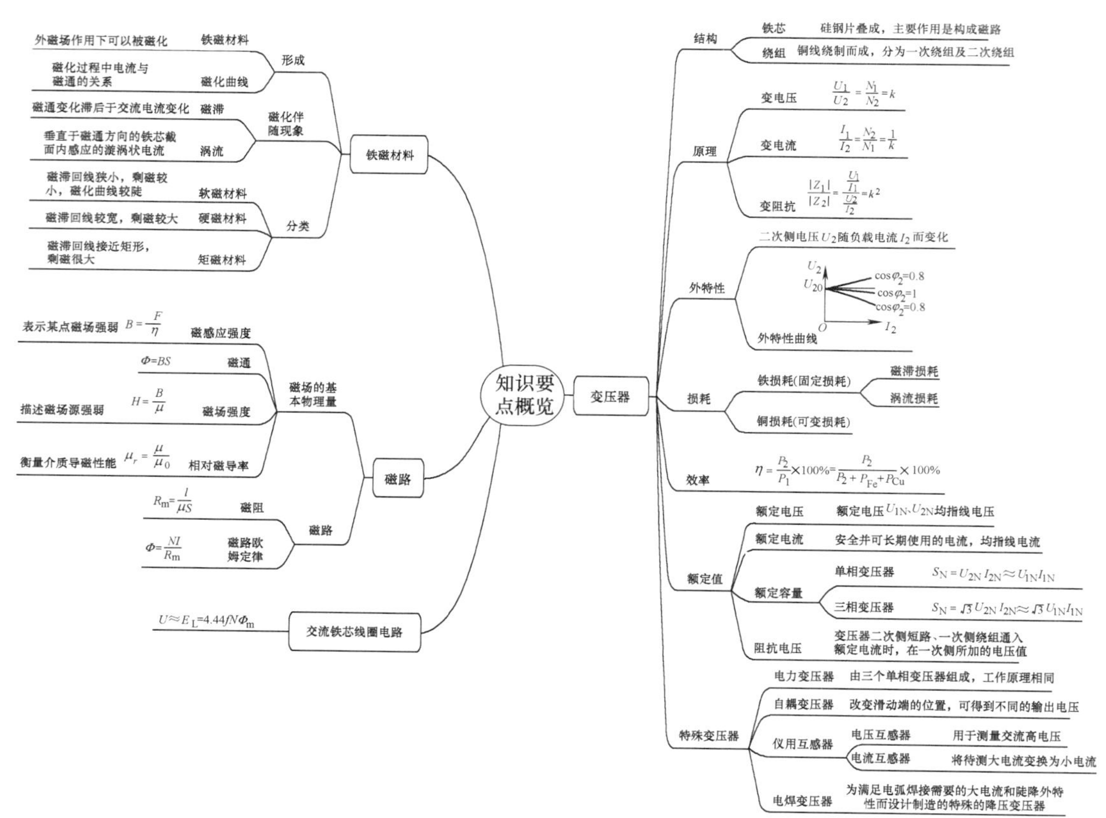

本章教学目标

通过学习，要求掌握磁路和铁磁材料的基本知识，包括磁路的基本物理量、基本定律等；掌握变压器的基本结构和基本工作原理、额定值，能够识读电力变压器铭牌，了解三相变压器和几种特殊变压器的基本原理、特点、分类及用途。

变压器是利用电磁感应原理工作的电气设备，主要用来对交流电压进行升高或降低，广泛应用于供电系统中。除变压器外，电动机、低压电器、磁电式电工仪表等电气设备也均利用了电磁感应原理，工作中既有电路也有磁路，电和磁两者密不可分，磁路的知识是学习这些电气设备的基础。

4.1 磁路

磁路是局限在一定路径内的磁场，因此磁场的各个物理量也适用于磁路。

4.1.1 磁场的基本物理量

电流在通电导线的周围会产生磁场，这是电流的磁效应，产生磁场的电流称为励磁电流，直流电产生稳定的磁场，交流电产生交变的磁场。

磁感应强度 B：表示磁场中某点磁场强弱和方向，磁场方向与励磁电流方向之间的关系可用右手螺旋定则确定。设电流 I 通过长度为 l 且与磁场方向垂直的导体，在磁场中某点受到的电磁力为 F，则该点的磁感应强度为

$$B = \frac{F}{Il}$$

磁感应强度的单位是特斯拉（T）。

磁通 Φ：磁感应强度 B 与垂直于磁场方向的平面的面积 S 的乘积，称为通过该面积的磁通 Φ，即

$$\Phi=BS$$

$$B = \frac{\Phi}{S}$$

磁通的单位是韦伯（Wb）。磁感应强度在数值上等于与磁场方向垂直的单位面积内所通过的磁通，因此磁感应强度也称为磁通密度。

磁场强度 H：是描述磁场源强弱的物理量，其大小与励磁电流以及空间位置有关，而与磁介质无关。其单位是安/米（A/m）。磁场强度 H 与磁感应强度 B 的关系是

$$B=\mu H$$

磁导率 μ：是表示磁场中介质导磁性能的物理量，其数值决定于介质对磁场的影响程度，单位是亨/米（H/m）。真空的磁导率是一个常数，即 $\mu_0=4\pi\times10^{-7}$H/m，其他介质的磁导率 μ 与真空的磁导率 μ_0 的比值称为该介质的相对磁导率 μ_r，即 $\mu_r = \frac{\mu}{\mu_0}$。

非铁磁材料如空气、铝、铬、铂、铜等导磁性很差，相对磁导率很小，约等于 1；铁磁材料如铁、钴、镍、钇以及他们的一些合金和氧化物等导磁性很好，相对磁导率很大，可达几百或几千，如硅钢片的相对磁导率达 6000~8000。铁磁材料常用来增强磁场，是电动机、变压器等电气设备形成磁路的物质基础。

4.1.2 磁路的计算

线圈只要有电流通过，就会在其周围产生磁场，磁感线就会分布在线圈周围的空间，如图 4-1 所示，将铁磁材料做成铁芯，把线圈绕在铁芯上，只要线圈通过很小的电流，就可以产生一个很强的磁场，磁感应强度很大。铁芯的磁导率比周围的空气或其他物质的磁导率高得多，磁感线基本上都局限在了铁芯内部，铁芯外只有极少量的磁感线经空气形成闭合回路。铁芯内的绝大部分磁通称为主磁通，铁芯外的磁通称为漏磁通，漏磁通占全部磁通的比例很小，一般可以忽略不计。在铁芯内主磁通形成的闭合回路就是磁路。

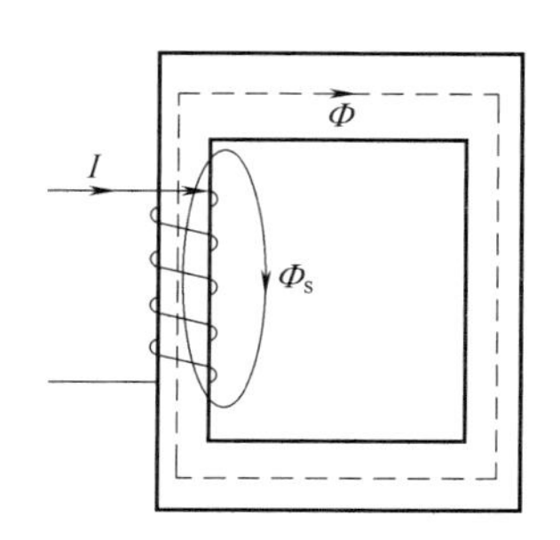

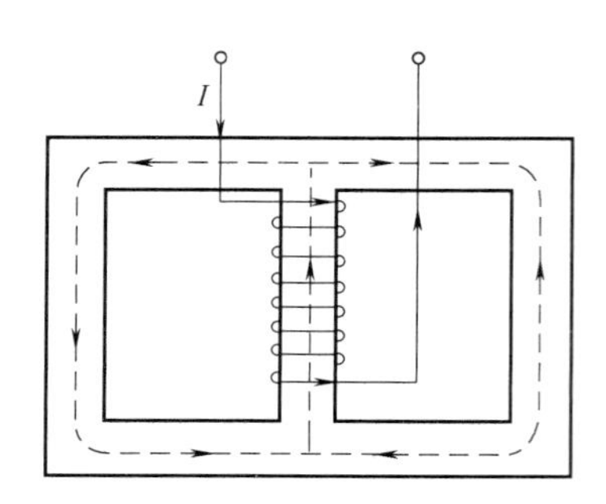

图 4-1 磁路

实验表明，若改变线圈的励磁电流 I 或线圈匝数 N，铁芯中磁通的大小会随之变化。励磁电流愈大，所产生的磁通愈大；线圈的匝数愈多，所产生的磁通也愈大。因此把励磁电流 I 和线圈匝数 N 的乘积称为铁芯线圈的磁通势，简称磁势，这是磁路产生磁通的原因，类似于电路中电源的电动势。

为了反映铁磁材料对磁通阻碍作用的大小，引入了磁阻的概念，用 R_m 表示，类似于电路中的电阻。其数值与磁路的平均长度 l 成正比，与磁路的截面积 S 和组成磁路的铁磁材料的磁导率 μ 成反比，即

$$R_m = \frac{l}{\mu S}$$

铁磁材料的磁导率比空气大几百甚至几千倍，所以磁路中只要有一小段空气隙，磁阻就会大大增加。为了尽可能增强线圈中的磁场，常将铁芯制成闭合形状以减小磁阻。

磁路的磁通 Φ 类似于电路中的电流 I，根据电路欧姆定律的形式，可以写出磁路欧姆定律，即铁芯中的磁通 Φ 与磁路的磁通势成正比，与磁阻成反比，即

$$\Phi = \frac{NI}{R_m}$$

磁路欧姆定律与电路欧姆定律只是形式上相似。由于铁磁材料的磁通与电流并不是成正比的，磁导率 μ 不是常数，故磁阻 R_m 也不是常数，也就是说磁路是非线性的，磁路欧姆定律只能用于对磁路进行定性分析，一般不能直接用于磁路计算。

4.2　铁磁材料

4.2.1　磁化与磁化曲线

假设一个线圈的结构、形状、匝数不变，流入线圈的电流为 I，线圈中的磁通量为 Φ，此时的线圈称为空心线圈。实验表明，将铁磁材料放在某个磁场中，会使其所处的磁场的强度大大提高，这种现象叫作磁化。

铁磁材料磁化的原因是由内部的微观结构决定的。在铁磁体材料磁化的过程中，其内部会产生方向各异的小型磁化区域，称为磁畴，如图 4-2 所示，每个磁畴的体积很小，但呈现出很强的磁性。铁磁材料未被磁化时，大量的磁畴排列是杂乱无章的，磁畴的磁场相互抵消，对外不呈现磁性。在通有电流 I 的空心线圈内放入铁芯，形成铁芯线圈，在磁场的作用下，磁畴方向发生变化，与外磁场方向趋于一致，因而铁磁材料整体显示出磁性。总之，磁化后的铁磁材料通过内部磁场的有序化，使整个磁场的磁场强度显著增强。

铁芯的磁化曲线可由实验测定，如图 4-3 所示。

(a)

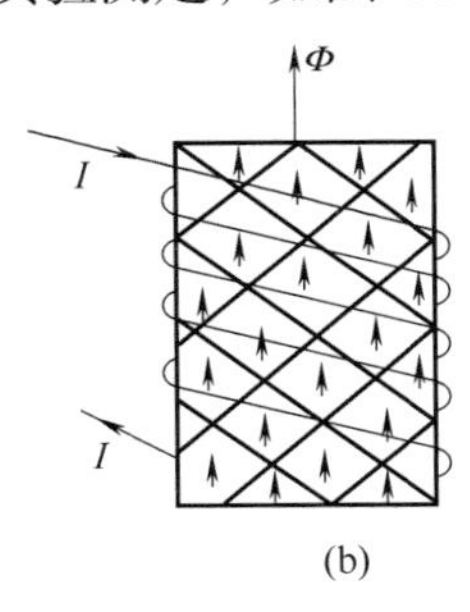

(b)

图 4-2　磁畴和铁磁材料磁化

图 4-3　铁芯磁化曲线

曲线 1 为空心线圈的磁化曲线，表示空心线圈中通入的电流与磁通量之间的关系，此时磁通量 Φ 与电流 I 成正比，但磁通量的增加率比较小。

曲线 2 为铁芯线圈的磁化曲线，表示线圈中放入铁芯后，通入的电流与磁通量之间的关系。其中，在 OA 段，铁芯磁化处于未饱和状态，磁通量 Φ 与电流 I 近似成正比例；随着线圈中电流增大，线圈产生的外磁场增强，铁芯内大部分磁畴的方向与外磁场方向趋于一致，形成附加磁场，并与外磁场方向相同，从而使铁芯内部的磁场显著增强，最终所有磁畴的磁场都沿外磁场的方向排列，铁芯增强磁场的作用达到了极限，到达 B 点以后，再增大线圈中的电流，磁通量 Φ 随电流 I 的增加情况与空心线圈基本相同，此时曲线的斜率与曲线 1 相同，铁芯磁化到这种程度称为磁饱和。从未饱和状态逐步过渡到饱和状态的 AB 段称为磁化曲线的膝部，此时电流增大时，磁通量的增加趋于缓慢。曲线 2 也反映了铁芯的磁化过程，如果采用不同的铁磁材料制成相同形状的铁芯，放在相同的线圈中，就可以比较它们的性质。在各种电机、电器的线圈中，放入铁芯就是为了增强磁场。为了充分利用铁芯的增磁作用，其最大工作磁通应选在磁化曲线的 AB 段，目的是用较小的电流就能产生较大的磁通。

4.2.2 磁滞和涡流

电气设备的铁芯线圈中通入交流电时，会产生交变的磁场，但是需要注意与磁场同时产生的两种现象：磁滞和涡流。

（1）*磁滞*

交流电的周期性变化会使铁芯中的磁畴反复磁化，理想情况下，铁芯中的磁通随线圈中电流 i 的变化是沿着图 4-4（a）所示的正反两条磁化曲线进行的，实际上由于磁畴本身存在“惯性”，磁通的变化滞后于电流的变化，如图 4-4（b）所示。在图 4-4（b）中，当线圈中电流 i 由零开始逐渐增加到最大值 A_1 点时，铁芯中的磁通沿起始磁化曲线 OA 到达 A 点；然后电流 i 逐渐减小，磁通随之沿路径 AC 减小。当电流减小到零时，铁芯中仍保留部分剩磁，体现在 C 点；当电流变化到相反方向并达到一定值时（图中 E 点），剩磁消失。如果继续增大反向电流，到最大值 B_1 点，磁通也会反方向增加到最大值 B 点；当电流反向减小到零时，剩磁体现在 D 点。当电流变化到相反方向的 F 点时，反向剩磁消失。这种现象称为磁滞。如此反复周而复始，铁芯反复交变磁化，就得到了对称于坐标原点的磁滞回线。

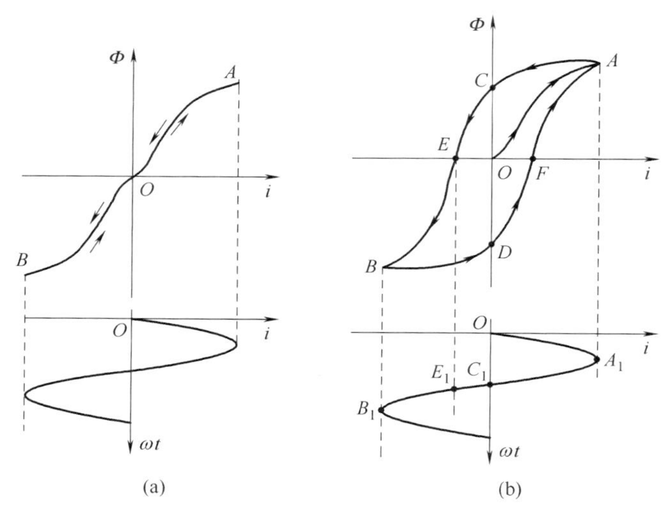

图 4-4　反复磁化和磁滞回线

外磁场不断克服磁畴惯性使铁芯反复磁化，将消耗一定的能量，称为磁滞损耗。数学证明，交变磁化一周，铁芯的单位体积内所产生的磁滞损耗能量与磁滞回线所包围的面积成正比。

（2）涡流

线圈中通入交流电时，它所产生的磁通也是交变的。因此，不仅线圈中会产生感应电动势，铁芯内部也会产生感应电动势和感应电流，这种感应电流称为涡流，涡流在垂直于磁通方向的铁芯截面内环流着，一圈圈的像漩涡，如图 4-5（a）所示。

涡流会消耗能量并使铁芯发热，称为涡流损耗。铁芯的电阻率越小、外周长越长、交变磁场的频率越高，涡流就越大，产生的损耗也越大。为了减小涡流损耗，可将铁芯顺磁场方向做薄，把涡流限制在较小的截面区域内流通；铁芯材料用两面绝缘的硅钢片，目的是增大导磁性能、提高电阻性，如图 4-5（b）所示。对高频铁芯线圈，常采用铁氧体铁芯，其电阻率很高，可以把涡流限制在更小的范围，从而大大降低涡流损耗。

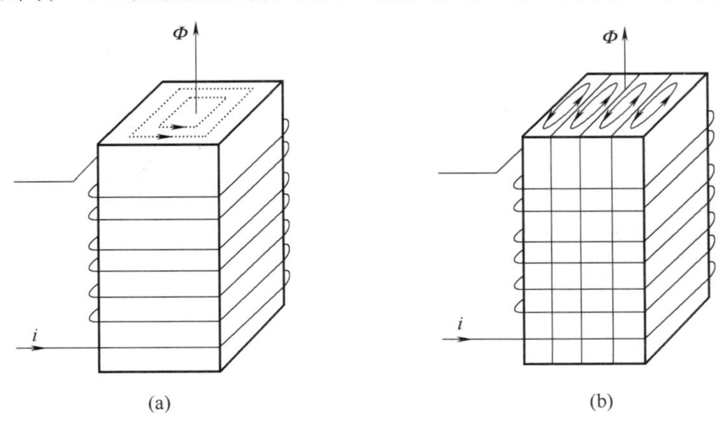

(a)　　(b)

图 4-5　铁芯中的涡流

涡流虽然在很多电器中会引起不良后果，但也有可利用的一面，如工业上的中频感应炉利用涡流的热效应，让几百赫兹的交流电在钢铁被熔炼中产生涡流来进行冶炼；日常生活中的电磁炉，当交流电通过内部线圈时，会在电磁炉灶面上的铁质锅底内产生涡流，从而迅速使锅体温度升高。

在交变磁通作用下，铁芯内的磁滞损耗和涡流损耗合称铁损耗（P_{Fe}）。铁损耗会引起铁芯发热，使电机、变压器或其他交流电器温度升高、效率降低，严重时将影响正常运行。铁损耗与铁芯内的磁感应强度的最大值 B_m 的平方基本成正比，不宜选得太大，一般要根据具体用途选择合适的铁磁材料。

4.2.3　铁磁材料及分类

铁磁材料是制造变压器、电动机、仪器仪表等电工设备的主要材料，其磁性能影响着设备的工作性能和状态。不同铁磁材料的磁滞回线和磁化曲线不同，根据在工程上的用途以及磁滞回线的形状，可分为软磁材料、硬磁材料和矩磁材料三种类型，见表 4-1。

表 4-1　几种铁磁材料的比较

材料	软磁材料	硬磁材料	矩磁材料
磁滞回线	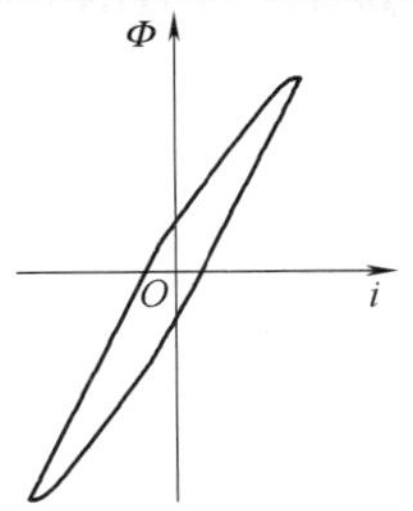	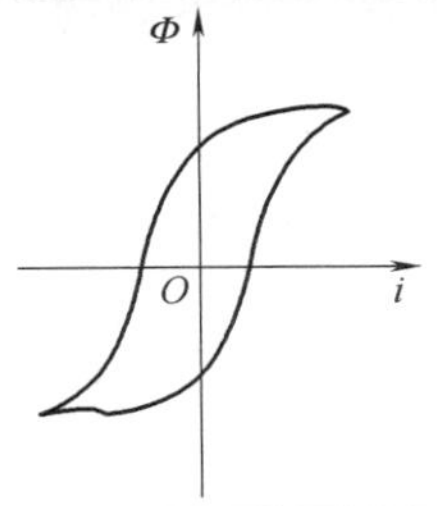	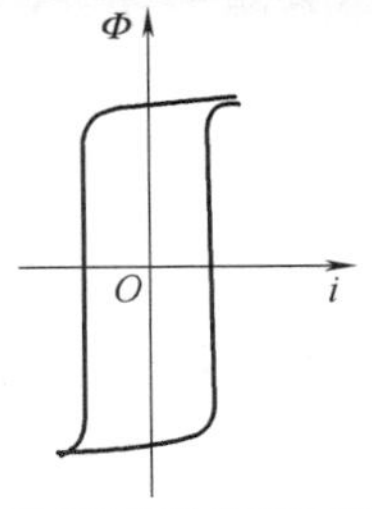

续表

材料	软磁材料	硬磁材料	矩磁材料
说明	磁滞回线狭小，剩磁较小，磁化曲线较陡； 既容易磁化，又容易退磁； 常用于制作变压器、电动机以及各种中、高频电磁元件的铁芯，收音机接收线圈的磁棒等； 包括铸铁、硅钢、坡莫合金以及非金属铁磁铁氧体等	磁滞回线较宽，剩磁较大； 需要较强的外磁场的作用，才能被磁化，且磁化后剩磁不易消失； 常用制作永久磁铁，如扬声器、耳机、电话机、录音机以及各种磁电式仪表中的永久磁铁； 包括碳钢、钨钢、钴钢等	磁滞回线接近矩形，剩磁很大； 在较弱的磁场作用下也能磁化并达到饱和，即使去掉外磁场，磁场仍保持原来的饱和状态； 常在计算机和控制系统中用做记忆元件和开关元件，如计算机存储器的磁芯等； 包括镁锰铁氧体及某些铁镍合金等

4.3 交流铁芯线圈电路

铁芯线圈分为两种：直流铁芯线圈和交流铁芯线圈。直流铁芯线圈的励磁电流是直流电，产生的磁通是恒定的，在线圈和铁芯中不会产生感应电动势，在电压一定时，线圈中的电流 I 只与线圈本身的电阻 R 有关，功率损耗也只有 I^2R。

交流铁芯线圈是用交流电来励磁的，其电磁关系与直流铁芯线圈不同。交流铁芯线圈电路的励磁电流是变化的，产生的磁通是变化的，于是在线圈和铁芯中会产生感应电动势，若把漏磁、磁滞、涡流、磁饱和等因素的影响考虑在内，电感 $L=\dfrac{N\Phi}{i}$ 和感抗 $X_L=\omega L$ 就不再是常量，电流 i 与磁通 Φ 也不再是线性关系。

交流电路中接入的线圈，如果忽略内阻，则可以视为一个纯电感；如果不忽略内阻，则是一个电阻与纯电感串联构成的元件；如果在线圈中放入铁芯，然后接在交流电路中，则构成一个交流铁芯线圈电路。

由于交流铁芯线圈电路电压与电流是非线性关系，可以先推导出电压与磁通的关系，再通过磁化曲线确定磁通与电流的关系。

假设铁芯线圈匝数为 N，连接的交流电源频率为 f，线圈通入交流电后铁芯中产生的交变磁通为 $\Phi=\Phi_m\sin\omega t$，其中 Φ_m 为交变磁通的最大值，通常称为最大工作磁通。在铁芯线圈中产生的自感电动势为

$$e_L=-N\frac{d\Phi}{dt}=-\omega N\Phi_m\sin\left(\omega t-\frac{\pi}{2}\right)=-E_{Lm}\sin\left(\omega t-\frac{\pi}{2}\right)$$

可以看出自感电动势的最大值和有效值分别为

$$E_{Lm}=\omega N\Phi_m=2\pi fN\Phi_m$$

$$E_L = \frac{E_{Lm}}{\sqrt{2}} = \frac{2\pi}{\sqrt{2}} fN\Phi_m = 4.44 fN\Phi_m$$

若忽略漏磁通及线圈电阻的影响，则线圈所加交流电压与自感电动势的数值相等，即

$$U \approx E_L = 4.44 fN\Phi_m$$

一般情况下，电源频率 f 和线圈匝数 N 是一定的，因此上式表明了铁芯线圈在工作过程中，所加电压的有效值与工作磁通之间有严格的一一对应关系，是分析交流铁芯线圈电路的常用公式。

交流铁芯线圈电路的功率损耗包括铁芯产生的铁损耗（P_{Fe}）和电流通过电阻为 R 的线圈时产生的热损耗，这部分热损耗俗称铜损耗（P_{Cu}），铜损耗的大小随通过绕组中的电流的变化而变化，是可变损耗。当外加电压一定时，工作磁通一定，铁损耗不变，是固定损耗。两种损耗最终都以热的形式使设备的温度升高。

［例 4-1］　有一个铁芯线圈正常工作时接在 220V、50Hz 的交流电源上，铁芯中磁通的最大值为 0.001Wb，试问铁芯上的线圈至少应有多少匝？若线圈只绕有 100 匝，通电后会产生什么后果？

解：铁芯线圈所加电压有效值与工作磁通的关系表达式为

$$U \approx E_L = 4.44 fN\Phi_m$$

线圈的匝数为

$$N \approx \frac{U}{4.44 f\Phi_m} = \frac{220}{4.44 \times 50 \times 0.001} = 991\text{（匝）}$$

若铁芯线圈只绕有 100 匝，线圈通电后，磁通最大值为

$$\Phi'_m = \frac{U}{4.44 fN} = \frac{220}{4.44 \times 50 \times 100} = 0.0099\text{（Wb）}$$

可以看出，线圈匝数减少到 100 匝以后，其工作磁通是正常工作时最大工作磁通的 99 倍。为了充分应用铁芯的增磁作用，正常工作时最大磁通一般在磁化曲线的膝部，若将工作磁通再增大 99 倍，工作磁通会很快进入到磁饱和区，线圈中的工作电流将远远超过正常值，线圈会因电流过大而烧坏。

［例 4-2］　一个交流电磁铁，因出现机械故障，通电后，衔铁在长时间内不能吸合，结果使电磁铁的线圈烧坏，试解释其原因。

解：根据 $U \approx 4.44 fN\Phi_m$，交流电磁铁线圈上所加电压 U 与工作磁通 Φ_m 存在严格对应关系，不会因铁芯未吸合而改变。衔铁长时间不能吸合，会使电磁铁的铁芯不闭合，磁路中就会有一个很大的空气隙。空气的导磁性能极差，因而磁阻会大大增加，根据磁路欧姆定律 $\Phi_m = \frac{IN}{R_m}$，磁路的工作磁通会随之减小。为了维持与工作电压相对应的正常的工作磁通，必须增大电流 I 以产生足够的磁通势 IN，因此电流很快就超出了正常值。时间一长，电磁铁线圈就会过热而烧坏。

［例 4-3］　一个交流电磁铁，因电源电压波动超过了额定电压的 15%，结果线圈烧坏了，试解释其原因。

解：根据 $U \approx 4.44fN\Phi_m$，工作磁通 Φ_m 与电压 U 严格对应，若电源电压超过了额定电压的 15%，工作磁通也应相应提高 15%以上。为了充分应用铁芯的增磁作用，正常工作时的磁通处于磁化曲线的膝部，如果磁通再提高 15%，就会进入到饱和区，与工作磁通对应的电流的增加量必将远远大于 15%，导致电磁铁线圈过热而烧坏。

4.4 变压器

4.4.1 变压器的结构

变压器是一种常见的电气设备，因使用场合、工作要求、制造等方面的不同，结构形式多种多样，但其基本结构类似，均由闭合铁芯和绕在铁芯上的两个或多个匝数不等的线圈组成，如图 4-6 所示。按照铁芯结构的不同，变压器可分为芯式和壳式两种。

铁芯是变压器的磁路部分。为了减小涡流损耗和磁滞损耗，常用厚约 0.35~0.5mm，且两面涂有绝缘漆的硅钢片叠装而成。

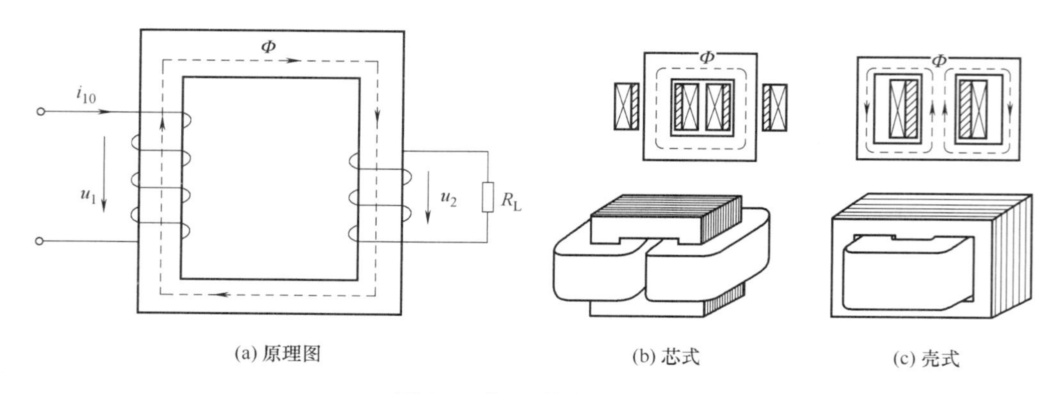

图 4-6 变压器的结构原理图

绕组就是线圈，是变压器的电路部分。一般能量输入一侧的绕组称为一次绕组（或称原边、初级绕组、原绕组），能量输出一侧的绕组称为二次绕组（或称副边、次级绕组、副绕组）。小容量变压器多用高强度漆包线绕制，大容量变压器可用绝缘铜线或铝线绕制。为方便绝缘，低压绕组靠近铁芯，高压绕组套在低压绕组的外面。

变压器工作时铁芯和线圈都会发热。小容量变压器采用自然冷却；中容量变压器将铁芯和线圈放置在有散热管的油箱中，采用油冷式冷却；大容量变压器还要用油泵使冷却液在油箱和散热管中循环。

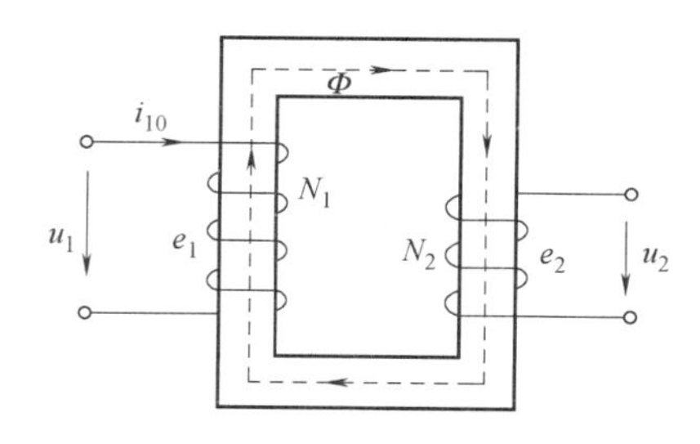

图 4-7 变压器的空载运行原理图

4.4.2 变压器的工作原理

变压器的空载运行是指在一次绕组连接交流电源时，令二次绕组开路的状态，原理如图 4-7 所示。此时，

空载电流 i_{10} 是励磁用的，使一次绕组的磁通势 $i_{10}N_1$ 产生的磁通 Φ 与一次侧电流相对应，由于铁芯的磁导率很高，磁路的磁阻很小，空载电流 i_{10} 很小，常可忽略。

（1）电压变换

一次绕组与电源连接后，闭合铁芯中交变的工作磁通 Φ 就同时穿过一次绕组和二次绕组，分别在其中感应出电动势 e_1 和 e_2。由于一次绕组的电阻和漏磁通都较小，其影响可忽略不计，加在铁芯线圈上的交流电压的有效值 U_1 与感应电动势 e_1 近似相等，因此有以下关系：

$$U_1 \approx E_{L1}=4.44fN_1\Phi_m$$
$$U_2 \approx E_{L2}=4.44fN_2\Phi_m$$

变压器的电压变换关系为

$$\frac{U_1}{U_2}=\frac{N_1}{N_2}=k$$

其中 k 称为变压器的变压比，简称变比，它等于一次、二次绕组的匝数之比。可见，当电源电压一定时，只要改变匝数比，就可以得到不同的输出电压。若 $k>1$，为降压变压器；$k<1$，则为升压变压器。

（2）电流变换

变压器的有载运行是指一次绕组连接交流电源，二次绕组与负载连接的运行状态，原理如图4-8所示。

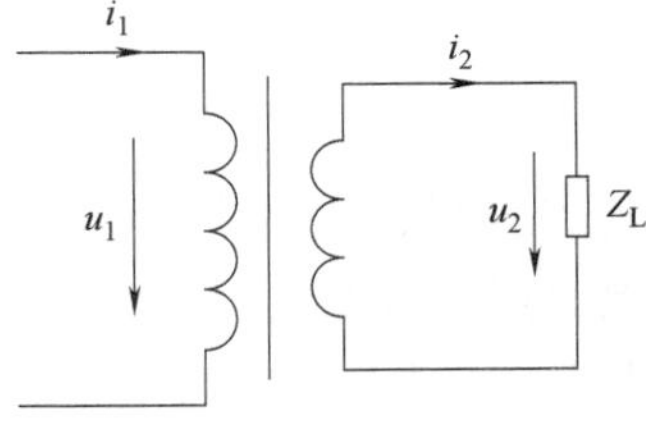

图4-8　变压器的有载运行原理图

由 $U \approx 4.44fN\Phi_m$ 可知，当一次绕组的交流电压和频率不变时，无论变压器是空载还是有载，铁芯中的工作磁通是恒定不变的。

二次绕组与负载连接后，负载电流将在二次绕组中产生磁通势 I_2N_2，为了保持工作磁通不变，一次绕组电流必须在空载电流的基础上增大，电流的增大部分产生的磁通势 $I_1'N_1$ 应与 I_2N_2 相平衡，即两个磁通势数值相等，方向相反，即

$$I_1'N_1=I_2N_2$$

实际一次绕组电流为

$$i_1=i_{10}+i_1'$$

或

$$\dot{I}_1=\dot{I}_{10}+\dot{I}_1'$$

当接近额定负载时，空载电流的有效值 I_{10} 在一次绕组额定电流 I_{1N} 的10%以内，远远小于一次绕组电流的增大部分，即 $I_{10} \ll I_1'$，则有 $I_1 \approx I_1'$，变压器电流变换关系为

$$\frac{I_1}{I_2}=\frac{N_2}{N_1}=\frac{1}{k}$$

（3）阻抗变换

变压器不仅能变换交流电压、交流电流，还具有变换阻抗的作用。据能量守恒定律，变压器有载运行时，变压器的损耗以及二次绕组所接负载消耗的功率均由一次绕组所连接的电源提供。二次绕组接阻抗为 $|Z_2|$ 的负载，就相当于一个阻抗为 $|Z_1|$ 的负载直接与电源

连接，使电源输出的电压、电流和功率不变，因此，图 4-9 中的虚线部分理论上是可以进行等效变换的。

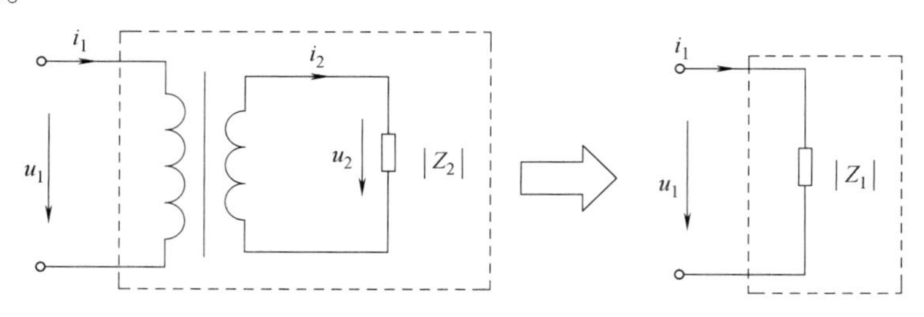

图 4-9 负载阻抗的等效变换

二次侧电压、电流与负载阻抗之间的关系为

$$|Z_2| = \frac{U_2}{I_2}$$

一次侧电源输出的电压、电流与等效阻抗$|Z_1|$之间的关系为

$$|Z_1| = \frac{U_1}{I_1}$$

故有

$$\frac{|Z_1|}{|Z_2|} = \frac{\dfrac{U_1}{I_1}}{\dfrac{U_2}{I_2}} = k^2$$

上式表明，变压器变比 k 不同，负载的阻抗反映到一次侧的等效阻抗也不同。交流电源通过变压器接入阻抗为$|Z_2|$的负载，就相当于阻抗为 $k^2|Z_2|$的负载直接接在该交流电源上，选择适当的变比，可以在一次侧得到能使电源输出功率达到最大值的阻抗值，根据能量守恒定律，负载也同时会获得最大功率，此时称负载与电源实现了阻抗匹配。

［例 4-4］ 有一台降压变压器，原绕组电压为 220V，匝数 1100，二次绕组电压为 110V。若二次绕组接入阻抗值为 10Ω 的负载，试问变压器的变比、二次绕组匝数、一次绕组中电流各为多少？

解：变压器变比为

$$k = \frac{U_1}{U_2} = \frac{220}{110} = 2$$

二次绕组匝数为

$$N_2 = N_1 \times \frac{U_2}{U_1} = N_1 \times \frac{1}{k} = \frac{1100}{2} = 550（匝）$$

二次绕组电流为

$$I_2 = \frac{U_2}{|Z_2|} = \frac{110}{10} = 11（A）$$

一次绕组电流为

$$I_1 = I_2 \frac{N_2}{N_1} = I_2 \frac{1}{k} = \frac{11}{2} = 5.5\ (\text{A})$$

［例 4-5］　如图 4-10 所示，设信号源电压有效值 U_s=120V，信号源内阻 R_0=800Ω，负载为扬声器，其等效电阻 R_L=8Ω。试分析扬声器上如何得到最大输出功率。

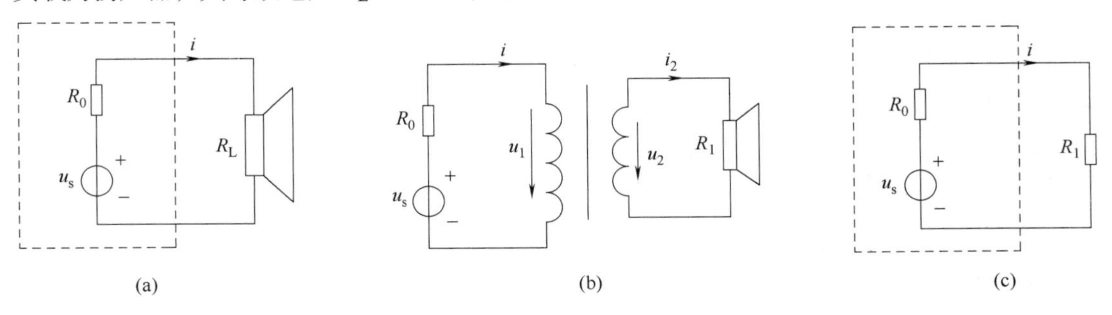

图 4-10　例 4-5 图

解： 若将扬声器与信号源直接相连，如图 4-10（a）所示，负载获得的输出功率为

$$P_L = I^2 R_L = \left(\frac{U_s}{R_0 + R_L}\right)^2 \times R_L = \left(\frac{120}{800 + 8}\right)^2 \times 8 = 0.176\ (\text{W})$$

若将扬声器通过变压器接到信号源上，如图 4-10（b）所示，通过变压器进行阻抗变换，把负载R_L变换为等效电阻 R_1，如图 4-10（c）所示，当内、外阻抗相等即 R_1=R_0=800Ω 时，输出功率达到最大。变压器变比为

$$k = \frac{N_1}{N_2} = \sqrt{\frac{R_1}{R_L}} = \sqrt{\frac{800}{8}} = 10$$

信号源的输出功率为

$$P = \left(\frac{U_s}{R_0 + R_1}\right)^2 \times R_1 = \left(\frac{120}{800 + 800}\right)^2 \times 800 = 4.5\ (\text{W})$$

由此例可见，经变压器实现阻抗匹配后，信号源的输出功率增大了许多。

4.4.3　变压器的外特性

实际应用中的变压器，在一次侧电压 U_1 和负载功率因数 $\cos\varphi$ 不变的情况下，二次侧电压 U_2 随负载电流 I_2 而变化的特性，称为变压器的外特性，如图 4-11 所示，图中 U_{20} 为二次侧开路电压。

如果二次侧负载为感性或阻性，二次侧电压随负载电流的增大而减小；如果二次侧负载为容性，二次侧电压随负载电流的增大而增大。

变压器的外特性还可以用电压调整率表示。当 I_2 从零增加到额定值 I_{2N} 时，输出电压从 U_{20} 降到 U_{2N}，电压调整率为

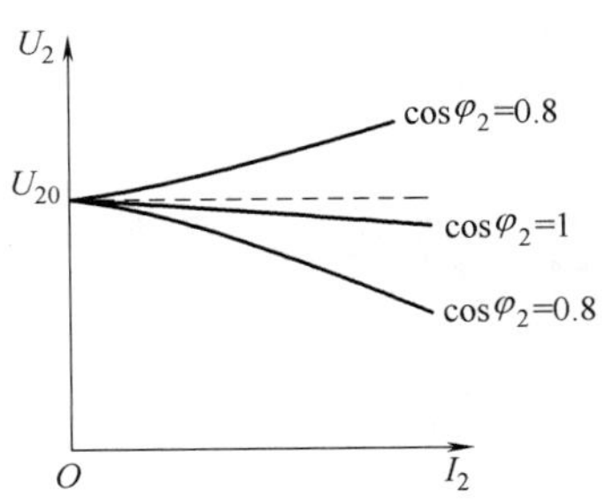

图 4-11　变压器的外特性

$$\Delta U=\frac{U_{20}-U_{2N}}{U_{20}}\times100\%=\frac{\Delta U_2}{U_{20}}\times100\%$$

电压调整率是变压器的一个重要性能指标，反映了供电电压的稳定性，一般越小越好。常用的电力变压器电压调整率为3%~5%，一般在设计时使空载电压略高于额定电压的5%左右。

4.4.4 变压器的功率损耗及效率

变压器的功率损耗包括铁芯中的铁损耗和绕组上的铜损耗两部分。

变压器的输出功率 P_2 与输入功率 P_1 之比称为变压器的效率，用 η 表示，即

$$\eta=\frac{P_2}{P_1}\times100\%=\frac{P_2}{P_2+P_{Fe}+P_{Cu}}\times100\%$$

变压器的功率损耗很小，所以效率很高，一般供电变压器的效率都在 95%左右，大型变压器的效率可达 99%以上。同一台变压器处于不同负载时的效率也不同，一般情况下，在负载为额定负载的 50%~75%时，效率最高。

4.4.5 变压器的额定值

根据绝缘强度和允许发热条件，将变压器的满负荷运行状态称为额定运行状态，此时的各电量值为变压器的额定值。

把一次侧正常工作时的电源电压称为一次额定电压 U_{1N}；当一次侧加上额定电压 U_{1N} 时，二次侧的空载电压称为二次侧额定电压 U_{2N}。三相变压器的额定电压均指线电压。

变压器按规定工作方式（长时连续工作或短时工作或间歇工作）运行时一次、二次绕组允许通过的最大电流额定电流分别记为 I_{1N}、I_{2N}，这是根据绝缘材料允许的温度确定的。三相变压器的额定电流均指线电流。

变压器二次侧的额定电压 U_{2N} 与额定电流 I_{2N} 的乘积称为额定容量 S_N。

单相变压器的额定容量：$S_N=U_{2N}I_{2N}\approx U_{1N}I_{1N}$。

三相变压器的额定容量：$S_N=\sqrt{3}\ U_{2N}I_{2N}\approx\sqrt{3}\ U_{1N}I_{1N}$。

将变压器二次侧短路、一次侧绕组通入额定电流时，在一次侧所加的电压称为阻抗电压，又称短路电压，常用一次侧绕组额定电压的百分数表示，它越小，变压器输出电压随负载变化的波动就越小。由于变压器有内阻抗电压降，所以二次侧的空载电压一般应较满载时的电压高 5%~10%。

4.5 几种常用变压器

4.5.1 电力变压器

输配电线路所用的变压器称为电力变压器。电力系统一般均采用三相制，所以电力变

压器均指三相变压器。

电力变压器的绕组结构如图 4-12 所示，基本工作原理与单相变压器相同，高压侧绕组的首末端分别用大写字母 A、B、C 和 X、Y、Z 表示，低压侧绕组的首末端分别用小写字母 a、b、c 和 x、y、z 表示。根据电力网的线电压及一次绕组额定电压的大小，可以将一次绕组接成星形或者三角形；根据供电需求，二次绕组也可以接成三相四线制星形或三角形。

图 4-13 是一台型号为 S9-500/10 的电力变压器的铭牌。字母 S 表示三相油浸式变压器，9 表示序号，代表节能等级，500 表示额定容量是 500kV·A，10 表示高压侧电压额定电压是 10kV。

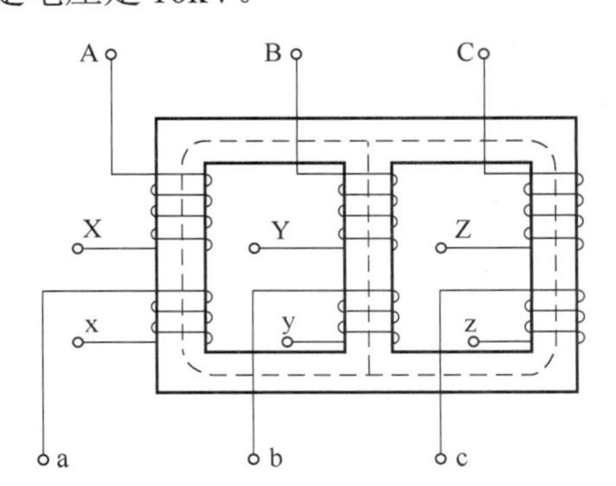

图 4-12 电力变压器的绕组结构

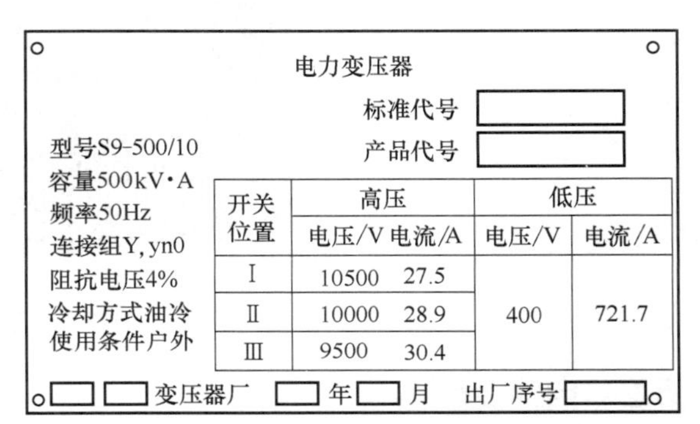

电力变压器

标准代号

产品代号

型号S9-500/10
容量500kV·A
频率50Hz
连接组Y, yn0
阻抗电压4%
冷却方式油冷
使用条件户外

开关位置	高压		低压	
	电压/V	电流/A	电压/V	电流/A
Ⅰ	10500	27.5	400	721.7
Ⅱ	10000	28.9		
Ⅲ	9500	30.4		

变压器厂 年 月 出厂序号

图 4-13 电力变压器的铭牌

电力变压器一次侧接法用大写字母表示，二次侧接法用小写字母表示：Y 和 y 表示星形连接，D 和 d 表示三角形连接，N 和 n 表示有中线。例如：“Y，yn0”表示高压侧为星形连接，低压侧为有中线引出的星形连接，其中的 0 表示两侧对应的线电压同相。电力变压器两侧线电压的相位关系用钟表的时针和分针的相对位置表示，例如“0”即零点，该时刻时针分针重合，两侧线电压同相位，“11”即 11 点，表示两侧线电压有 30°的相位差，低压侧电压超前。常见的连接组有“Y，yn0”“Y，d11”“D，yn11”。

电力变压器的调压开关设在变压器的一次侧，目的是通过调整一次侧电压，保证二次侧输出电压的额定值。若变压器距上一级变电站很近，供电电压偏高，可调至Ⅰ挡；若变压器距上一级变电站很远，供电电压偏低，可调至Ⅲ挡；正常条件下一般置于Ⅱ挡。

铭牌上给出的一次、二次电压都是线电压，电流也是线电流，二次输出电压是空载电压，为了能在额定负载下保证负载端电压为 380V，且电压波动幅度不超过规定的百分数，二次输出电压往往留有一定的裕量。

电力变压器在运行中，铁芯和绕组中的损耗都以热量的形式散发，使变压器的温度升高，若温度过高，将损害绝缘，影响变压器的使用寿命。变压器冷却方式一般采用空冷或油冷，有的大型变压器还在油箱外安装风扇，提高散热能力。

图 4-14 是油浸式三相电力变压器。铁芯绕组放在钢板制成的油箱中，箱壁上有散热片或油管，以增大散热面积；油枕（储油柜）是给热胀冷缩的油在箱外提供一个容纳空间；因为变压器的油要求不含有酸、碱、硫、尘、水，只要油内含有 0.004%的水分，其

绝缘性将降低 50%，因此在空气进口处装有吸湿器，来保证油的绝缘程度。为了使变压器安全、可靠地运行，还设有安全气道和气体继电器等附件。

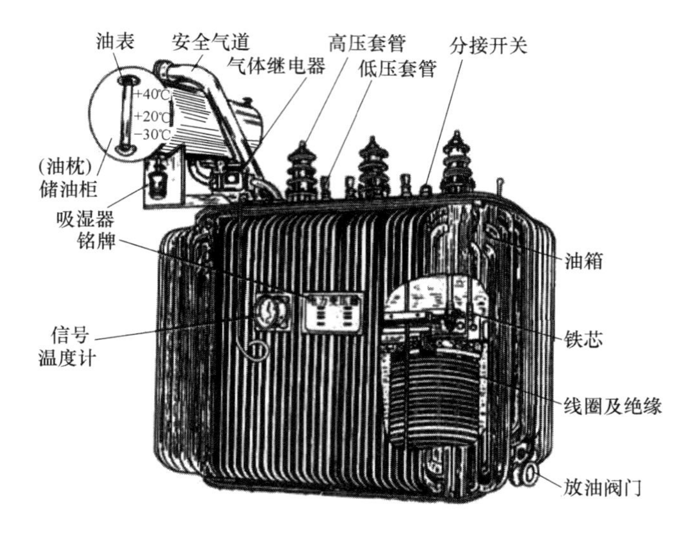

图 4-14　油浸式三相电力变压器

4.5.2 自耦变压器

自耦变压器的一次、二次绕组之间既有磁耦合，又有直接的电的联系。在结构上，自耦变压器一次、二次绕组共用铁芯和一部分绕组，即从一次绕组的相应部位抽头，取其一部分电压输出给负载，如果抽头制成能够沿线圈自由滑动的触点，则可以平滑调节二次侧的输出电压。自耦变压器工作原理如图 4-15 所示，设一次绕组匝数为 N_1，二次绕组匝数为 N_2，则一次、二次绕组的电压之比和电流之比与普通变压器相同，即

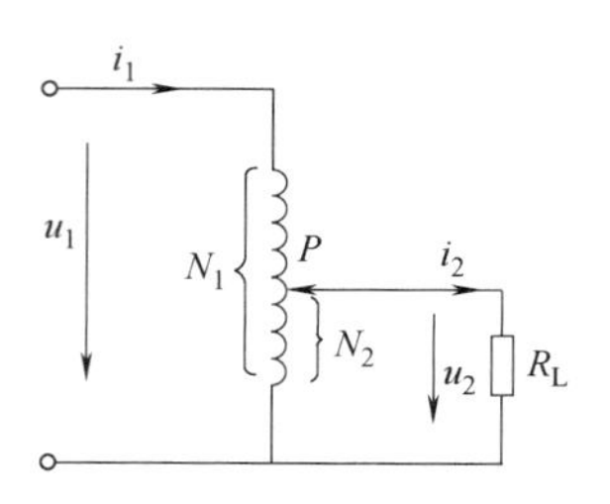

图 4-15　自耦变压器的工作原理

$$\frac{U_1}{U_2}=\frac{I_2}{I_1}=\frac{N_1}{N_2}=k$$

同容量的自耦变压器与普通变压器相比，尺寸小，效率高，损耗小，造价低；随着电力系统的发展、电压等级的提高和输送容量的增大，自耦变压器得到广泛应用。使用时要注意一次侧、二次侧绝对不能对调使用，并且一次、二次绕组的公共端一定要连接电路的低电位端。例如，图 4-16（a）中，用自耦变压器给 12V 便携式行灯进行充电，一次、二次绕组的公共端是高电位端，一次侧端电压是 220V，且 X 端接地，此时灯泡两端对地电压分别是 220V 和 208V，这对持灯的人是极不安全的，因此这种接法是应当避免的；图 4-16（b）中一次、二次绕组的公共端是接地端，持灯人的对地电压是 12V，大大降低了不安全程度。

自耦变压器的铁芯可以制成环形，靠旋转手柄改变滑动触点进行调压。图 4-17 为实验室常用的低压小容量自耦变压器，二次绕组 ax 输出电压可以在 0~250V 范围内调节。

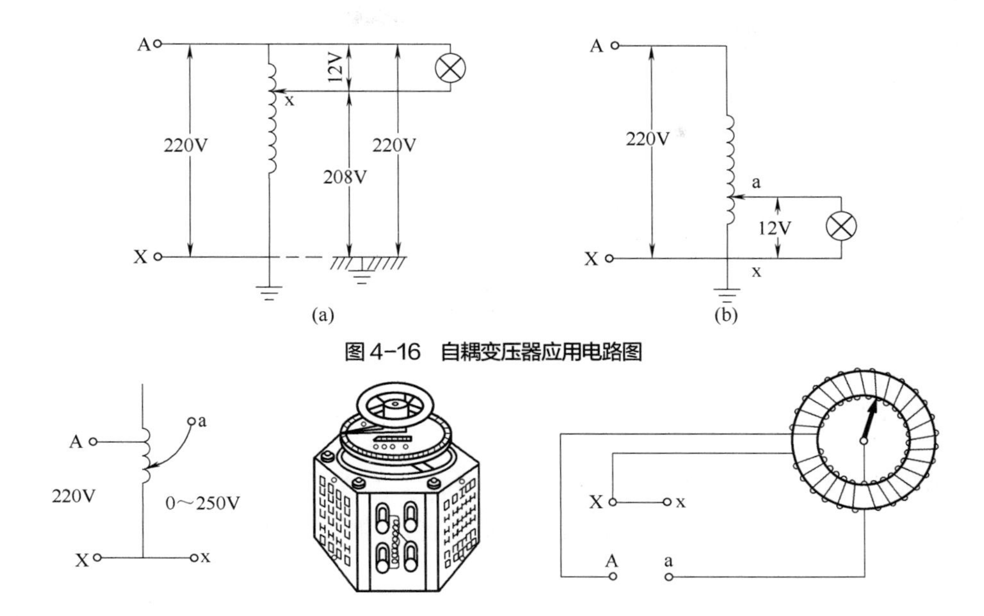

图 4-16　自耦变压器应用电路图

图 4-17　低压小容量的自耦变压器

自耦变压器只适用于要求变压比不大的场合，不能用作工厂降压变压器。自耦变压器可以制成三相结构，绕组作星形连接，用于改变三相交流电压，例如大功率三相异步电动机的降压启动，常采用有三个二次绕组的三相自耦变压器来实现。

4.5.3 仪用互感器

仪用互感器有两种：电压互感器和电流互感器，在电路中的连接如图 4-18 所示，它们在本质上是损耗低、变比精确的小型变压器，可以把待测的高电压或大电流按一定比例减小，便于测量，由于一次、二次绕组之间是磁耦合，可以把高压线路与测量仪表隔离开，保证测量人员的安全。

在大型露天变电站，电压互感器和电流互感器都装在户外，只把它们的二次侧引线接到室内配电屏的仪表上。为防止高压侧绝缘损坏造成危险，互感器的铁芯和二次侧应当接地；为确保测量精度，二次侧所接负载不应超过允许值。

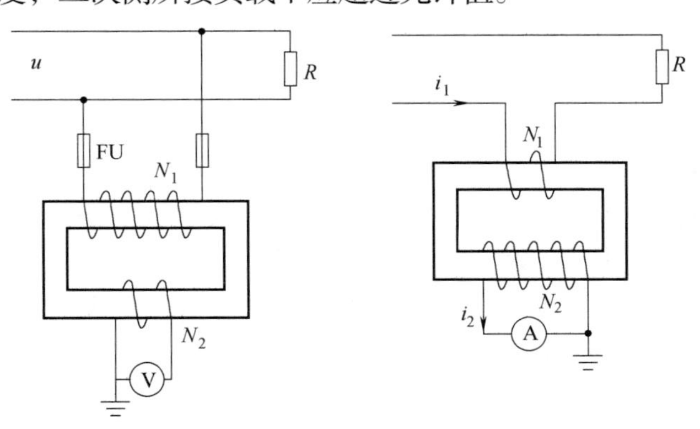

图 4-18　电压互感器和电流互感器

电压互感器的一次绕组与待测高电压电路连接，二次绕组与电压表连接，为了降低电压，应使 $N_2 < N_1$。使用时一次绕组与待测电路并联，注意二次侧绝不允许短路，否则会产生很大的短路电流，烧坏电压互感器，造成危险。

电流互感器的一次绕组的导线粗，匝数只有一匝或几匝，二次绕组的导线细，匝数比一次绕组多。使用时一次绕组串接在待测量电路中，二次绕组与电流表或其他仪表相连。注意二次侧绝不允许开路，原因是开路时被测线路中的大电流全部成为励磁电流，铁芯损耗增大，铁芯严重过热，特别是二次绕组会感应出高电压，可能击穿绝缘。常用的钳形电流表就是一种便携式电流互感器。

4.5.4 电焊变压器

电弧焊接是在焊条与焊件之间燃起电弧，用电弧的高温使金属熔化，进行焊接。电焊变压器就是为满足电弧焊接的需要而设计制造的特殊的降压变压器，能够输出电弧焊接所需要的大电流，其构造如图 4-19 所示。

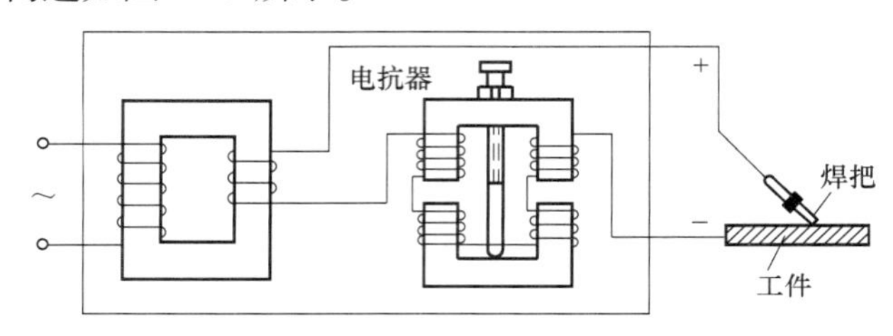

图 4-19 电焊变压器

电焊变压器的起弧电压一般为 60~80V，工作电压一般为 25~30V，调节电抗器的旋柄可以改变电抗的大小，以此来控制焊接电流及电压。通常手工电弧焊的电流范围为 50~500A。

【阅读材料】

特高压输电技术

我国的能源资源与电力负荷分布极不均衡，80%以上的能源资源分布在西部和北部，70%以上的电力负荷集中在东部和中部，能源供应与经济发展之间矛盾突出，要实现电能的远距离输送，就应采用特高压输电技术，特高压输电就是在此背景下提出的。

从 1986 年开始，我国对特高压输电进行重点攻关，电力行业的技术人员发扬艰苦奋斗、自力更生的拼搏精神，经过几十年探索，实现了特高压设备的自主研制和国产化，具备了国际一流的特高压实验能力，建立了较为完整的特高压标准体系，完成了从“跟跑”到“领跑”的角色转换。图 4-20 所示为云南—广东 800kV 特高压直流输电示范工程的输电线路，160 多家单位联合攻克特高压、大电流绝缘特性和电磁环境、设备研制、系统控制方面的难题，创造了 37 个世界第一。目前，特高压输电工程建设在国内大规模全面展开，并随着“一带一路”建设走出国门，成为“中国创造”和“中国引领”的金色名片。

图 4-20　云南—广东 800kV 特高压直流输电示范工程

本 章 小 结

磁路的基本物理量包括磁感应强度、磁通、磁导率和磁场强度等。构成磁路的铁磁材料分为硬磁材料、软磁材料和矩磁材料三种；铁芯在增强磁场的同时会有磁滞损耗和涡流损耗。分析交流铁芯线圈电路的电压电流时，需要先借助于铁芯线圈所加电压与工作磁通的关系，结合磁化曲线来解决电路的电压与电源频率、线圈匝数和交变磁通之间的问题。

变压器主要由铁芯和绕组两部分组成，铁芯构成变压器的磁路，绕组构成变压器的电路。通过变压器可以实现变电压、变电流和变阻抗。常用的电力变压器为三相变压器，在供配电系统中广泛应用。常见的特殊变压器主要有自耦变压器、电压互感器、电流互感器、电焊变压器等。

习　　题

一、判断题

1. 铁磁材料的磁导率很大，导磁性能很好。

2. 变压器的工作原理是电磁感应定律，工作效率很低。

3. 制作永久性磁铁应选择磁滞回线比较宽的硬磁材料。

4. 磁场强度是描述磁场源强弱的物理量，与产生磁场的电流、空间位置以及磁介质相关。

5. 升压变压器的变压比大于 1。

6. 变压器匝数多的那一侧电流一定比匝数少的那一侧电流小。

7. 自耦变压器的一次、二次绕组共用一部分绕组，既有磁耦合，又有电的联系。

8. 变压器的额定电压均指线电压，额定电流均指线电流。

9. 如果忽略变压器的内部损耗，可以认为变压器二次侧输出的功率与一次侧输入的功率相等。

10. 仪用互感器可以用于交流电路，也可以用于直流电路。

11. 变压器变压的同时，也改变了二次侧电压的频率。

12. 变压器既可以变换交流电压，也可以变换直流电压。

二、选择题

1. 变压器铭牌上的额定容量是指（　　）。

A. 有功功率　　B. 无功功率　　C. 视在功率　　D. 平均功率

2. 升压变压器的一次侧电流 I_1 与二次侧电流 I_2 的关系是（　　）。

A. $I_1>I_2$　　B. $I_1<I_2$　　C. $I_1=I_2$　　D. 无法判断

3. 变压器铁芯采用 0.35~0.5mm 的硅钢片叠成，目的是减少铁芯中的（　　）。

A. 铜损　　B. 铁损　　C. 磁滞损耗　　D. 涡流损耗

三、填空题

1. 从结构上看，变压器由______和_____组成。

2. 一台理想变压器，一次侧电压和电流为 1200V、5A，若变比为 4，二次侧电压为____V，电流为_____A。

3. 变压器的功率损耗包括固定的_____和可变的_____两大部分，铁芯中的_____损耗和_____损耗统称铁损。

4. 通过变压器可以实现______、______和______。

5. 铁芯构成了变压器______部分，绕组构成了变压器______部分。

四、分析计算题

1. 已知一台 220V/110V 的单相变压器，N_1=2200 匝，N_2=1100 匝。有人为了节省铜线，欲将一次绕组只绕 100 匝，二次绕组只绕 50 匝，是否可以？为什么？

2. 变压器的额定电压为 220V/110V，若不慎将低压绕组接到 220V 的电源上，后果会怎样？

3. 一个交流电磁铁，正常工作时与 220V、50Hz 交流电源连接，如果接到 220V、60Hz 交流电源上，会不会被烧坏？

4. 某单相变压器，U_1=380V，I_2=21A，变比 k=10.5，求 U_2 及 I_1。

5. 一台电源变压器，U_1=220V，U_2=8V，N_1=1760 匝，现要改制成二次绕组输出电压为 12V 的变压器，试问需将二次绕组加绕多少匝？

6. 机床上的低压照明变压器，U_1=220V，U_2=36V，现在二次绕组接有 P_2=60W，U_2=36V 的白炽灯一盏，求 I_1 及 I_2。

7. 半导体收音机的输出变压器，N_1=230 匝，N_2=80 匝，二次绕组所接喇叭阻抗 Z_2=8Ω，若需改为与 Z_2=4Ω 的喇叭相匹配，二次绕组应为多少匝？

8. 一台电压为 3300V/220V 的单相照明变压器，向 11kW 的电阻性负载供电时，其一次、二次电流各是多少？

9. 一台自耦变压器，一次绕组有 1320 匝，将它接到 220V 的交流电源上，若需要得到 110V 的电压，应当在多少匝处抽头？若把电压提高到 250V，应当加绕多少匝？

第 5 章 交流异步电动机

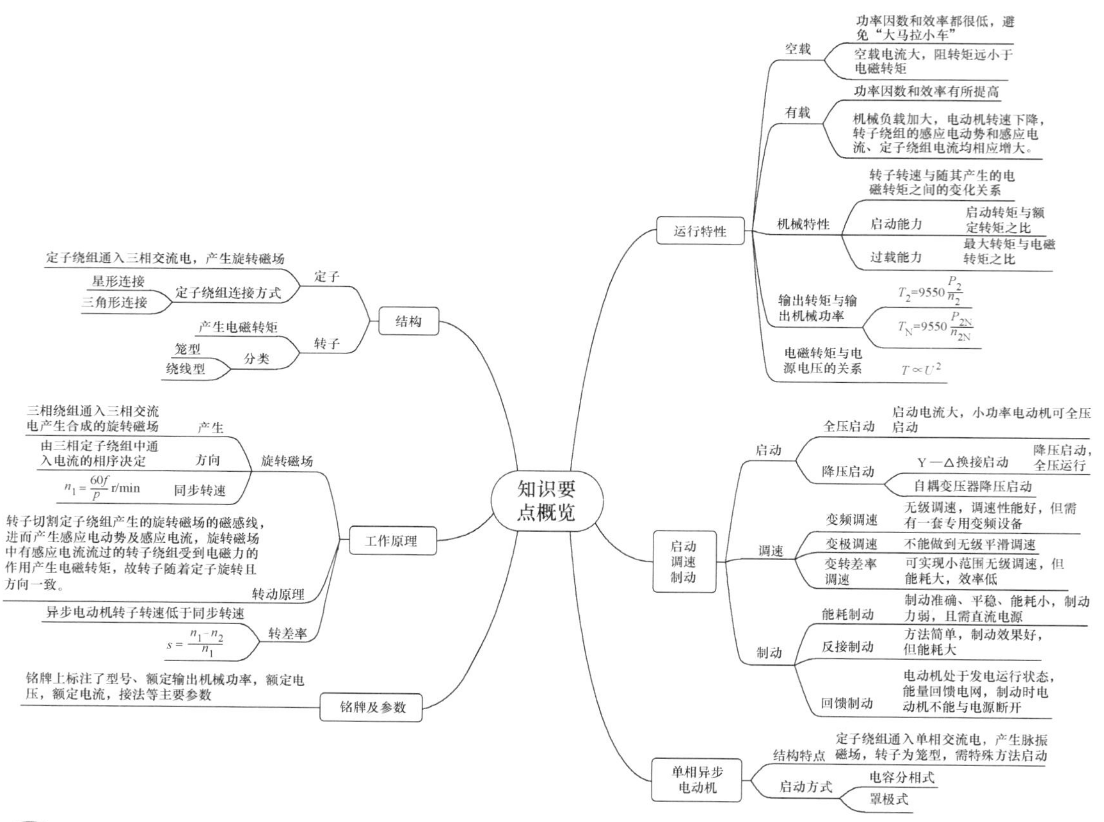

本章教学目标

了解三相异步电动机的基本结构，理解其工作原理和铭牌，掌握电动机的星形连接和三角形连接；了解三相异步电动机常用的启动方法，变极、变频、变转差率的调速方法，反接、能耗、回馈的制动方法；理解单相异步电动机结构及工作原理。

电动机是将电能转换为机械能的电气设备，目前的生产机械绝大部分都用电动机拖动。电动机分为交流电动机和直流电动机两大类；交流电动机又分为异步电动机（或称感应电动机）和同步电动机；异步电动机又分为单相异步电动机和三相异步电动机两种，本章重点介绍三相异步电动机，其具有构造简单、价格低廉、工作可靠、易于控制及使用维护方便等突出优点，在工农业生产中泛应用，如工业生产中的轧钢机、起重机、机床、鼓风机等，均用三相异步电动机来拖动。

5.1　三相异步电动机的结构

三相异步电动机结构主要分为两个部分：固定不动的部分称为定子，可以转动的部分称为转子。此外还有端盖、轴承、风冷装置和接线盒等。图 5-1 为三相异步电动机的总体结构。

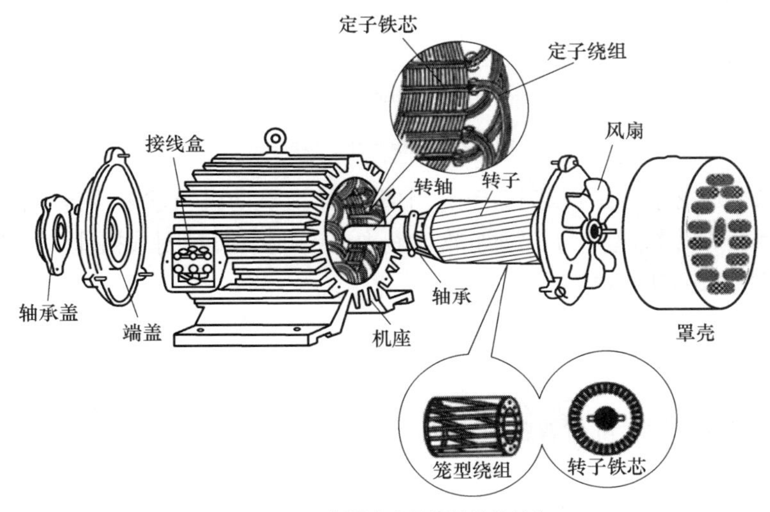

图 5-1　三相异步电动机的总体结构

5.1.1　定子

三相异步电动机的定子是绕在铁芯上的三相绕组，它固定在机壳上，作用是通电后产生旋转磁场。组成定子的三部分是铁芯、定子绕组和机座，如图 5-2 所示。

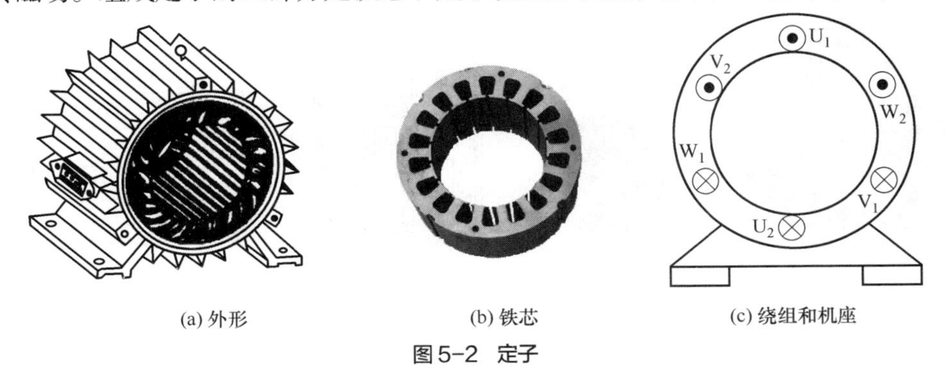

(a) 外形　(b) 铁芯　(c) 绕组和机座

图 5-2　定子

定子铁芯是电动机磁路的一部分，一般采用导磁性能较好、厚度为 0.5mm、表面涂有绝缘漆的环形硅钢片叠压而成，沿铁芯的内圆周表面均匀轴向开槽，用来安放定子绕组。

定子绕组是异步电动机的电路部分。三相绕组在铁芯槽内互差 120° 对称放置，每相绕组的两端分别用 U_1—U_2、V_1—V_2、W_1—W_2 表示，将六个端子引到电动机的接线盒内，接线方式有星形连接和三角形连接两种，如图 5-3 所示。三相绕组之所以这样排列，是为了避免连接线在接线盒内交叉。

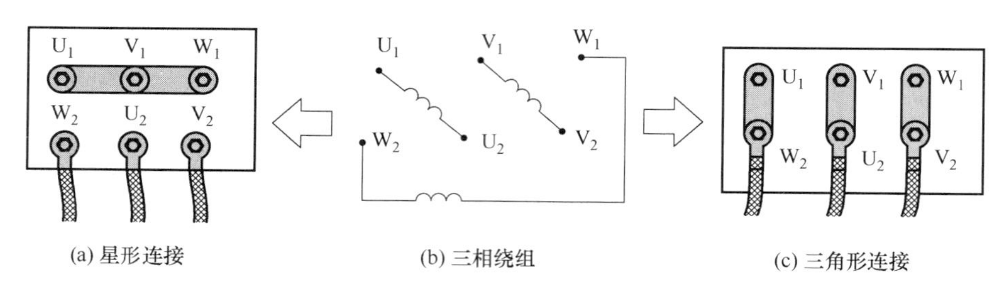

图 5-3 三相绕组及接线方式

机座的作用是支承定子铁芯和转子。中小型异步电动机通常采用铸铁机座；大型电动机一般采用钢板焊接机座。为了增加散热能力，一般小型封闭式机座表面都装有散热筋片，防护式机座两侧开有通风孔。

5.1.2 转子

转子是电动机的旋转部分，主要由转子铁芯、转子绕组、转轴等组成，如图 5-4（a）所示。

转子铁芯如图 5-4（b）所示，是电动机磁路的一部分，通常用定子铁芯冲片剩余下来的内圆部分叠压而成，然后套压固定在转轴或支架上，在铁芯外圆上冲有槽，用来安放转子绕组。

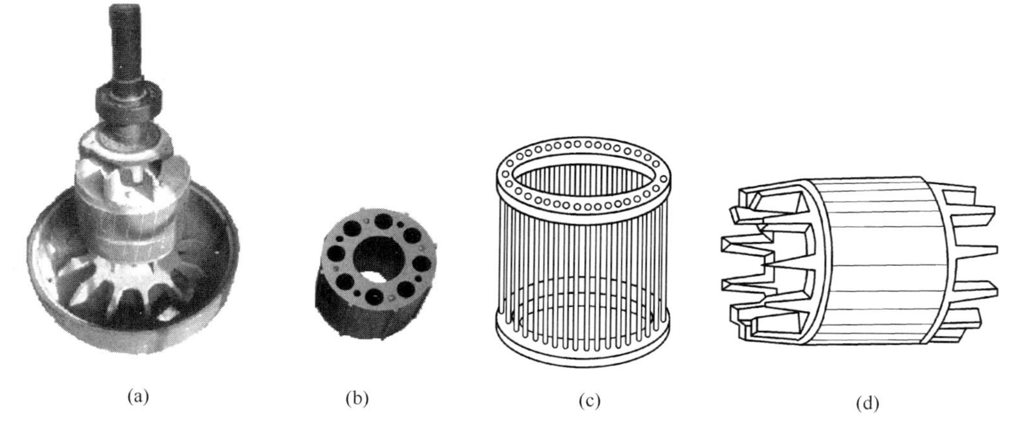

图 5-4 转子

转子绕组有笼型和绕线型两种结构，虽然两者结构不同，但产生电磁转矩的作用是相同的。笼型转子是在转子的铁芯槽内嵌放铜条或铝条，两端各用一个封闭的端环把所有的导条连接起来，如果去掉铁芯，导条组成的转子绕组的外形就像一个鼠笼，故又称为鼠笼型转子，如图 5-4（c）所示。目前，100kW 以下的笼型电动机一般采用铸铝转子绕组，即将熔化了的铝液直接浇注在转子槽内，并连同两端的短路端环和风扇叶片一次浇铸完成，如图 5-4（d）所示。笼型电动机由于结构简单，使用方便，价格低，工作稳定性好，是生产中应用最为广泛的一种电动机。

绕线型电动机的转子除了转轴、铁芯外，还有三相转子绕组、滑环、转子绕组出线头、电刷、刷架、电刷外接线等，如图 5-5 所示。绕线型电动机运行时，必须从电网吸收无功功率，这将使电网的功率因数变差，但是电网的功率因数可以用别的办法进行补偿，因而这一点并不妨碍绕线型电动机的广泛使用。绕线型电动机的结构较复杂，价格较高，一般只用于对启动和调速要求较高的场合，如起重机等设备上。

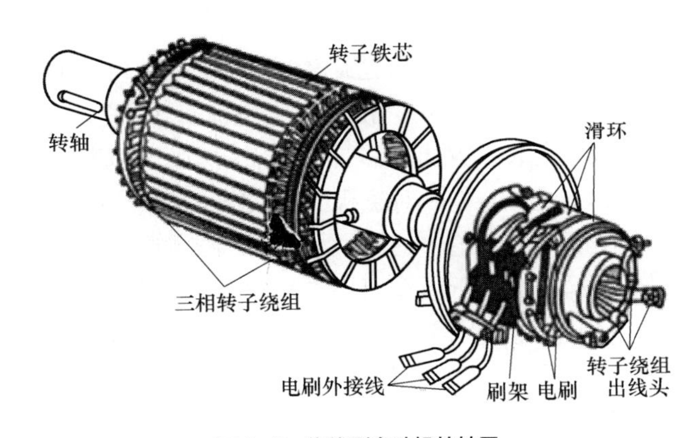

图 5-5　绕线型电动机的转子

5.2　三相异步电动机的工作原理

异步电动机的转动原理可以通过图5-6所示实验进行分析。在一个装有手柄的蹄形磁铁的 N、S 两磁极间放置一个可以自由转动的用铜条做成的鼠笼型转子，磁极和笼型转子之间没有机械连接。当摇动手柄使磁极转动时，转子就会跟着磁极同方向一起转动，摇得快，转子转得也快，摇得慢，转子转动也慢，若反方向摇动，转子也马上反转。由此得到启发：转动的磁极形成了一个旋转的磁场，能够自由转动的转子会随之转动。

5.2.1　旋转磁场的产生

为了研究问题方便，将三相异步电动机定子简化为对称的三相六槽结构。在空间位置上互差 120° 的三相对称定子绕组进行星形连接，接在三相电源上，绕组中通入三相对称交流电流 i_U、i_V、i_W，波形如图 5-7 所示。各通电绕组将产生各自的交变磁场，三个交变的磁场将合成为一个两极旋转磁场。约定各绕组中电流的参考方向为：电流为正值时，由绕组的首端流入，尾端流出；电流为负值时，由绕组的尾端流入，首端流出；流入用“⊗”表示，流出用“⊙”表示。

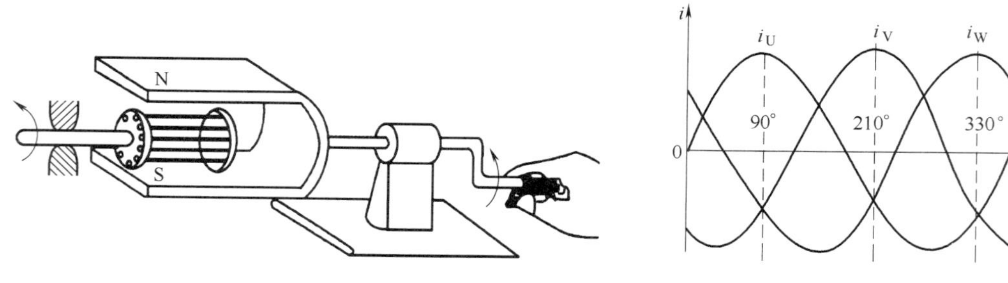

图 5-6　异步电动机的转子转动原理实验

图 5-7　三相交流电流波形图

在三相交流电流波形图中，选定几个时刻，依次画出各个时刻各绕组中电流的方向，根据右手定则判断合成磁场的方向，把几个时刻连接起来，就可以看出合成磁场的旋转方向，电流变化一个周期，合成磁场在空间也旋转一周。具体过程如图 5-8 所示。

在 ωt=0° 时，i_U=0；i_V 为负值，说明 V 相绕组中电流从 V_2 流入、V_1 流出；i_W 为正值，说明 W 相绕组中电流从 W_1 流入、W_2 流出。根据右手法则，判断出合成磁场的方向是自上而下，相当于定子铁芯内部产生了一对磁极，如图 5-8（a）所示。

在 ωt=90° 时，i_U 达到正向最大值，i_V、i_W 为负值，根据电流流向，应用右手法则判断出合成磁场的方向，如图 5-8（b）所示，可以看出磁极顺时针转过了 90°。

在 ωt=210° 时，i_V 达到正向最大值，i_U、i_W 为负值，根据电流流向，可判断出合成磁场又顺时针转过了 120°，如图 5-8（c）所示。

在 ωt=330° 时，i_W 达到正向最大值，i_U、i_V 为负值，可判断出合成磁场顺时针继续转过 120°，如图 5-8（d）所示。

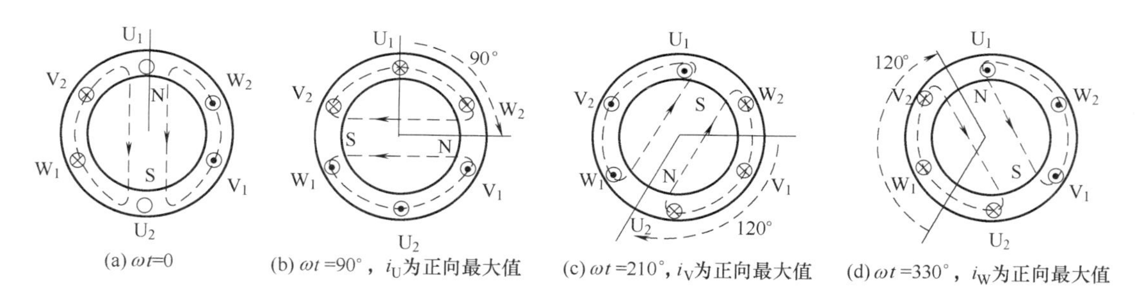

图 5-8　三相交流旋转磁场的产生

随着时间的延长，三相绕组产生的合成磁场在空间就会连续转动，形成旋转的合成磁场。

在分析中还可以找到这样一个规律：当三相电流中的某一相变化到最大值时，绕组中合成磁场的方向必定与这一相绕组磁场方向一致。了解并应用这一规律，可以使旋转磁场的分析变得简便。

5.2.2　旋转磁场的转动方向

在图 5-7 中，通入的三相交流电的相序为 U→V→W→U……，产生的旋转磁场沿顺时针方向旋转。若改变相序，即把三相电源线中的任意两根互换（如 V、W 互换），旋转磁场就会逆时针转动。利用前面提到的规律，仍然利用图 5-8 而不用重新绘图，就可以观察到一个反方向旋转的磁场。由此可以得出结论：旋转磁场的转向取决于通入三相定子绕组中电流的相序，改变相序就可以改变旋转磁场的转向。

5.2.3　旋转磁场的极数

三相交流异步电动机的极数就是旋转磁场的极数。旋转磁场的极数与三相绕组的排列有关。如果每相绕组只有一个线圈，绕组的首端（或尾端）间隔 120° 电角度，产生的合成磁场有一对磁极，即磁极对数 $p=1$，磁极数为 $2p=2$，如图 5-9（a）所示。如果电动机每相绕组由两个线圈串联，绕组的首端（或尾端）之间间隔 60° 的电角度，如图 5-9（b）所示，产生的合成磁场有两对磁极，磁极对数 $p=2$，磁极数为 $2p=4$，形成四极磁场，如图 5-9（c）所示。

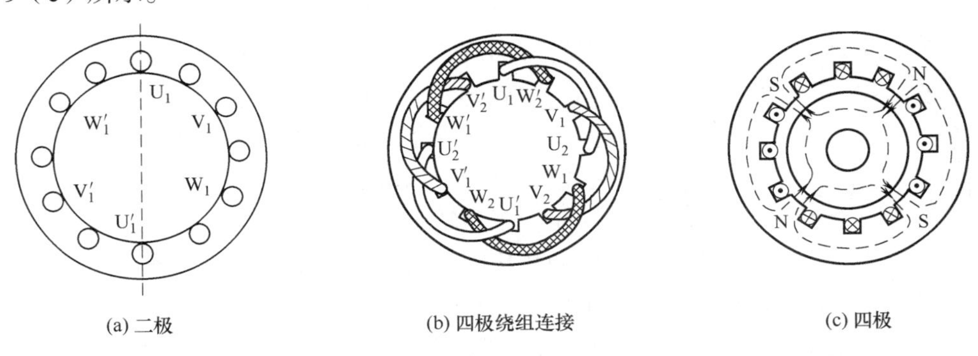

(a) 二极　　(b) 四极绕组连接　　(c) 四极

图 5-9　三相绕组旋转磁场和绕组连接

同理，若每相绕组由三个线圈串联，就有三套绕组均匀分布于整个圆周空间，会产生三个合成磁场，磁极对数 $P=3$，磁极数为 6，这种电动机称为六极电动机。其他多极电动机的合成磁场和磁极对数原理相同。

5.2.4　旋转磁场的转速

旋转磁场的转速又称为同步转速，用 n_1 表示。转速的单位为 r/min（转/分）。

在合成磁场磁极对数 $p=1$ 时，交流电每变化一个周期，合成磁场就转过一周，因此合成磁场每秒转数与电流的频率 f 相同，则旋转磁场的转速为 $n_1=60f$。我国的交流电工频 $f=50\text{Hz}$，则 $n_1=60f=3000\text{r/min}$。

在合成磁场有两对磁极时，$p=2$，交流电变化一个周期，合成磁场转过半个圆周，即 $n_1=\dfrac{60f}{2}$。同理，磁极对数 $p=3$ 时，合成磁场转动一周需要交流电变化三个周期，$n_1=\dfrac{60f}{3}$。

由此可以推知，如果电动机有 p 套绕组，会产生 p 对磁极，磁场转速将降低到原先的 $\frac{1}{p}$，同步转速公式为

$$n_1=\frac{60f}{p}\text{r/min}$$

磁极对数不同，转速则不同，常见的几种旋转磁场转速见表 5-1。

表 5-1　常见的几种旋转磁场转速

磁极对数 p	1	2	3	4	5	6
旋转磁场转速 n_1/（r/min）	3000	1500	1000	750	600	500

5.2.5　转子的转动原理

三相交流异步电动机的定子绕组与电源连接，而转子绕组是自行闭合的，二者在电路上彼此是分开的，但是处在同一个磁路上。

当定子绕组通入三相交流电时，旋转磁场的磁路存在于定子铁芯、转子铁芯及两铁芯间的空气隙中，如图 5-10 所示。假设旋转磁场按顺时针方向旋转，相当于磁场不动，转子导条逆时针方向切割磁感线，磁场与转子导条间存在相对速度差，因此，转子导条中就会产生感应电动势，方向可用右手定则判定。因转子导条两端被端环短接而自成闭合回路，于是转子导条中有感应电流流过，方向与感应电动势相同。这感应电流与旋转磁场相互作用，使转子导条受到电磁力的作用，电磁力的方向由左手定则判定，电磁力在转轴上会形成力矩，又称为电磁转矩 T，使转子跟随旋转磁场一起转动。如果旋转磁场逆时针方向旋转，转子也会随之逆时针方向旋转。

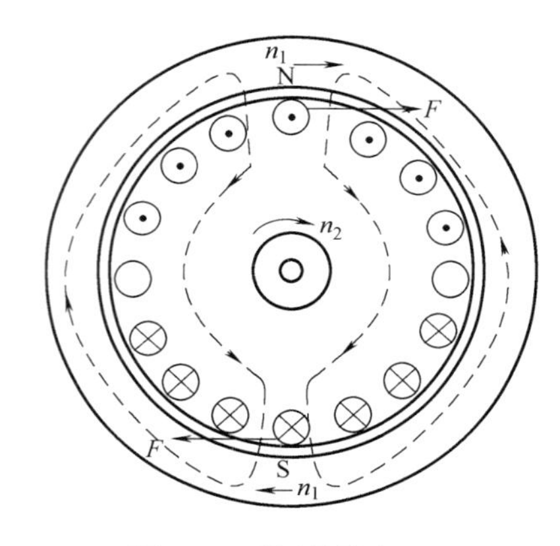

图 5-10　转子的转动原理

转子开始转动后逐步加速，但它不可能达到同步转速。这是因为只有在转子转速 n_2 低于旋转磁场转速 n_1 时，转子导条与磁场之间才有相对运动，转子导条才能切割磁感线，转子导条内才产生感应电动势，从而产生感应电流和电磁转矩，所以这种电动机称为异步电动机，也称为感应电动机。

通常把旋转磁场转速 n_1 与转子转速 n_2 的差称为转差。将转差与同步转速之比称为异步电动机的转差率，用 s 表示，即

$$s=\frac{n_1-n_2}{n_1}$$

转差率是异步电动机的一个重要参数，可以表示转子转速 n_2 与同步转速 n_1 相差的程度。电动机启动瞬间，转子转速 n_2=0，s=1，转差率最大；电动机转速越高，n_2 越大，转差率 s 就越小；若到达同步转速，s=0，转差率最小。异步电动机在额定状态运行时，转

差率约为 0.01~0.06；空载时，转差率约为 0.001~0.007。

［例 5-1］　有一台 8 极感应电动机，电源频率为 50Hz，额定转速为 720r/min，试求这台电动机的转差率。

解：方法一，8 极电动机的磁极对数 p=4，同步转速为

$$n_1 = \frac{60f}{p} = \frac{60 \times 50}{4} = 750\text{r/min}$$

方法二，根据电动机的额定转速非常接近并略小于同步转速的特点，不同的同步转速所对应的磁极对数有一系列规定数值，表 5-1 中列出了一部分。与额定转速 720r/min 最接近的同步转速为 n_1=750r/min，转差率为

$$s = \frac{n_1 - n_2}{n_1} = \frac{750 - 720}{750} = 0.04$$

5.3　三相异步电动机的铭牌和参数

要正确使用电动机，就需要熟悉电动机的型号以及运行中的主要参数，这些参数一般在铭牌上给出，图 5-11 是三相交流异步电动机的铭牌示例。

<table>
<tr><td colspan="3">三相交流异步电动机</td></tr>
<tr><td colspan="2">型号 Y-112M1-4</td><td>编号 XXXX</td></tr>
<tr><td colspan="2">额定功率 4.0kW</td><td>额定电流　8.8A</td></tr>
<tr><td>额定电压 380V</td><td>额定转速 1440r/min</td><td>LW 82dB</td></tr>
<tr><td>接法△</td><td>防护等级 IP44</td><td>额定频率 50Hz</td></tr>
<tr><td>标准编号　XXXX</td><td>工作制 S1</td><td>绝缘等级 B 级</td></tr>
<tr><td colspan="3">×××电机厂</td></tr>
</table>

图 5-11　三相交流异步电动机的铭牌示例

三相异步电动机的类型采用大写字母表示。我国的三相异步电动机基本类型有 Y 型、Y2 型、Y3 型等，具有节能、高效、噪声低、振动小、重量轻、性能可靠、安装维修方便等优点，早期的 J、JO、JR 类型产品因体积和耗能过大，浪费资源，现在已全面禁止生产。另外还有一些特殊类型，例如 YB 表示防爆型，YQ 表示高启动转矩型等，其他可查相关标准。图 5-11 中，型号 Y-112M1-4 表示国产 Y 系列异步电动机，机座中心高度为 112mm，中机座（M），短铁芯（1），4 极。

额定功率是电动机额定运行时，转轴上输出的机械功率，单位千瓦（kW）。选择电动机时，其额定功率要等于或稍大于所拖动的生产机械的功率。

额定电压指电动机额定运行时电网加在定子绕组上的线电压。一般规定电动机工作电压不应超过或低于额定电压的 5%，过高或过低都会使电动机过热。常用的三相异步电动机额定电压为 380V，100 kW 以上大功率电动机的额定电压有 3000V 和 6000V 两种。

接法指电动机额定运行时，定子绕组应采用的接线方式。例如电动机铭牌上标注

“220V/380V，△/Y”，表示电动机与220V电源连接时采用三角形连接，与380V的电源连接时采用星形连接。不同的接法适用于线电压不同的电源。工厂供电系统线电压一般为380V，因此标注时常简化为“380V，Y”和“380V，△”。

额定电流指额定电压下输出额定功率时，定子绕组中的线电流。

额定转速指电动机额定运行时的转速。生产机械对转速的要求不同，因此电动机有不同的转速等级。当功率一定时，电动机的转速越低，其尺寸越大，价格越贵，效率也越低，因此一般采用高速电动机，再另配减速器。三相异步电动机一般同步转速为1500r/min，采用四极。

额定频率是指电动机所接交流电源的频率。

工作制指电动机所采用的工作方式。例如S1表示连续工作制，S2表示短时工作制，S3表示断续周期工作制。

绝缘等级是按电动机绕组所用绝缘材料允许的极限工作温度划分的，有时不标明绝缘等级而直接标明允许温升。一般而言，Y系列电动机用B级绝缘，Y2系列电动机用F级绝缘。

防护等级用字母IP和两位数字表示，IP后面第一个数字代表防尘的等级，第二个数字代表防水的等级，数字越大，表示防护能力越强。例如：IP44、IP54表示封闭型防护，在机壳上铸有散热片，尾部外加风扇，以提高散热效果。Y系列电动机多为IP44，Y2系列多为IP54。

此外，铭牌上还标有电动机的总噪声等级，用LW表示，单位为dB，其值越小，电动机运行的噪声越低。

除铭牌上标出的参数之外，在三相异步电动机产品说明书中还有其他一些技术数据，如表5-2所示。

表5-2 部分Y2型三相异步电动机的技术数据

<table>
<tr><th>型号</th><th>功率/（kW）</th><th>转速/（r/min）</th><th>电流/A</th><th>效率/%</th><th>功率因数</th><th>启动电流/额定电流</th><th>启动能力</th><th>过载能力</th></tr>
<tr><td>Y2-90S-2</td><td>1.5</td><td>2840</td><td>3.4</td><td>79</td><td>0.84</td><td>7</td><td rowspan="3">2.2</td><td rowspan="5">2.3</td></tr>
<tr><td>Y2-100L-2</td><td>3.0</td><td>2870</td><td>6.3</td><td>83</td><td>0.87</td><td>7.5</td></tr>
<tr><td>Y2-132S1-2</td><td>5.5</td><td>2900</td><td>11.1</td><td>86</td><td>0.88</td><td>7.5</td></tr>
<tr><td>Y2-112M-4</td><td>4.0</td><td>1440</td><td>8.8</td><td>84</td><td>0.82</td><td>7</td><td>2.3</td></tr>
<tr><td>Y2-180M-4</td><td>18.5</td><td>1470</td><td>36.4</td><td>90.5</td><td>0.85</td><td>7.2</td><td>2.2</td></tr>
</table>

其中，功率因数是在额定负载时定子电路的功率因数。电动机是电感性负载，在轻载和空载时功率因数较低，空载时只有0.2~0.3，在额定负载时约为0.7~0.9。效率指三相异步电动机额定负载时输出功率与输入功率之比，即

$$\eta_{\mathrm{N}}=\frac{P_{2\mathrm{N}}}{\sqrt{3}U_{\mathrm{N}}I_{\mathrm{N}}\cos\varphi_{\mathrm{N}}}\times 100\%$$

式中，P_{2N} 为额定负载时的输出功率，U_N 为额定电压，I_N 为额定电流，$\cos\varphi_N$ 为功率因数。

启动电流指启动时定子绕组中的线电流，又称为堵转电流。启动能力为堵转转矩与额定转矩之比。过载能力为最大转矩与额定转矩之比。

5.4　三相异步电动机的运行特性分析

三相异步电动机转子绕组中的电动势和电流都是由定子旋转磁场产生的，定子绕组和转子绕组之间的关系类似于变压器的一次绕组、二次绕组之间的关系。

5.4.1　空载运行

三相异步电动机空载运行是指三相定子绕组接通电源，转子已经转动，但转轴上没有带任何机械时的情况。

空载运行时定子绕组中的电流称为空载电流，用 I_0 表示。与同容量的变压器相比，电动机的空载电流要大得多。大型电动机的空载电流约为额定电流的 20%，小型电动机能达到 50%，因此电动机的空载电流不可忽略。

三相异步电动机的旋转磁场要经过定子与转子之间的空气隙，而空气隙使磁路的磁阻增大，于是产生工作磁通所需的励磁电流也会相应增大；另外，电动机是转动的，空载时除有一定的铁损耗和铜损耗外，还要产生一定的电磁转矩去克服摩擦阻力，同时转子也需要产生一定的感应电流才能维持转动，根据能量守恒定律，定子绕组必须向电源取用一定的功率，为此，电动机空载电流也要相应增大。

空载电流的主要成分是励磁电流，而励磁电流基本是无功电流，这就使空载时电动机的功率因数很低，约为 0.2；另外，空载时电动机没有向外输出有效功率，而自身却有各种损耗，所以效率也很低。为防止电动机长期处于空载或轻载状态，在选择电动机时，一定不要用大容量的电动机去拖动小功率的机械负载（俗称“大马拉小车”）。

空载时的阻转矩主要来源于摩擦阻力，它远小于额定的电磁转矩。

5.4.2　有载运行

电动机加负载时，转子拖动生产机械运转，转轴上增加了一个阻转矩 T_L。随着负载的增加，转子的转速 n_2 会下降，转子与旋转磁场之间的转速差会增大，转子绕组内产生的感应电动势和感应电流会随之增大，根据能量守恒定律，定子绕组中的输入电流也会增大。转子绕组电流和定子绕组电流的关系类似于变压器一次电流和二次电流的关系。旋转磁场的磁通相当于变压器的工作磁通，只要外加电源电压一定，旋转磁场的磁通就保持不变。转子绕组电流产生的磁通势必须与定子绕组电流产生的磁通势平衡，以维持正常的工作磁通。所以，转子绕组电流增大时，定子绕组电流必然增大；反之，定子绕组电流增大时，可以推断转子绕组电流一定在增大。

综上所述，电动机的转速和电流都是随负载变化的。转轴上所带的机械负载加大，即阻转矩 T_L 增大，电动机转速 n_2 下降，转子绕组的感应电动势和感应电流均相应增大。随着负载加大，当定子绕组电流增大到额定电流值时，电动机的运行状态称为满载，这也是电动机最理想的工作状态；定子绕组电流超过额定电流值时的电动机工作状态称为过载，短时轻度过载，后果尚不严重，长时间或较大过载将影响电动机的寿命，甚至烧坏电动机。负载大到使转子不能转动的状态称为堵转，此时定子绕组电流可达到额定电流的 4~8 倍，如不及时采取措施，绕组很快就会被烧坏。

5.4.3 机械特性

电动机运行时，转轴上负载的阻转矩 T_L 与电磁转矩 T 的大小会影响电动机的转速变化。当电磁转矩 T 大于阻转矩 T_L 时，电动机会加速，当电磁转矩 T 小于阻转矩 T_L 时，电动机会减速，当电磁转矩 T 等于阻转矩 T_L 时，电动机会匀速转动。为了便于分析，暂时略去电动机轴上的摩擦阻转矩和转子绕组感抗的影响，产生的电磁转矩就是输出带动负载的转矩。

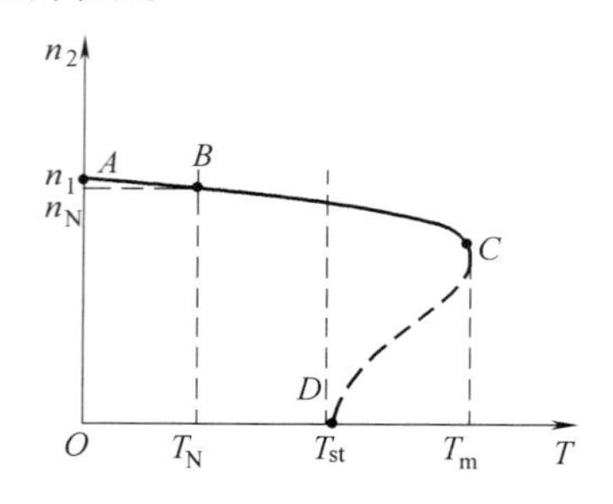

图 5-12 三相异步电动机的机械特性曲线

在电源电压一定时，三相异步电动机转子转速 n_2 与电磁转矩 T 之间的变化关系称为机械特性，反映此关系的曲线称为机械特性曲线，如图 5-12 所示。图中，A 点为理想空载状态，即无负载和摩擦阻力，电动机的转速约为同步转速，即 $n_2 \approx n_1$；B 点对应的转矩为额定转矩，是额定电压、额定电流下向负载输出的转矩；C 点对应的转矩为电动机的最大转矩 T_m；D 点对应的转矩为启动转矩 T_{st}。

当电动机的启动转矩 T_{st} 大于负载阻转矩 T_L 时，电动机就开始转动起来，并在电磁转矩的作用下逐渐加速，此时电磁转矩 T 随转速 n_2 增加而逐渐增大（沿曲线 DC 段上升），一直增大到最大转矩 T_m，然后随着转子转速 n_2 的继续增大，转子与旋转磁场之间的转速差会逐渐减小，电磁转矩 T 也会逐渐减小（沿曲线 CA 段下降），最终当电磁转矩等于负载阻转矩时，电动机就以某一转速匀速稳定转动。机械特性曲线中 AC 段为异步电动机的稳定运行区，电动机一经启动，很快就进入到机械特性曲线的 AC 段，并在 AC 间的某一点上稳定运行。若负载加重，意味着负载阻转矩会大于电磁转矩，即 $T_L > T$，电动机转速 n_2 将有所下降，同时电磁转矩 T 随转速 n_2 的下降而增大，继而与负载阻转矩 T_L 达到新的平衡，电动机以比原来稍低的转速又稳定运转。

若负载阻转矩超过了最大电磁转矩，即 $T_L > T_m$，负载阻转矩就会一直大于电磁转矩，再也不存在一个新的平衡点，电动机的转速 n_2 将很快下降，直到转子停止转动，此时的状态就为堵转。

电动机的运行状态与负载的阻转矩的关系可以总结为：阻转矩 T_L 小于额定转矩 T_N 时，为有载运行；阻转矩 T_L 等于额定转矩 T_N 时，为满载运行；阻转矩 T_L 大于额定转矩 T_N 时，为过载运行；阻转矩 T_L 等于最大转矩 T_m 时，为堵转。

从空载（曲线上 A 点）到满载（曲线上 B 点），转速下降仅为额定转速的 2%~6%，这种转速大体恒定的特性称为硬机械特性。只要负载阻转矩值处于 AC 区间内，均可以找到平衡点稳定运行。通常把电动机的最大电磁转矩 T_m 与额定转矩 T_N 之比称为电动机的过载能力，一般为 1.6~2.5。因电动机一般带负载启动，因此启动转矩 T_{st} 比额定转矩 T_N 大。电动机的启动转矩 T_{st} 与额定转矩 T_N 之比称为电动机的启动能力，一般约为 1.4~2.2。

5.4.4 输出转矩

输出转矩与输出机械功率 P_2 有以下关系：

$$T_2 = 9550\frac{P_2}{n_2}$$

电动机在额定状态下运行，则有：

$$T_N = 9550\frac{P_{2N}}{n_{2N}}$$

式中，功率的单位是 kW，转速的单位是 r/min，转矩的电位为 N·m。

5.4.5 电磁转矩与电源电压的关系

由于用电负荷是随时变化的，电网电压往往会发生波动，电动机的电磁转矩对电压很敏感，当电网电压降低时，电磁转矩大幅度降低。电磁转矩 T 与电动机定子绕组上所加电压 U 的平方成正比，即

$$T \propto U^2$$

当电动机负载阻转矩 T_L 一定时，电压降低会使电磁转矩 T 下降更快，使电动机转速 n_2 下降，定子绕组电流增大；如果电压下降过多，当最大转矩小于负载转矩时，电动机会被迫停转，停转时间稍长，电动机会因过热而损坏。

［例 5-2］ 某三相异步电动机，过载能力为 2.2，启动能力为 1.8，额定功率 P_N=4kW，额定转速 n_N=1440r/min，试求额定转矩 T_N、启动转矩 T_{st}、最大转矩 T_m。若电动机满载运行，定子绕组上电压下降 20%时，电动机能否继续转动？能否在此状态下满载启动？

解：额定转矩：

$$T_N = 9550\frac{P_{2N}}{n_{2N}} = 9550\times\frac{4}{1440} = 26.5\ \text{N}\cdot\text{m}$$

启动转矩：

$$T_{st} = 1.8T_N = 1.8\times 26.5 = 47.8\ \text{N}\cdot\text{m}$$

最大转矩：

$$T_m = 2.2T_N = 2.2\times 26.5 = 58.4\ \text{N}\cdot\text{m}$$

当电压降低 20%时，对应的启动转矩 T'_{st}、最大转矩 T'_m 分别为

$$T'_{st} = 0.8^2 T_{st} = 0.64\times 47.8 = 30.6\ \text{N}\cdot\text{m}$$

$$T'_m = 0.8^2 T_m = 0.64\times 58.4 = 37.4\ \text{N}\cdot\text{m}$$

满载运行时，$T_L=T_N=26.5N \cdot m$，电压下降20%后，$T'_m > T_L$，电动机能在新的平衡点以新的转速稳定运行；$T'_{st} > T_L$，降压后可满载直接启动。

5.5 三相异步电动机的启动、调速和制动

5.5.1 三相异步电动机的启动

三相异步电动机的启动过程是从接通电源开始加速至正常转速的过程，也是转子从静止到稳定运行的过程。小型电动机启动时间为几秒，大型电动机为十几秒甚至几十秒。

在刚开始启动的瞬间，转子与旋转磁场的速度差为最大值，转子的感应电动势和感应电流最大，一般中小型电动机的启动电流可达到额定电流的 4~8 倍，由于启动时间一般只有几秒，若不频繁启动，对电动机影响不大。大型电动机在启动过程中，启动电流很大，会导致供电线路电压降增大，使负载的端电压降低，影响同一线路上其他电气设备正常运行，并且启动过程中电路的功率因数很低，启动转矩并不是很大，若频繁启动，会使电动机因热量堆积而损坏。因此，电动机启动时，启动电流不要太大，启动设备尽量简单、经济、便于操作和维护，尽量具有足够大的启动转矩，使拖动系统尽快达到正常运行状态，缩短启动时间。常用的启动方法有以下两种。

（1）*直接启动*

直接启动就是将电动机定子绕组直接与电源接通，也称全压启动，这是三相异步电动机最简单的一种启动方法。若需频繁启动，在电动机功率小于供电变压器容量的20%时，允许直接启动；若不频繁启动，在电动机功率小于供电变压器容量的 30%时，允许直接启动。一般 10kW 及以下的电动机可以直接启动。

（2）*降压启动*

为了减小电动机启动对电网的冲击，容量较大的三相笼式异步电动机均采用降压启动，方法是：启动时先使加在电动机定子绕组上的电压降低，以减小启动电流，待电动机接近或达到额定转速时，再增大到额定电压，使其正常运行，即降压启动、全压运行。

降压启动时，电动机每相绕组的启动电流与每相电压成比例降低，但启动转矩与电压的平方成正比，会降低更多，因此降压启动仅适用于空载或轻载启动的场合。常用的降压启动方法有两种。

① 星形—三角形（Y—△）换接启动。电动机启动时定子绕组先接成星形，待转速接近额定值时再换接成三角形。这种启动方法设备简单，价格便宜，只需一只转换开关就可以实现，其电路如图 5-13 所示。启动时先接通电源开关 SA_1，然后将转换开关 SA_2 搬向右侧，实现定子绕组星形连接，转子达到一定转速后，将 SA_2 搬向左侧，即改为三角形连接。在启动时，定子绕组上的电压降低到正常运行时的 $\frac{1}{\sqrt{3}}$，启动转矩也减小为直接启动时的 $\frac{1}{3}$，启动电流也减小为直接启动时的 $\frac{1}{3}$，显然只能适用于轻载启动的电动机，在

转矩满足要求的情况下，应优先采用。

② 自耦变压器降压启动。电路如图 5-14 所示，启动时将 SA_1 闭合接通电源，SA_2 置于所选的降压启动位置，电动机转速达到一定值后，将 SA_2 置于全压运行位置。启动电流小、启动转矩大是自耦变压器降压启动的优点。自耦变压器降压启动的缺点是价格贵、不允许频繁启动，但仍然是三相笼型异步电动机常用的启动方法。

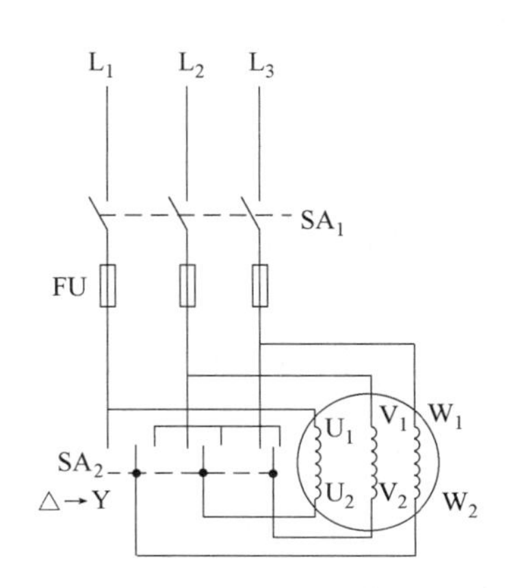

图 5-13　星形-三角形（Y-△）换接启动

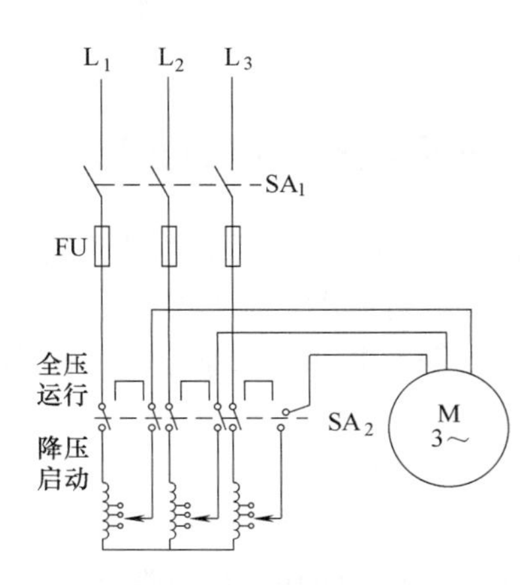

图 5-14　自耦变压器降压启动

5.5.2　三相异步电动机的调速

三相异步电动机转速与转差率之间的关系为

$$n_2=(1-s)\ n_1=(1-s)\frac{60f}{p}$$

可以看出，可以通过改变电源的频率 f、电动机的磁极对数 p、转差率 s 来调节三相异步电动机的转速。

（1）变频调速

通过改变电源的频率来调速，变频装置主要由整流器和逆变器两大部分组成，如图 5-15 所示。整流器将 50Hz 的三相交流电经整流变换为直流电，再由逆变器将直流电变换为频率和电压均可调的三相交流电，提供给电动机。这种调速方法可以实现较宽范围的平滑调速，被广泛应用。

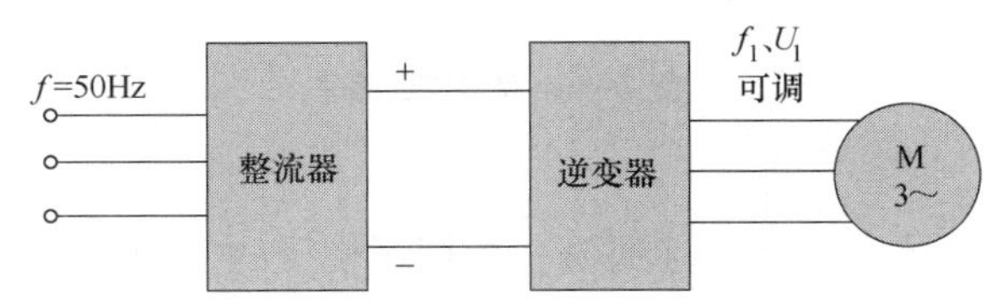

图 5-15　变频调速方框图

（2）变极调速

通过改变定子绕组的连接方式来改变磁极对数，从而实现调速。这种调速方法简单，但只能实现分级调速，不能实现无级平滑调速，常用在需要调速但要求不高的场合，如金属切削机床。现在生产的 YD 系列多速电动机可以实现双速、三速、四速调速。

（3）改变转差率调速

根据$T \propto U^2$，通过串联可变电抗器或采用自耦变压器改变电动机的端电压，以改变其电磁转矩，在负载不变的情况下，电动机运行时的转差率会得到改变，从而实现调速。这种调速方法设备简单，能耗较大，效率较低，只能实现很小范围的调速，多用于风机、泵类、风扇、起重设备的调速。

5.5.3 三相异步电动机的制动

电动机切断电源之后，由于惯性，不可能立即停转，如果要求电动机断电后立即停转，就必须进行制动。制动可以采用机械制动和电磁制动。机械制动是利用电磁力、弹簧力、液压力等使电动机迅速停转。电磁制动包括能耗制动、反接制动和回馈制动等，下面分别介绍一下。

（1）能耗制动

当电动机被切断电源之后，随即将定子绕组接到直流电源上，此时电动机定子会产生方向固定的磁场，而转子由于惯性仍按原方向旋转，与静止的磁场存在相对运动而产生感应电流，并产生与转子转动方向相反的电磁转矩，使电动机迅速停止转动，原理如图 5-16 所示。这种制动是通过消耗转子的动能而实现的，所以称为能耗制动。能耗制动具有准确可靠、能量损耗小的优点，但是需要直流电源，当电动机停止转动后，制动过程完成，此时应将直流电源断开。

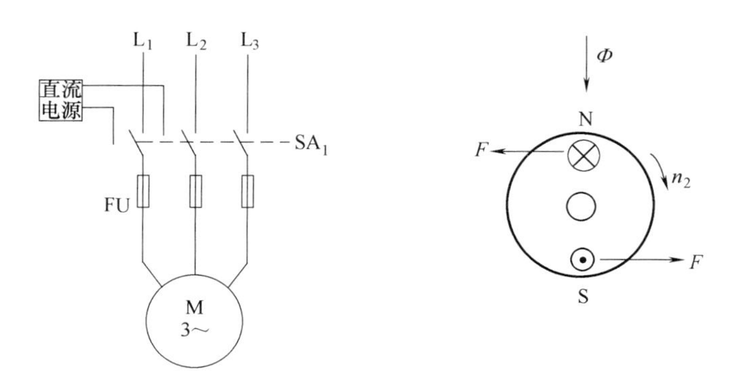

图 5-16 能耗制动原理

（2）反接制动

当电动机被切断电源后，立即接到另一个相序相反的三相交流电源上，如图 5-17 所示，使产生的旋转磁场方向与原磁场方向相反，转子受反方向的力矩作用而迅速停转。应当注意的是一旦转子停转，要及时迅速断开电源，否则电动机将反转。由于反接制动时定子绕组中的电流很大，因此常在反接电路中串联一定的限流电阻，这种方法只适用于小功率三相异步电动机。

（3）回馈制动

在起重设备中，电动机拖动的负载自由下落，下落时转子被负载拖动，设此时同步转速为 n_1，转子转速为 n_2，当 $n_2>n_1$ 时，转子将受到反方向的作用力矩，如图5-18所示，此时的重物在制动力矩的作用下匀速下落，不致因自由下落不断加速造成危险，这种制动称为回馈制动，常用在起重、运输设备中。在回馈制动状态下，电动机转子电流将反相，与之相应的定子绕组中的电流也将反相，电动机成为被下落的重物拖动的发电机，产生的能量将回馈给电源，所以称为回馈制动，注意制动时电动机不能与电源断开。

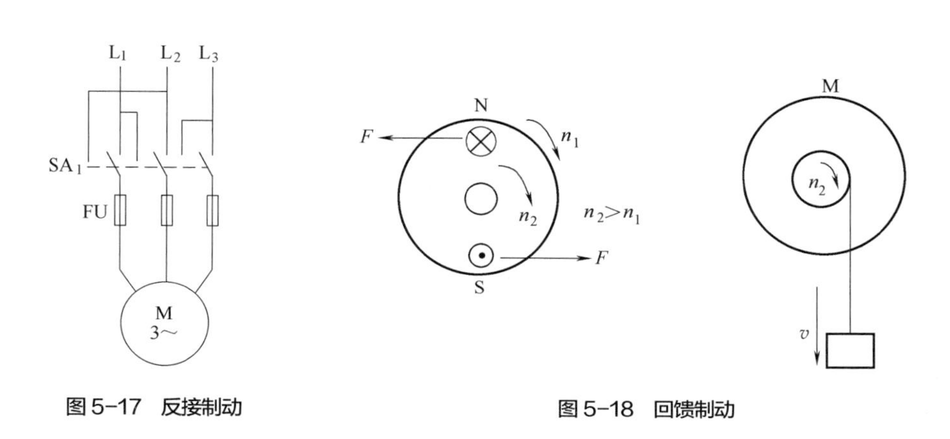

图5-17　反接制动

图5-18　回馈制动

5.6　单相异步电动机

单相异步电动机是用单相交流电源供电的电动机，具有结构简单、成本低、噪声小、运行可靠等优点，一般功率较小，广泛应用于家用电器、电动工具、医疗器械中。

单相异步电动机一般采用鼠笼型转子，单相交流电通入单一的电动机定子绕组，将产生按正弦规律变化的交变磁场，磁极在定子气隙中只沿正反两个方向反复改变，因此其磁场也称为脉振磁场

5.6.1　电容分相式单相异步电动机

图5-19（a）为电容分相式单相异步电动机的定子电路。定子铁芯上绕有两个在空间上互成90°的绕组，其中一个绕组 U_1U_2 直接与单相交流电源相连，称为工作绕组，流过的电流为 i_1；另一个绕组 V_1V_2 则串联电容之后再接到同一个电源上，称为启动绕组，流过的电流为 i_2。适当选择电容 C 的大小，可使两个绕组中电流的相位差为90°，使单相交流电变为相位互差90°的两相交流电，如图5-19（b）所示。

将产生的两相交流电通入并联的两相绕组中，便能产生旋转磁场，如图5-20所示。有的在启动绕组中串入电阻来替代电容，使两相绕组中的电流存在一定的相位差，也可以产生旋转磁场。

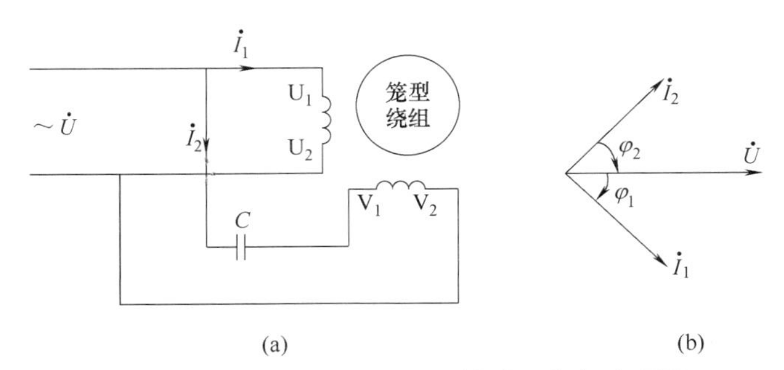

图 5-19　电容分相式单相异步电动机定子电路及相量图

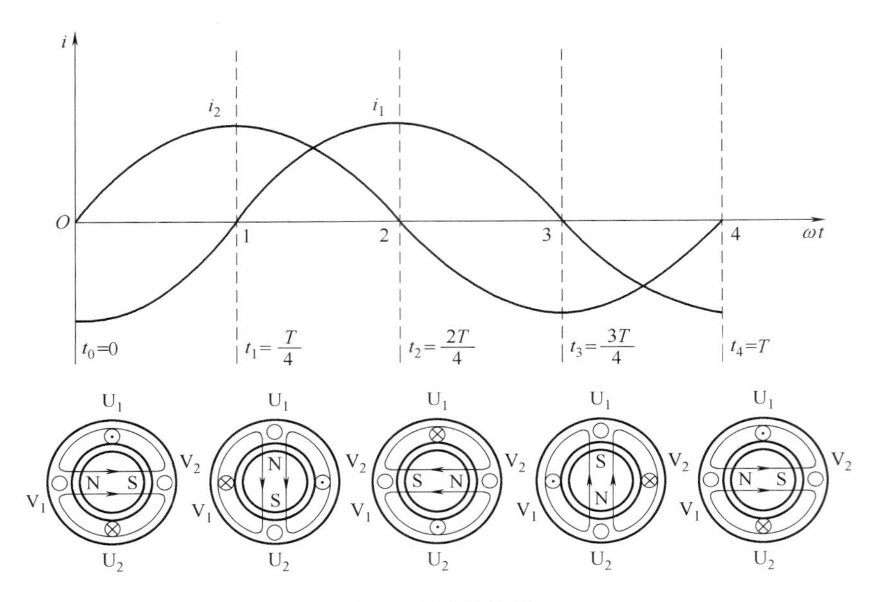

图 5-20　两相旋转磁场

电容分相式单相异步电动机改变转向的方法是：将任一绕组的首末端互换，也就是把这个绕组中的电流反相，改变两个绕组中电流的超前、滞后关系，从而使旋转磁场反转。若两个绕组是相同的，也可以把电容接到另一个绕组的支路中，也能使磁场反转。

5.6.2　罩极式单相异步电动机

将定子铁芯做成凸极式，并在磁极上开一个槽，将磁柱分成两部分，在极面一侧较小磁柱上嵌入短路铜环，构成罩极，如图 5-21（a）所示。定子绕组通入单相交流电后，产生交变磁场，部分磁通穿过铜环，如图 5-21（b）所示，由楞次定律可知，铜环中的感应电流总是阻碍磁通的变化，这就使罩极磁场的变化总是滞后于另一侧磁场，总体上看磁场在旋转，转子也就随之转动起来。

罩极式单相异步电动机工作时，由于罩极铜环因产生感应电流而发热，所以效率相对较低，一般用在轻载启动的台扇、排风机等设备中。

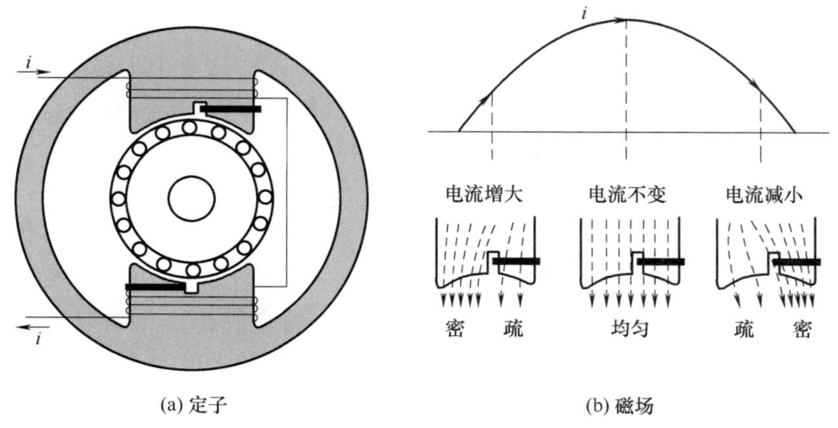

(a) 定子　　(b) 磁场

图 5-21　罩极式定子及其磁场

【阅读材料】

直流电动机

直流电动机的工作原理如图 5-22 所示。一对固定磁极为直流电动机定子主磁极，主磁极上绕有励磁绕组；可以转动的绕组通常称为电枢绕组（简称电枢），与电枢绕组两端相连的是两个彼此绝缘的圆弧形铜片，称为换向片（图中 1、2 所示），紧压在换向片上的是电刷 A、B，电刷是固定不动的，与外加直流电源相通。换向片随电枢绕组一起转动，以保证在电源极性不变的前提下，电磁力矩始终维持电枢绕组沿某一方向转动。

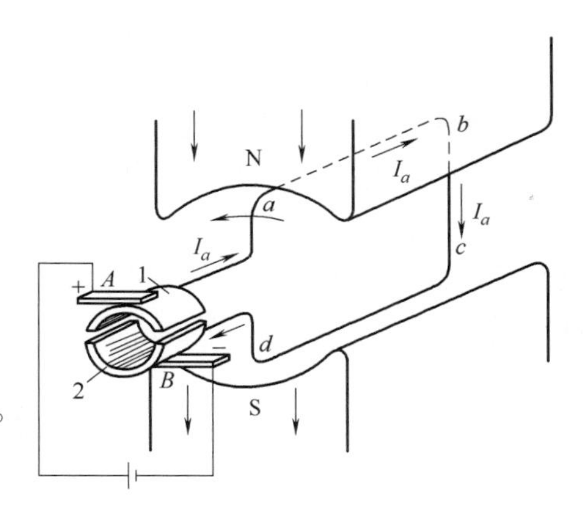

图 5-22　直流电动机的工作原理

按励磁绕组与电枢连接方式的不同，直流电动机励磁方式分为他励、并励、串励、复励，如图 5-23 所示。

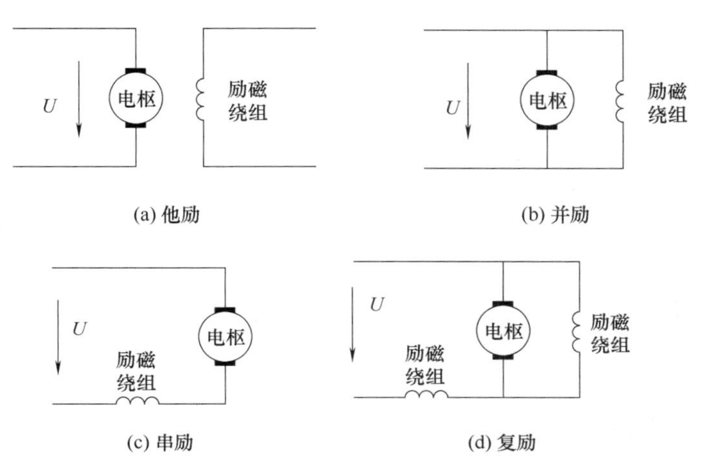

(a) 他励　　(b) 并励

(c) 串励　　(d) 复励

图 5-23　直流电动机的励磁方式

直流电动机的机械特性随其励磁方式的不同而不同。他励和并励直流电动机具有硬机械特性，调速范围广，一般从空载到满载，转速下降 5%~10%，当负载增大时转速略有下降，但变化不大。串励直流电动机具有软机械特性，适用于拖动起重、牵引类机械；串励直流电动机在接近空载时转速很高，远远超过容许限度，造成严重后果，俗称“飞车”，因此必须带负载运行，当负载增大时转速大幅下降；为防止因负载滑脱造成事故，规定串励直流电动机与负载之间的传动必须采用联轴器或齿轮，不准采用皮带。复励直流电动机适用于启动转矩较大、转速变化不大的负载。

直流电动机具有调速性能好、启动转矩大的特点，制造工艺复杂，需要使用直流电源，需要采用专用的整流设备供电。

本章小结

三相异步电动机的两大基本部分是定子和转子。定子绕组通入三相交流电后，会产生旋转磁场，闭合的转子导条切割磁场会产生感应电流，在旋转磁场作用下，转子沿旋转磁场的转向转动。转子转速小于同步转速，存在转差，转差率是电动机的重要参数。电动机的铭牌上标注了型号、额定功率、额定电压、接法，额定转速等。

三相异步电动机有空载、有载、满载、过载等运行情况。综合考虑功率因数及效率，应避免长时间空载、轻载和过载运行。三相异步电动机启动时要求时间短、转矩大、电流小，启动方法主要有直接启动和降压启动两种。三相异步电动机调速方法主要有变频、变极和变转差率三种。三相异步电动机制动一般采用电磁制动，包括能耗制动、反接制动、回馈制动三种。

习　题

一、判断题

1. 三相异步电动机的转子在旋转磁场作用下转动起来，其转向与旋转磁场的转向相同，但是转速始终比旋转磁场的转度小。

2. 电动机空载时功率因数很低，为 0.2~0.3。

3. 三相异步电动机与电源连接的导线，任意调换两根就可以使电动机反方向转动。

4. 电动机的启动转矩 T_{st} 必须大于负载阻转矩 T_L，否则无法启动。

5. 电动机的电磁转矩对电压很敏感，电磁转矩 T 与电动机定子绕组所加电压 U 成正比。

6. 电动机进行能耗制动时，在断开交流电源后，将任意两相线接到直流电源上即可，但是制动力较弱，制动时间较长。

二、选择题

1. 三相异步电动机机械负载加重时，转速将（　　），定子电流将（　　）。

A. 增大，增大　　B. 减小，增大　　C. 减小，减小　　D. 减小，不变

2. 选用电动机时不能“大马拉小车”，也就是说不能用大容量的电动机拖动小功率的机械负载，原因是（　　）。

A. 电动机的空载电流很大　　B. 电动机的空载转速很高

C. 不能物尽其用，价值低损耗大　　D. 功率因数和效率都很低

3. 一台电动机的空载转速为1491r/min，该电机同步转速为（　　），磁极数是（　　）。

A. 1500，2　　B. 1500，4　　C. 3000，2　　D. 3000，1

4. 三相异步电动机处于满载时，其转差率（　　）。

A. $s>1$　　B. $s=0$　　C. $0<s<1$　　D. $s<0$

5. 一台反接制动的三相交流异步电动机，在转速接近于零时，应立即切断电源，防止（　　）。

A. 电流过大　　B. 电机过载　　C. 发生短路　　D. 电动机反向转动

6. 三相异步电动机之所以能够转动起来，是由于（　　）作用产生的电磁转矩。

A. 转子旋转磁场与定子电流　　B. 定子旋转磁场与定子电流

C. 转子旋转磁场与转子电流　　D. 定子旋转磁场与转子电流

7. 三异步电动机的额定功率是指额定状态下（　　）。

A. 输入的视在功率　　B. 输出的机械功率

C. 产生的电磁功率　　D. 输入的电功率

8. 若电机转速为n_2，定子旋转磁场转速为n_1，当$n_2<n_1$时，电机为（　　）状态。

A. 电动　　B. 发电　　C. 制动　　D. 启动

三、填空题

1. 三相异步电动机主要由______和______构成，____________主要作用是产生旋转磁场，__________则是用来拖动负载。

2. 三相异步电动机的转速取决于__________、__________和__________。

3. 三相异步电动机定子绕组的连接方法主要有__________和__________。

4. 定子绕组通入三相交流电后产生了旋转磁场，其转动方向与三相对称电流的____有关，如果改变电动机的转动方向，应采取的具体措施是__________。

5. 电动机最大转矩 T_{max} 代表电动机带动_____的能力，如果负载转矩 $T_L>T_{max}$，电动机将会因带不动负载而__________。

6. 图5-24是一台单相电容分相式家用五速电风扇调速电路，其中工作绕组是____________，启动绕组是___________，两绕组中的电流的相位关系是_____超前_____，在1~5挡中，风扇转动最快的是_____挡，原因是电路中串联调速电抗器，其感抗$X_L=2\pi fL$，匝数越多，自感系数L越大，__________。

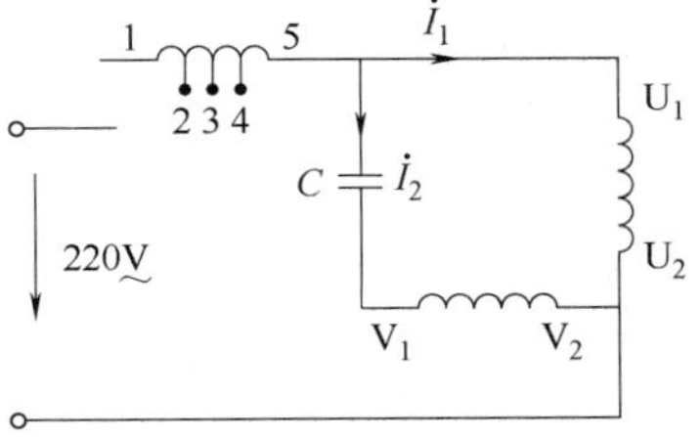

图5-24

四、分析计算题

1. 一台三相异步电动机所接交流电源的频率f=50Hz，n_N=960r/min。试确定该电动机

的磁极对数和额定转差率。

2. 已知 Y-112M-4 三相异步电动机，同步转速 n_1=1500r/min，额定转速为 n_N=1440r/min，空载时的转差率 s_0=0.003，求该电动机的磁极对数 p、额定转差率 s_N 和空载转速 n_0。

3. 有两台三相异步电动机，额定功率均为 10kW，额定转速分别为 980r/min 和 1430r/min。试求它们在额定状态下的输出转矩。

4. 解释 Y2-132S1-2 型三相异步电动机的相关参数。

5. 有一台三相异步电动机的铭牌标有“380V/220V，Y/△”。试问当电动机分别接成 Y 和△启动时，启动电流和启动转矩是否一样大？当电源电压为 380V 时，能否采用 Y-△启动？

6. 一台三相异步电动机采用三角形连接（△），供电电网电压为 380V，启动能力为 2，请问能否满载直接启动？如换成星形连接（Y），能否满载直接启动？采用三角形连接时（△），如满载直接启动，启动电压最低降为多少伏？若降压启动时所带负载为额定转矩的 80%，试计算电动机能否带负载直接启动。

第 6 章 低压电器与控制电路

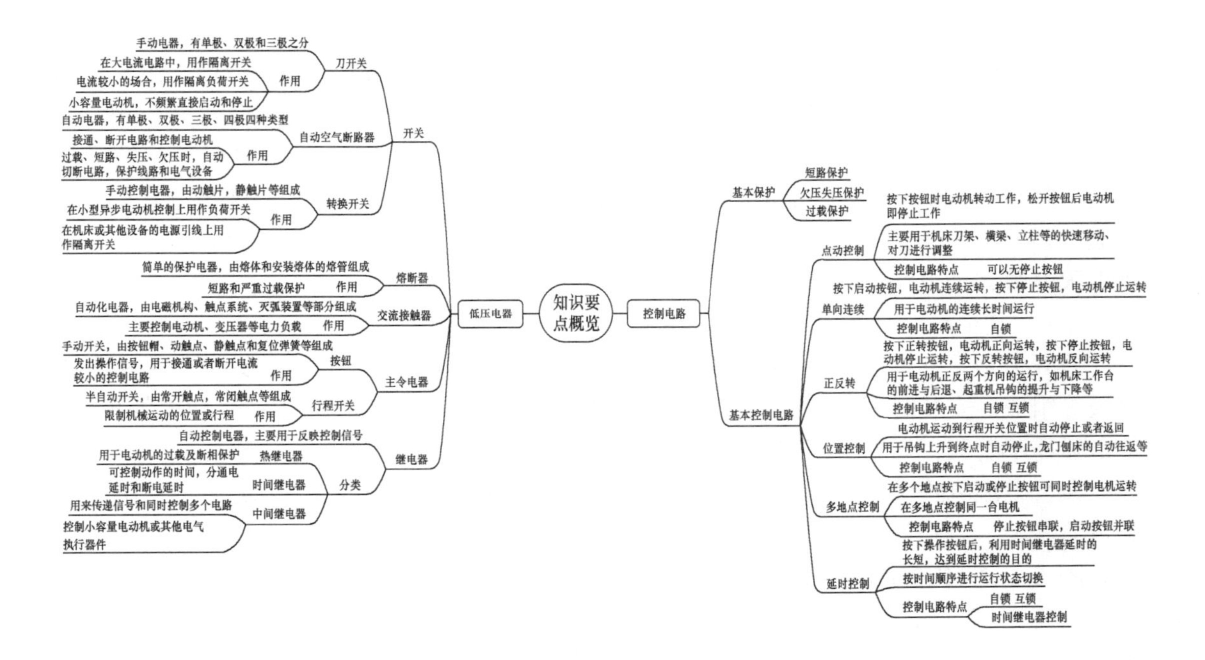

 本章教学目标

通过本章的学习，要着重理解继电接触器控制系统的结构和意义，了解各种常用低压电器的结构、工作原理、主要技术参数、选择方法等，掌握继电接触器控制系统基本控制环节和保护环节，理解电动机点动、连续运行、正反转、多地点控制、行程控制和延时控制等几种典型的继电接触器控制线路，奠定学习电气控制电路的基础。

低压电器是指在交流 50Hz（或 60Hz）、电压为 1000V 及以下，或直流电压 1500V 及以下电路内起通断、保护、控制或调节作用的电器。

6.1 常用的低压电器

6.1.1 开关

开关具有接通、断开电路的作用，使用开关应当注意以下几个主要的技术参数。

额定电压：在正常工作时的电压限额。

额定电流：在接通电路后允许长期通过的电流限额。若电流超过了额定值，开关的触点会过热，将缩短寿命或烧坏。

分断能力（断流能力）：开关允许断开的最大电流的大小，以安培计量。电路被分断时，在开关触点的分断处可能产生电弧。电流越大，电压越高，电弧越难熄灭。如果电弧不熄灭，则电路依然处于接通状态。电弧能烧坏触点，使开关不能正常切断电流，另一方面还可能灼伤工作人员，甚至造成火灾、爆炸等事故。开关的结构和灭弧措施决定它的分断能力。隔离开关的断流能力小于其额定电流，因此不能带负载切断电路，只能在负载都停止工作后，用它切断电源，使电路与电源隔离。负荷开关的断流能力等于其额定电流，可以在正常工作电流下控制电路的通断,有的负荷开关可以分断超过额定电流不多的过载电流，但是绝不能分断短路电流。断路器的断流能力远大于其额定电流，这类开关采用了熄灭电弧的结构，不仅能在正常情况下控制电路通断，而且在出现故障甚至短路时也能顺利熄灭电弧，把电路切断。

（1）刀开关

刀开关是一种手动电器，有单极、双极和三极之分，由手柄、触点、铰链支座和绝缘底板等组成。安装时刀口应朝上，这样切断电路产生电弧时，热空气上升，将电弧拉长，使电弧易于熄灭，切不可倒置以致出现相反的结果。

在大电流电路中，刀开关常常只用作隔离开关；在电流较小的场合，刀开关常用作隔离负荷开关。刀开关有时也用于小容量电动机的不频繁直接启动和停止。

图 6-1 是 HK2 系列三极闸刀开关的基本结构，这种开关称为开启式负荷开关（瓷底胶盖闸刀开关），胶盖用来保证操作人员操作时不触及带电部分，且电弧不会飞出胶盖而灼伤操作人员；熔体对被控制线路起短路保护作用。图 6-2 为刀开关的图形及文字符号。

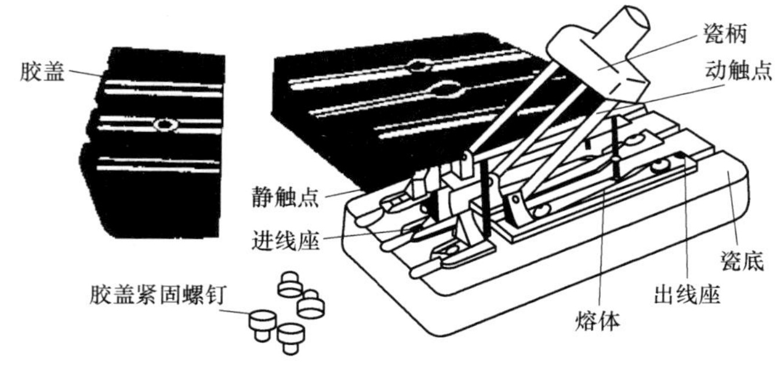

图 6-1 HK2 系列三极闸刀开关的基本结构

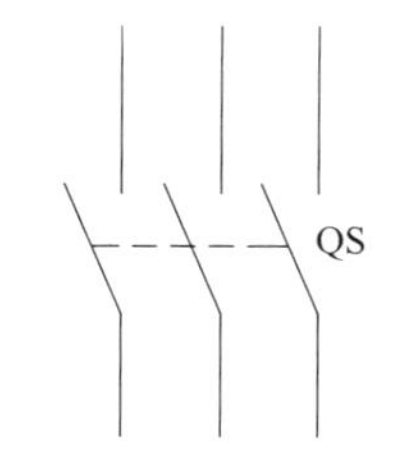

图 6-2 刀开关图形及文字符号

（2）自动空气断路器（自动空气开关）

自动空气断路器又称自动空气开关，如图 6-3 所示，是常用的低压保护电器，可用于接通、断开电路和控制电动机，在电路发生严重过载、短路、失压、欠压时，能自动切断电路，保护线路和电气设备，有很强的分断能力。自动空气断路器有单极、双极、三极、四极四种类型，可用于电源电路、照明电路、电动机主电路的分合及保护等。常用的自动空气断路器有 DW 系列（框架式）和 DZ 系列（塑壳式）。

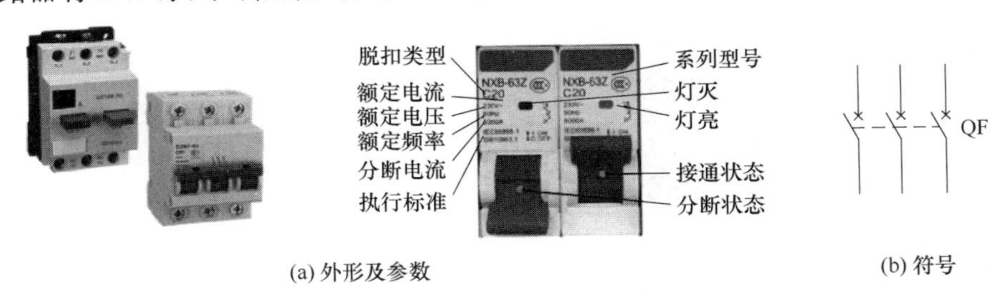

(a) 外形及参数　　(b) 符号

图 6-3　自动空气断路器

图 6-4 所示为自动空气断路器结构原理图。在正常情况下，低压断路器需要手动分、合闸，出现故障时自动跳闸，故障排除后再手动合闸，手动合闸后锁扣被搭钩钩住。

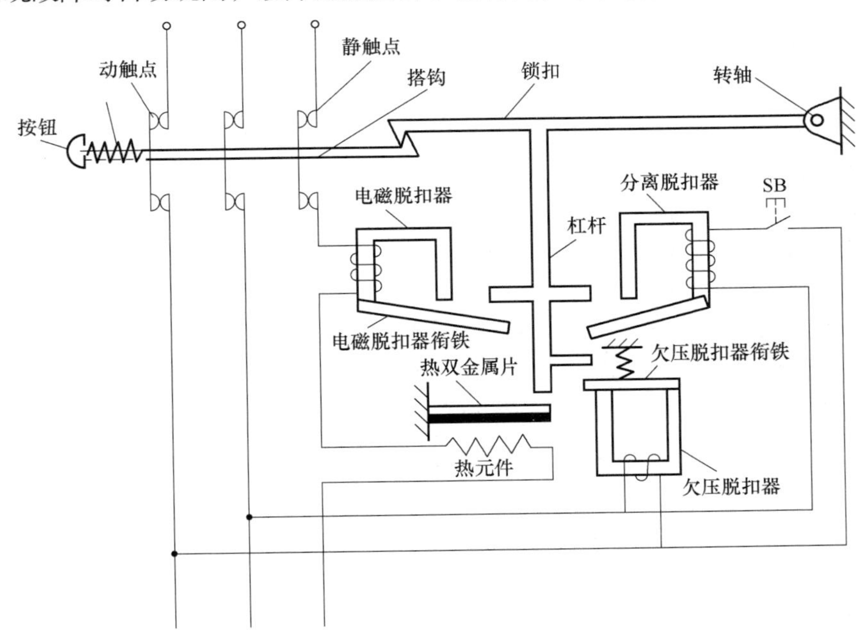

图 6-4　自动空气断路器结构原理图

工作原理：过载时，热元件使双金属片受热向上弯曲，推动杠杆，搭钩脱开，在弹簧的作用下主触点断开。双金属片受热有一定的延时，适用于过载保护。短路时，电磁脱扣器衔铁被瞬时吸起，触动杠杆，搭钩脱开，断开电路，进行短路保护。在电源电压过低或停电时，欠压脱扣器衔铁被拉力弹簧拉向上方，触动杠杆，使电路断开，实现欠压保护。分离脱扣器可由操作人员控制，使低压断路器跳闸。

（3）转换开关（组合开关）

转换开关是一种手动控制电器，可作为负荷开关，对小型异步电动机进行不频繁启停操作，也可接在机床或其他设备的电源引线上用作隔离开关。图 6-5 为转换开关的结构示意图和符号。它的静触片一端固定在绝缘垫板上，另一端伸出盒外，用来连接线路，动触片套在装有手柄的绝缘轴上，手柄每转动 90°，触点就从接通转换为分断（或由分断转换为接通）。

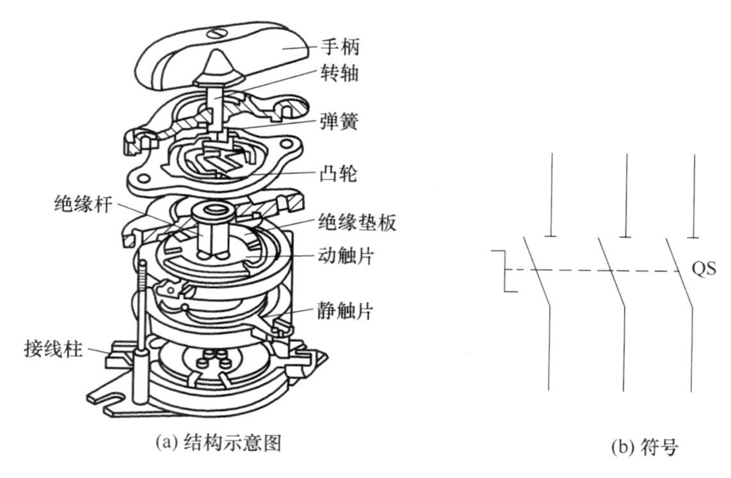

图 6-5　转换开关

转换开关只能控制小型电动机，选择转换开关时，一般应使其额定电流为所控制的电动机额定电流的 1.5~2.5 倍。

6.1.2　熔断器

熔断器是一种简单的保护电器，如图 6-6 所示，它串接在线路中，当严重过载或者短路时，它能首先熔断，从而保护电器设备的安全。熔断器常用的熔体材料有铅锑合金、铅锡合金、铝、铜、银等。不同的材料有不同的熔断延时特性。一般来说，低熔点的金属熔断延时较长，高熔点的金属延时较短。熔断器中所装熔体的额定电流应小于或等于熔断器的额定电流。

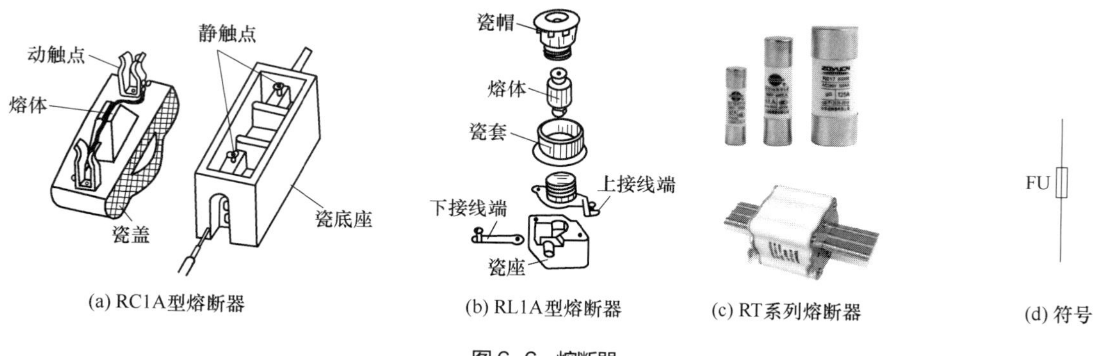

图 6-6　熔断器

6.1.3 交流接触器

交流接触器是一种用来接通或分断交流主电路或大容量控制电路的自动化电器，如图 6-7 所示。它主要的控制对象是电动机、变压器等电力负载，具有零压保护、欠压保护作用。

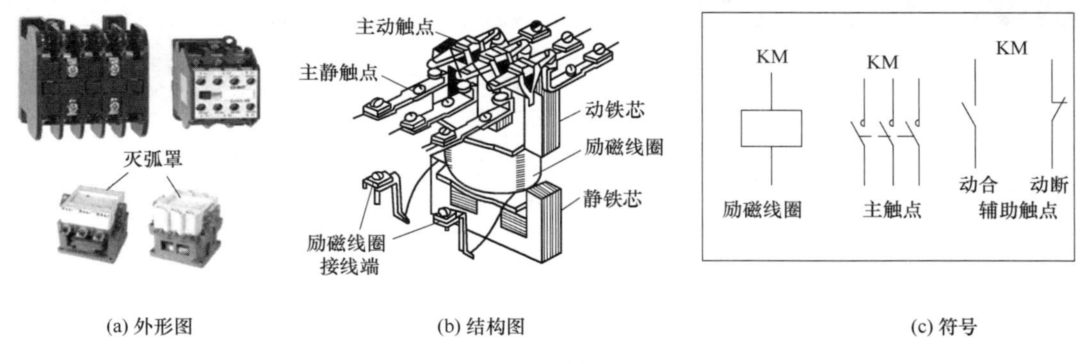

(a) 外形图　　(b) 结构图　　(c) 符号

图 6-7　交流接触器

交流接触器由电磁机构、触点系统、灭弧装置等部分组成。交流接触器的触点分为主触点、辅助触点两类，主触点接在电动机的主电路中，辅助触点接在控制电路中，通过的电流较小。

交流接触器电磁机构由静铁芯、励磁线圈和动铁芯组成。静铁芯上装有励磁线圈，连着交流接触器的所有主静触点，动铁芯连着交流接触器的所有主动触点。在没有外力和没有通电时，主触点所处的状态称为常态，包括常开、常闭两种状态，常开又称为动合，常闭又称为动断。励磁线圈通电后，其电磁吸力将铁芯吸合，同时压缩弹簧；励磁线圈断电后，动铁芯在弹簧的反作用力下被弹起，主触点恢复常态。

额定电流较大的交流接触器的主触点上一般装有灭弧罩，其外壳由绝缘材料制成，里面安装有平行薄片，将三对主触点相互隔开，其作用是将电弧分割成小段，使之容易熄灭。

为了减小磁滞及涡流损耗，交流接触器的铁芯由硅钢片叠成。此外，由于交流电在一个周期内有两次过零点，当电流为零时，电磁吸力也为零，使动铁芯振动，噪声大。为了消除这一现象，在交流接触器铁芯的端面部分嵌有短路环。

在选用交流接触器时，应注意其额定电流、线圈电压及触点数量等。交流接触器的额定电压是指励磁线圈的额定电压，额定电流是指主触点的额定电流。

6.1.4 主令电器

在自动控制系统中发出指令或信号的操纵电器称为主令电器，例如按钮、行程开关等，其作用是用来切换控制电路，使电路接通或分断，实现对电力拖动系统的各种控制。

（1）按钮

按钮又称控制按钮，是一种简单的手动开关，用于发出操作信号，接通或断开电流较小的控制电路，一般情况下不直接控制主电路的通断。按钮由按钮帽、动触点、静触点和复位弹簧等构成。按钮内部装有复位弹簧，当松手去掉外力后，按钮恢复原位。按钮的结构和符号如表 6-1 所示。

表 6-1　按钮的结构和符号

名称	常闭按钮	常开按钮	复合按钮
结构			按钮帽 复位弹簧 常闭触点 常开触点
符号	SB	SB	SB

常闭按钮：按下按钮帽后，原来闭合的触点被切断，松开后复位。

常开按钮：按下按钮帽后，原来断开的触点被接通，松开后复位。

复合按钮：按下按钮帽后，原来闭合的触点被切断，断开的触点被接通，松开后复位。

（2）行程开关

行程开关又称位置开关或限位开关，如图 6-8 所示。和控制按钮一样，行程开关是一种主令电器，但行程开关不是用手按动，而是利用生产设备运动部件碰撞，使其触点动作，将机械信号变为电信号，从而达到限制机械运动的位置或行程的目的。

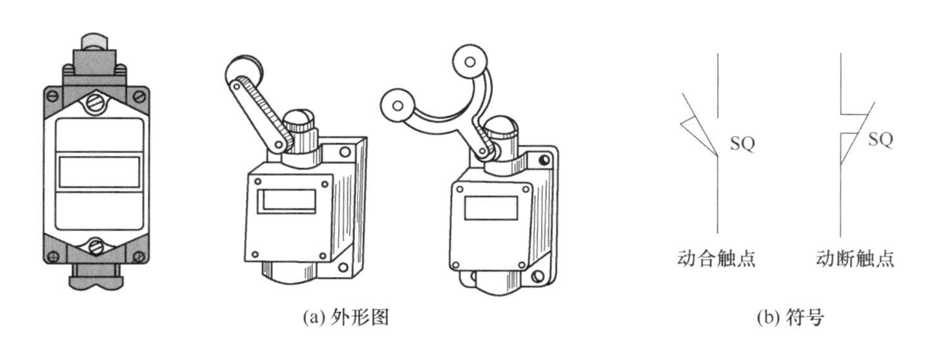

(a) 外形图　　(b) 符号

图 6-8　行程开关

行程开关有按钮式和滚轮式两种，见图 6-9。按钮式行程开关动作原理与控制按钮相同，其触点的分合速度取决于生产机械的移动速度，当移动速度低于 0.4m/min 时，触点分断太慢易产生电弧。滚轮式行程开关的滚轮受到外力作用后，推杆压缩弹簧，下面的小滚轮沿着擒纵件滚动，当滚过擒纵件的中点时，动触点迅速地与右边静触点分开，并与左边静触点闭合。滚轮式行程开关适用于低速运行的机械。

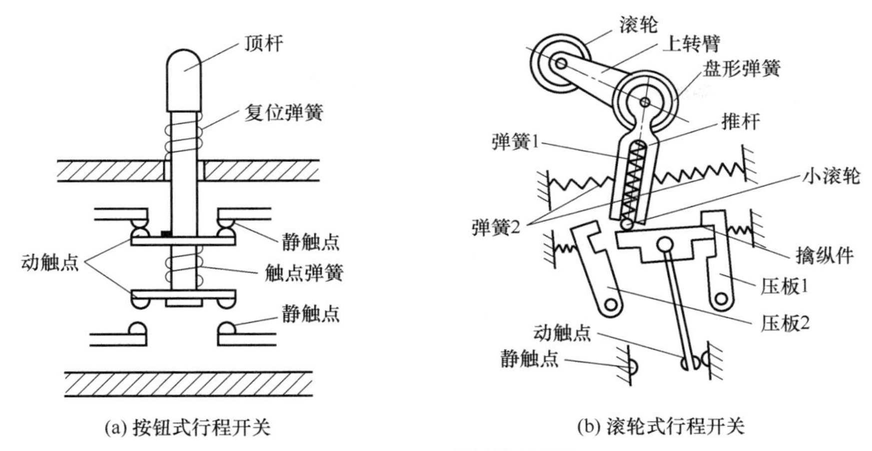

(a) 按钮式行程开关　　(b) 滚轮式行程开关

图 6-9　行程开关结构原理图

6.1.5　继电器

继电器是一种根据电量或非电量（如电压、电流、转速、时间、温度等）的变化，接通或断开控制电路，实现自动控制和保护电力拖动装置的电器。与接触器相比，继电器的分断能力很小，一般不设灭弧罩。继电器的种类很多，在此只介绍热继电器、时间继电器、中间继电器。

（1）热继电器

热继电器主要用于电动机的过载保护，如图 6-10 所示。热继电器的热元件串联在电动机的主电路中，当电动机过载时，热元件发热，使双金属片向左弯曲，其下端通过绝缘导板推动补偿双金属片，推杆触及片簧，在片簧和弓形弹簧片的作用下，热继电器的常闭触点断开，从而断开控制电路，使电动机停止工作，起到过载保护作用。在过载故障排除后，一般需双金属片冷却恢复原状后，再按复位按钮，使热继电器的常闭触点复位。

补偿双金属片可以在温度变化时自动改变弯曲程度，从而改变它与绝缘导板的距离，保证动作电流的准确度。转动电流调节凸轮，可调节补偿双金属片与绝缘导板的距离，这个距离越大，热继电器断开所需要的动作电流也越大。动作电流的整定倍数要依据被保护电动机的额定电流，根据动作时间要求进行整定，详见表 6-2。

从表 6-2 中可以出，在电流达到额定电流值的 6 倍时，热继电器动作时间仍大于 5s，目的是避免电动机启动时短时间的大电流使继电器动作切断电路。由于热继电器有动作时间的限制，在电路出现短路时，往往反应太慢，因此不适用于短路保护，因而在电动机控制电路中，熔断器和热继电器必须同时设置，使短路、过载保护都能够得到可靠实现。

（2）时间继电器

时间继电器是一种能控制动作时间的继电器，其特点是从励磁线圈通电到触点动作或复位要经过一定时间的延时，并且延时时间的长短可以在一定范围内调整。时间继电器主要有空气阻尼式、电动式、晶体管式及直流电磁式几大类，延时方式有通电延时和断电延时两种，其触点系统有延时闭合常开、延时闭合常闭、延时断开常闭、延时断开常开、常开瞬动、常闭瞬动六种。

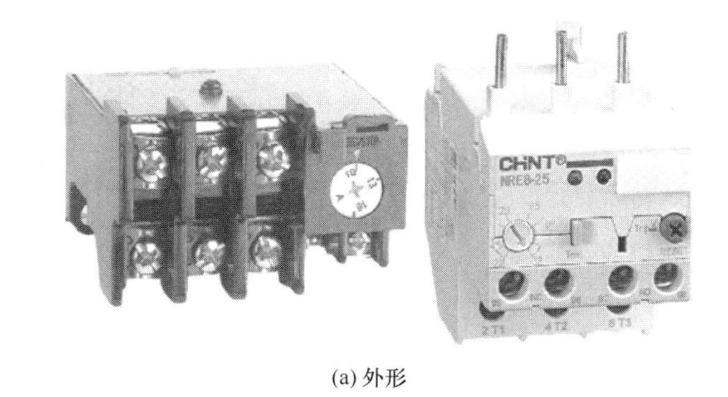

(a) 外形

(b) 结构原理图

(c) 符号

图 6-10 热继电器

图6-11为JS7-A型时间继电器的外形和结构原理图。当励磁线圈通电时，衔铁被吸下，在弹簧的作用下活塞杆向下移动，由于活塞杆上端连接橡皮膜，因此当活塞杆向下移动时，橡皮膜上方气室变大，内部气压减小，而下方气室的气压加大，使活塞杆下移的速度变慢，只有当空气从进气孔进入时，活塞杆才能顺利下移，直至压下杠杆，使触点动作。这样，从线圈通电开始到触点动作，需要经过一定的延时，调节调整螺钉可改变进气孔的大小，从而调节延时时间的长短。线圈断电后，复位弹簧使橡皮膜上升，空气从单向排气孔迅速排出，不产生延时作用，所以触点瞬时复位。

表 6-2 热继电器的保护特性

整定电流倍数	动作时间
1.0	长期不动作
1.2	<20min
1.5	<2min
6	>5s

图 6-12 为时间继电器图形及符号，弧形符号的开口方向就是延时动作的方向。

电子式时间继电器利用旋转刻度盘设定时间，数字式时间继电器利用数字按键设定时间，同时可通过数码管或液晶显示屏显示计时情况，这两种时间继电器具有精度高、体积小、调节方便、寿命长的特点，越来越被人们喜欢并采用。

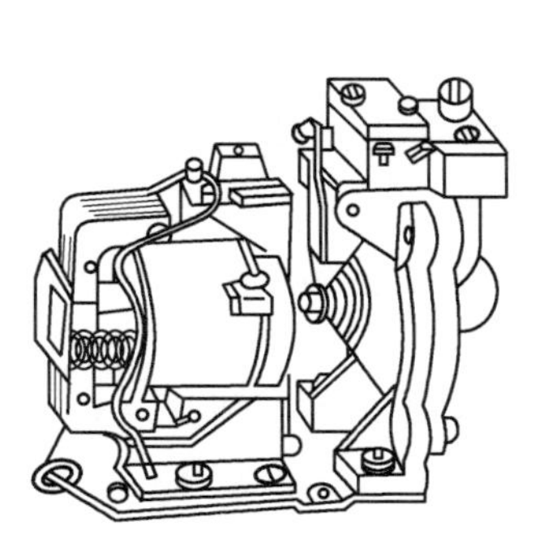

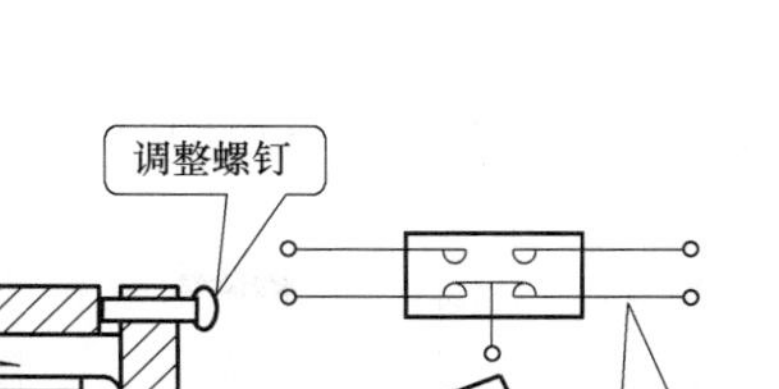

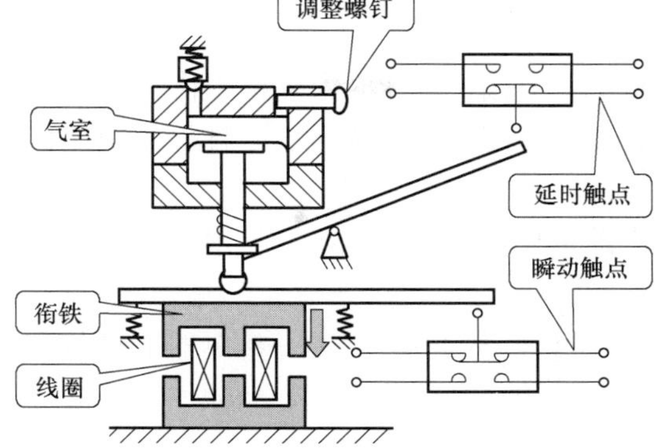

图 6-11　JS7-A 型时间继电器的外形和结构原理图

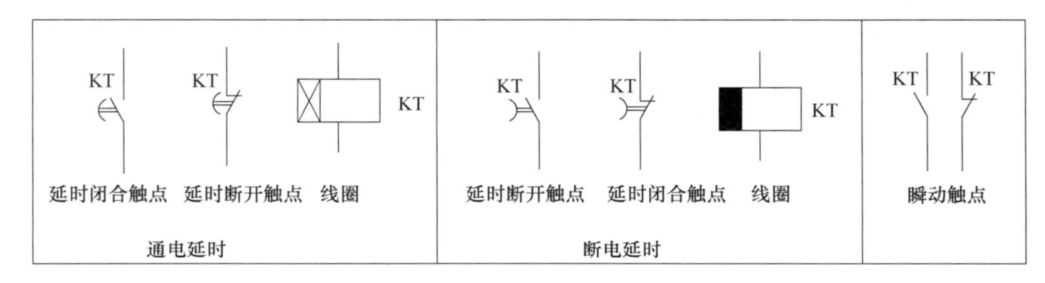

图 6-12　时间继电器图形及符号

（3）中间继电器

中间继电器常用来传递信号和同时控制多个电路，也可以直接用它来控制小容量电动机或其他电气执行器件。中间继电器的结构与交流接触器基本相同，只是电磁系统小些，触点多些。常用的有 JZ7 系列和 JZ8 系列两种，后者是交直流两用的。此外还有 JTX 系列小型通用继电器，常用在自动装置上以接通或断开电路。在选用中间继电器时，主要考虑电压等级和触点数量。

6.2　三相异步电动机基本控制电路

绝大多数生产机械都是用三相异步电动机来拖动的，一般需利用继电器、接触器等对电动机和生产设备实现控制和保护，这种控制方式称为继电接触控制，实现继电接触控制的电气设备称为控制电器。电气原理图一般分为主电路和控制电路两部分：主电路是指从电源到电动机的电路，是负载电流通过的部分，主电路中的电流较大，主电路中有启动电器、保护用的熔断器、热继电器的热元件、交流接触器的主触点。控制电路是通过小电流的电路，一般是由按钮、电气元件的线圈、接触器的辅助触点、继电器的触点等组成。电气原理图中各电气元件一律采用国家标准规定的图形符号绘出，用国家标准规定的文字符号标记，所有按钮、触点均按没有外力作用和没有通电时的原始状态画出。

6.2.1　三相异步电动机的点动控制电路

点动就是按下按钮时电动机工作，松开按钮后电动机即停止工作。在生产实践中，点动主要用于机床刀架、横梁、立柱等的快速移动和对刀调整等，点动控制电路如图 6-13 所示。

启动过程：按下按钮 SB→接触器 KM 线圈得电→接触器 KM 主触点闭合→电动机 M 通电运转。

停止过程：松开按钮 SB→接触器 KM 线圈失电→接触器 KM 主触点断开→电动机 M 断电停止运转。

6.2.2　三相异步电动机的单向连续运行控制电路

在实际应用中，经常要求电动机能够长时间转动，这种对电动机连续运行的控制就是连续控制，单向连续运行控制电路如图 6-14 所示。

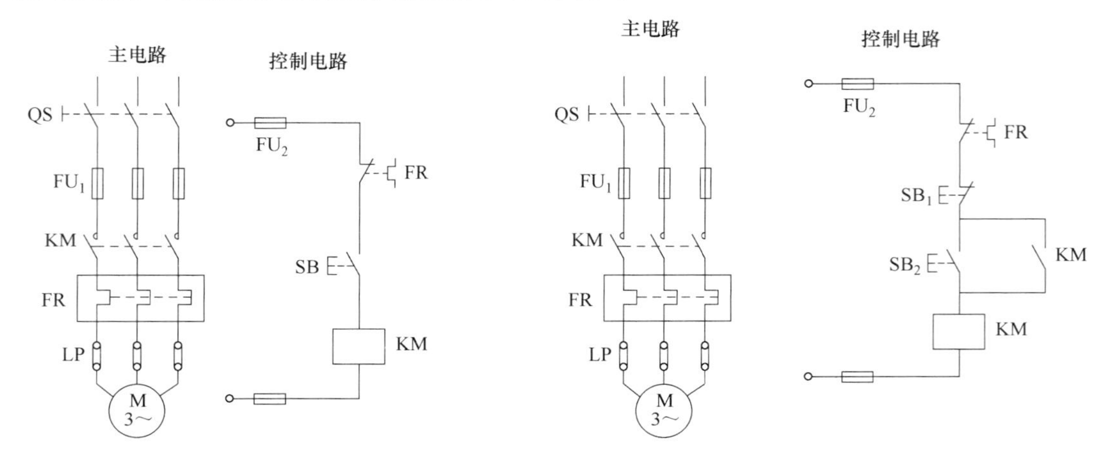

图 6-13　点动控制电路　　　　图 6-14　单向连续运行控制电路

启动过程：按下启动按钮 SB_2→接触器 KM 线圈得电→接触器 KM 主触点闭合，同时与启动按钮 SB_2 并联的接触器 KM 常开辅助触点闭合→电动机 M 通电运转。当松开按钮 SB_2 时，接触器 KM 线圈仍可通过其常开辅助触点保持通电，从而使电动机连续转动。这种依靠接触器自身的辅助触点保持线圈通电的电路称为自锁电路，起自锁作用的接触器 KM 常开辅助触点叫作自锁触点。

停止过程：按下停止按钮 SB_1→接触器 KM 线圈失电→KM 主触点、辅助触点断开→电动机 M 断电停止运转。松开停止 SB_1，此时接触器辅助触点 KM 已断开，控制电路不会再恢复通电。

6.2.3　三相异步电动机的正、反转控制电路

在实际工作中，生产机械常常需要运动部件可以正、反两个方向运动。例如机床工作

台的前进与后退、起重机吊钩的提升与下降等。由电动机的原理可知，只要把电动机的三相电源线中任意两根对调，即可改变电动机的转动方向。在主电路中，借助于接触器来实现三相电源相序的改变，即可实现三相异步电动机的正、反转运行，其控制电路如图 6-15 所示。

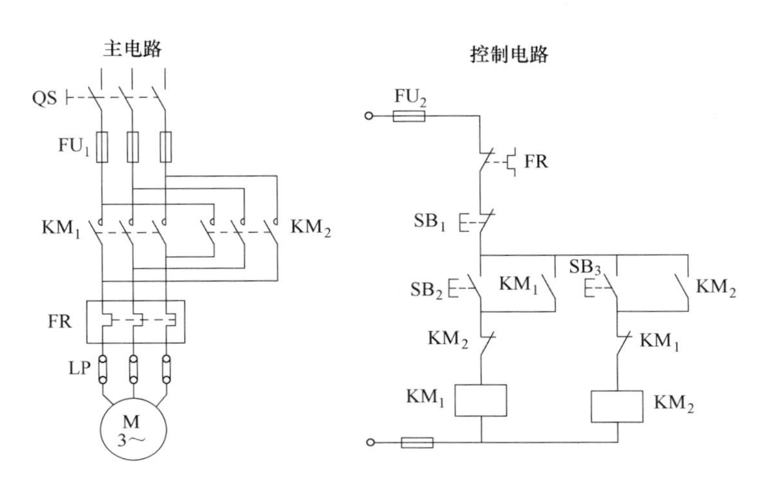

图 6-15 三相异步电动机的正、反转控制电路

按下按钮 SB_2→接触器 KM_1 线圈得电→
- → KM_1 主触点闭合→电动机 M 通电运转
- → KM_1 常开辅助触点闭合
- → KM_1 互锁触点断开实现对 KM_2 的互锁

按下停止按钮 SB_1→KM_1 线圈失电→KM_1 主触点、常开辅助触点断开→电动机 M 断电停止运转。

反转原理同正转。

为防止误操作时把两个启动按钮同时按下，或电动机正转时又按下反转启动按钮，或反转时又按下正转启动按钮，致使 KM_1 和 KM_2 两组主触点同时接通造成短路，把接触器 KM_1 和 KM_2 的一个常闭辅助触点分别串入对方的控制支路中，构成电气互锁。这就使控制电路中只要其中一条支路通电，另一条支路即使按下启动按钮也不可能再通电。只有按下停止按钮使其断电后，再按下另一个启动按钮，电动机才能再启动并改变转动方向。也就是说正转向反转的过渡和反转向正转的过渡必须经过停车。

图 6-16 是直接改变转向的正、反转控制电路，是正、反转控制电路的另一种形式，使用了控制按钮的一对复合触点。将正向启动按钮 SB_2 和反向启动按钮 SB_3 的常闭触点串接在对方常开触点电路中，利用按钮的常开、常闭触点的机械连接，在电路中形成相互制约的控制，这种接法称为机械互锁。这种具有电气、机械双重互锁的控制电路是常用的、可靠的电动机可逆运行控制电路，它既可以实现正转→停止→反转→停止的控制，又可以实现正转→反转→停止的控制，对于要求频繁实现可逆运行的情况，可以采用这种控制电路。

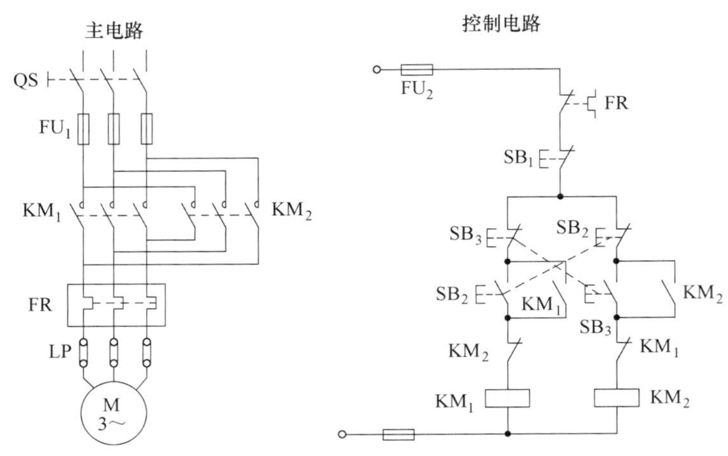

图 6-16　直接改变转向的正、反转控制电路

6.2.4　位置控制

利用行程开关按照机械设备的运动部件的行程位置进行的控制，称为行程控制或位置控制。例如吊钩上升到终点时要求自动停止，龙门刨床的工作台要求在一定范围内自动往返等，是机械设备自动化和生产过程自动化中应用最广泛的控制方法之一。

图 6-17 是用行程开关控制的自动往复工作台的控制电路。

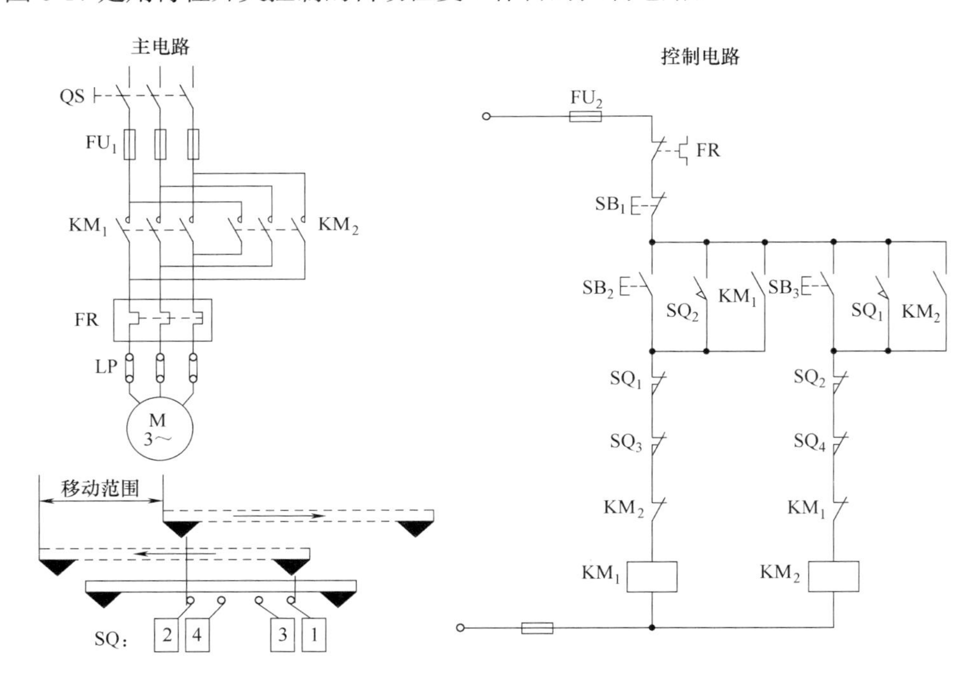

图 6-17　自动往复工作台控制电路

电动机驱动工作台平移，电动机不断改变转向使工作台往复运动。SB_2、SB_3 用于电动机初始正转或反转的启动；SQ_1、SQ_2 行程开关用工作台上的挡铁来拨动，例如电动机

正转，使工作台在平移，到一定位置时拨动其中一个行程开关 SQ_2，然后电动机反转，工作台即反向移动；到另一端，拨动另一个行程开关 SQ_1，电动机正转，工作台又平移返回。如此周而复始。

如果 SQ_1 或 SQ_2 出现故障，触点不切换，电动机不反转，工作台就会越过规定的范围，SQ_3、SQ_4 限定了它的位置，挡铁拨动 SQ_3 或 SQ_4 都可使其常闭触点切断电路，电动机停止转动，称为终端保护。

6.2.5　多地点控制

能在多地点控制同一台电动机的控制方式叫电动机的多地点控制。以两地点控制为例，要求有两套启、停按钮，电路如图 6-18 所示，两个启动按钮并联，两个停止按钮串联。多地点控制同理。

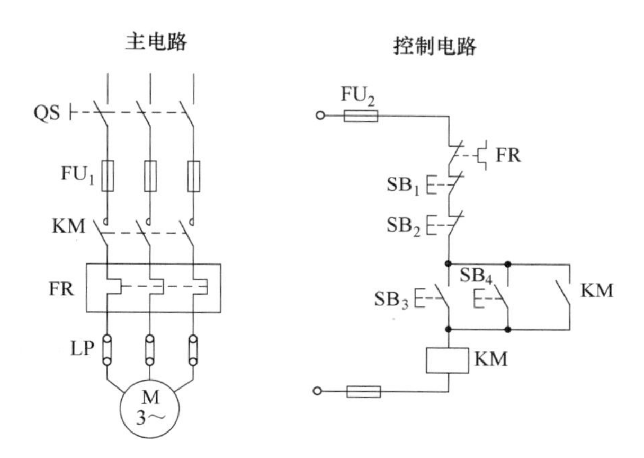

图 6-18　电动机的两地点控制电路

6.2.6　延时控制

延时控制指按照时间顺序进行运行状态的切换的控制电路，一般用时间继电器来控制动作时间的间隔。三相笼型电动机容量在 125kW 及以下时，可采用 Y—△降压启动的方法达到限制启动电流的目的。利用时间继电器控制的 Y—△降压启动控制电路如图 6-19 所示。

按下启动按钮 SB_2，接触器 KM 线圈通电，其主触点闭合，将三相电源接通到电动机定子绕组。其辅助触点闭合，实现控制电路的自锁，同时使接触器 KM_1 和时间继电器 KT 线圈通电。

接触器 KM_1 的主触点闭合，电动机定子绕组接成星形，实现降压启动，随即 KM 的常闭辅助触点断开，保证了 KM_2 线圈不致通电产生误动作。

时间继电器 KT 的触点在线圈通电后延迟一段时间才动作，动作时常闭触点先断开，使接触器 KM_1 线圈断电，KM_1 主触点断开，随后时间继电器的常开触点闭合，使接触器 KM_2 线圈通电，KM_2 主触点接通，电动机定子绕组改接为三角形，实现全压运行。与此同时，接触器 KM_2 常开辅助触点接通，使 KM_2 的控制电路实现自锁；接触器 KM_2 常闭辅助触点断开，在 KM_1 线圈断电的同时 KT 线圈也断电，时间继电器在完成所起的作用后复位。

停车时，按下停止按钮 SB_1，使接触器 KM 和 KM_2 线圈失电，电动机停止运转。

时间继电器延时的长短可以根据电动机启动时所带负载的实际情况进行整定。

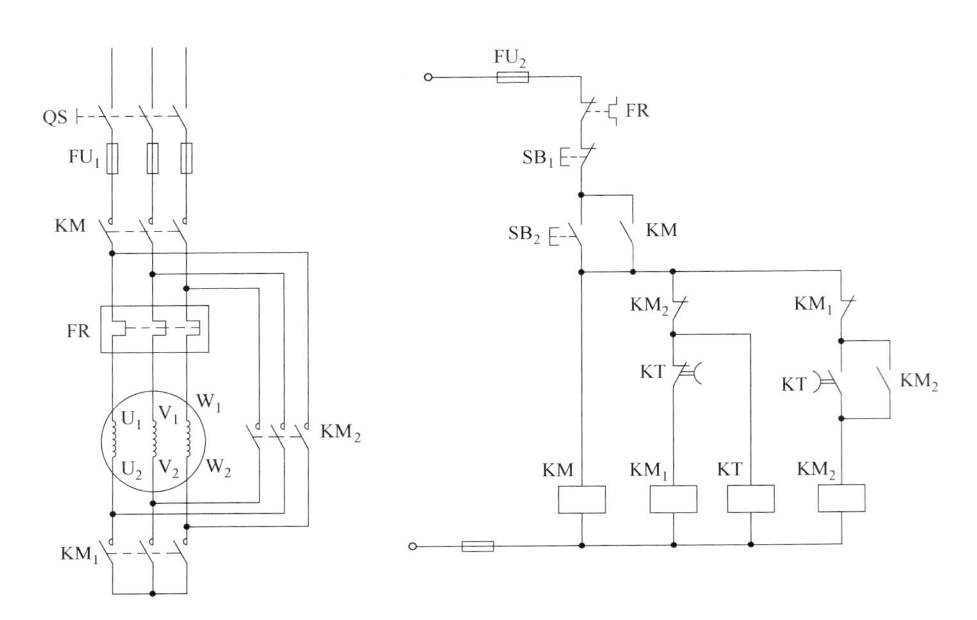

图 6-19　Y-△降压启动控制电路

【阅读材料】

继电器控制系统与 PLC 控制系统

传统的继电器控制系统是由输入设备（按钮、开关等）、控制电路（由各类继电器、接触器、导线连接而成，执行某种逻辑功能的电路）和输出设备（接触器线圈、指示灯等）三部分组成，是各种真正的物理硬件依靠硬件接线来实施控制功能，且其控制功能通常是不变的，仅可以在系统框架内进行参数调整或微调，当需要改变控制功能时，必须重新规划接线。电路工作时，电路中各继电器、接触器都处于受控状态。凡符合条件吸合的继电器、接触器都处于吸合状态；按控制要求或受条件制约不应吸合的继电器、接触器都处于断开状态，属于“并行”的工作方式。硬件触点数量受硬件结构及能力限制并且都是有限的，一般只有 4~8 对。

PLC 即可编程逻辑控制器，是 20 世纪 60 年代推出的取代传统继电器控制的新型控制系统，是工业控制的核心部分，具有编程简单、使用方便、通用性强、可靠性高、体积小、易于维护等优点，目前早已超出了原来的设计初衷，从小规模的单机触点开关顺序控制，发展到各种复杂的逻辑混合系统控制。随着计算机技术、电子技术、自动控制技术、网络通信与技术的不断发展，用户对系统的可靠性、复杂性、完善性、实时性和便利性的需求也不断提高，促进了 PLC 在开关和模拟量处理、过程控制、运动控制以及柔性远程控制等方面的发展、推广应用。

PLC 控制系统用软件取代了继电器控制系统中大量的中间继电器、时间继电器、计数器等器件，使控制柜的设计、安装、接线工作量大大减少，而且当 PLC 或外部的输入装置、执行机构发生故障时，可以根据 PLC 上的发光二极管或编程器提供的信息迅速地查明故障原因，用更换模块的方法将故障迅速排除。PLC 还具有很强的抗干扰能力，平均无故障时间可达数万小时，可直接用于有强烈干扰的工业生产现场。

设计 PLC 应用系统时，首先是进行 PLC 应用系统的功能设计，即根据被控对象的功能和工艺要求，明确系统必须要做的工作和必备的条件。其次是进行 PLC 应用系统的功能分析，即通过分析系统功能，提出 PLC 控制系统的结构形式，控制信号的种类、数量，系统的规模、布局。然后根据系统分析的结果，具体确定 PLC 的机型和系统的具体配置。PLC 采用“顺序扫描，不断循环”的方式进行工作，一些大、中型的 PLC 增加了中断工作方式。用户按照具体的工作要求编制程序，当用户将用户程序调试完成后，通过编程器将其程序写入 PLC 存储器中，同时将现场的输入信号和被控制的执行元件相应连接在输入模块的输入端和输出模块的输出端，系统硬件装调完毕后将 PLC 工作方式选择为运行工作方式，后面的工作就由 PLC 根据用户写入的程序去完成。PLC 工作时，CPU 按照程序的指定顺序依次扫描，如果程序中含有跳转指令，当扫描到跳转指令时，跳转到程序设定的位置继续扫描。程序中如果没有跳转指令，CPU 从开始依次扫描，逐一实现程序指令，当程序执行结束后，继续重新开始扫描，循环工作。CPU 在工作过程中不断地接收外部信号的输入，不断地向被控元件输出指令，从而实现完整的系统控制功能。

本章小结

本章的主要内容包括低压电器和三相异步电动机基本控制电路两部分。低压电器主要介绍了控制电路通断的开关，用于短路保护的熔断器，用于主电路和控制电路、频繁地接通与断开负载的交流接触器，根据特定输入信号而动作的热继电器、时间继电器。利用上述低压电器可实现三相异步电动机的点动控制、单向连续控制、正反转控制、时间控制以及行程控制等。

习　题

一、判断题

1. 开启式负荷开关必须垂直安装在控制屏或开关板上，且合闸状态时手柄应朝下。
2. 低压断路器的额定电压和额定电流应不小于线路的正常工作电压和计算负载电流。
3. 热继电器是利用电流的热效应而反时限动作的继电器。
4. 熔断器的额定电流必须小于所装熔体的额定电流。
5. 电路中的熔断器可以有短路保护和过载保护，就可以将热继电器去掉。
6. 交流接触器的自锁控制具有欠压和失压保护作用。

7. 在电路图中，熔断器的字母符号用 FR 表示。

8. 接触器可以代替继电器应用在电气控制系统中。

9. 点动控制是指按下按钮电动机得电运转，松开按钮电动机失电停转。

10. 行程开关是依靠运动中机械的机械碰撞或推压后而改变内部触点状态的电器。

二、选择题

1. 下列电器中哪一种不是自动电器（　　）。

A. 组合开关　　B. 交流接触器　　C. 时间继电器　　D. 热继电器

2. 接触器的常态是指（　　）。

A. 线圈未通电　　B. 线圈带电　　C. 触点断开　　D. 触点动作

3. 下列低压电器中不可以用来控制主电路通断的是（　　）。

A. 刀开关　　B. 热继电器　　C. 时间继电器　　D. 交流接触器

4. 交流接触器的主触点一般控制（　　）。

A. 主电路电流　　B. 控制电路电流　　C. 主电路及控制电路电流

5. 接触器的自锁触点是一对（　　）。

A. 常开辅助触点　　B. 常闭辅助触点

C. 主触点　　D. 主触点或常开辅助触点

三、填空题

1. 低压电器一般是指工作在额定电压交流______及以下或直流______以下的电器。

2. 低压断路器在正常情况下可用于______和______电路，当电路中发生______、______过载和______等故障时，能自动切断故障电路。

3. 熔断器在电路中的主要作用是______保护，在电路中的连接方式是______。

4. 热继电器的主要作用是对电动机进行______保护。

5. 时间继电器的延时方式有______和______两种。

6. 交流接触器的触点的动作特点主要概括为：励磁线圈带电后______，励磁线圈断电后______。

四、分析设计题

1. 在机床电气设备中，用接触器控制电动机启动停止，但在电源进线处还要装一个隔离开关 QS，它并不用来开、停电动机，它的作用是什么？

2. 在三相异步电动机继电接触控制电路中，热继电器与熔断器的保护作用有何不同？能否只用其中之一？

3. 分析图 6-20 中各控制电路是否有错，并将错误的地方改正。

4. 图 6-21 为电动机正反转控制电路，检查图中哪些地方画错了，并加以改正。

5. 试设计一个既可以实现点动控制，又可以进行连续运转控制的电动机控制电路。画出电路图。

6. 三台电动机 M_1、M_2、M_3 按一定的顺序启动，要求 M_1 启动后 M_2 才能启动，M_2 启动后 M_3 才能启动，同时停车。试设计继电接触控制电路，画出电路图。

7. 两台电动机 M_1 和 M_2，要求启动时必须 M_1 先启动后 M_2 才可启动，停止时必须先

停 M_2，M_1 才可停止。画出控制电路图。

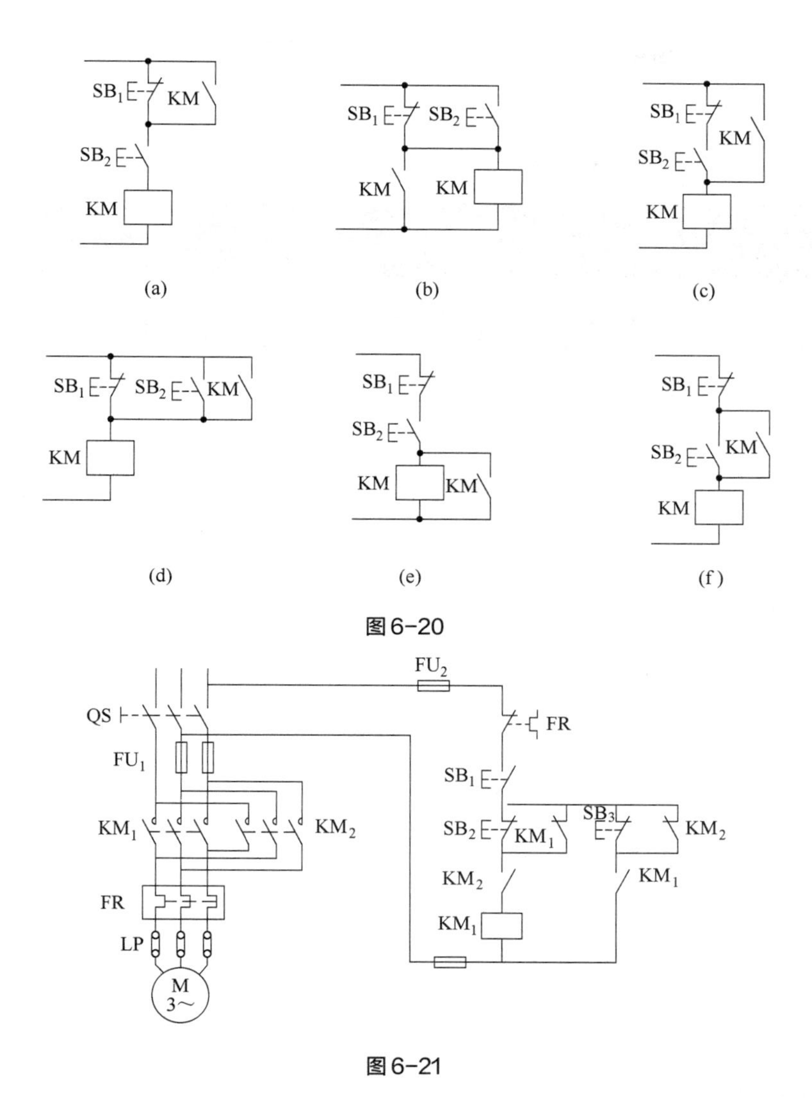

图6-20

图6-21

8. 为什么较大功率的电动机不能用图 6-16 的电路控制其正反转？如果这样做有什么后果？

9. 设计一个两台电动机 M_1、M_2 的控制电路，要求 M_1、M_2 可以分别启动、停止，也可以同时启动、停止。

第7章 供电常识及安全用电

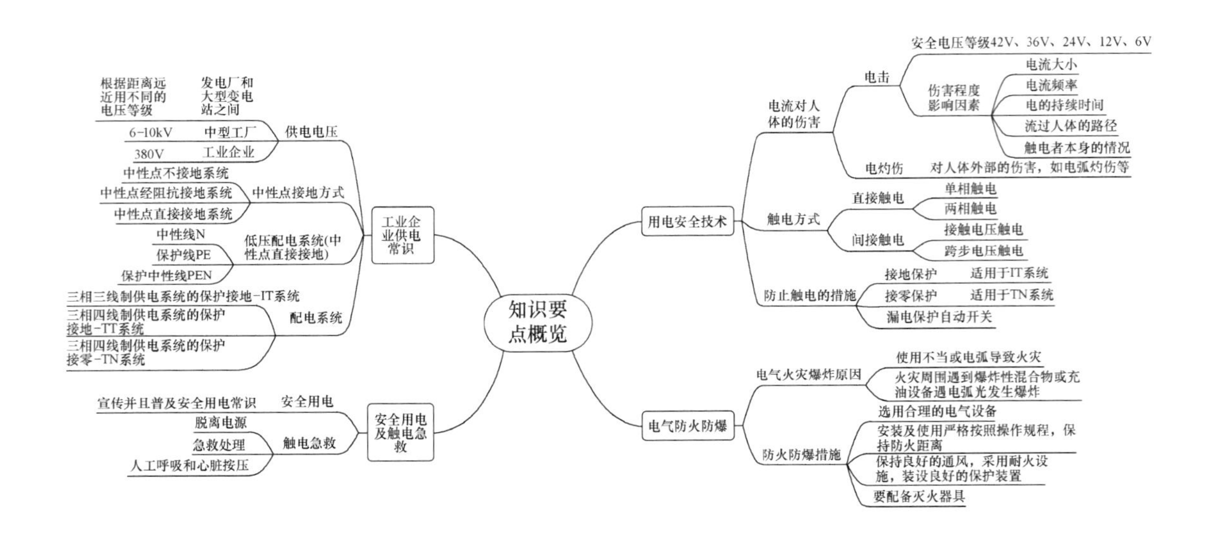

本章教学目标

了解工业企业供电的基本知识，掌握电流对人体伤害的分类及影响因素；了解低压供电系统常见的触电方式；理解安全用电、防火防爆的必要措施；了解触电急救方法。

7.1 工业企业供电知识

7.1.1 供电电压

发电厂和大型变电站之间的电力传输，根据距离远近采用不同的电压等级，常用的电压等级、输送功率及输送距离见表 7-1。

表 7-1　常用电压等级、输送功率及输送距离

额定电压/kV	输送距离/km	输送功率/kW
0.38	<6	<100
10	6~20	100~2000
35	20~50	2000~10000
110	50~150	10000~50000

中型工厂的电源进线电压一般是 6~10kV，先经高压配电所把电能集中，再由高压配电线路平均分送到各车间变电所，或由高压配电线路直接供给高压用电设备。车间变电所内装有电力变压器，可将 6~10kV 的高压电变为一般的低压电，然后由低压配电线路再分送到各个低压用电设备。

工业企业的电气设备绝大多数直接采用低压供电系统供电，即采用线电压为 380V、中性点接地的三相电源供电。一般动力负载为三相对称负载，因而采用三相三线制供电；照明等非动力负载在连接时尽量平均分配在电源的三相上，但很难做到总是对称，因而采用三相四线制供电，这也是应用中最多的供电方式。

7.1.2　电力系统中性点的接地方式

电力系统电源中性点的不同接地方式对电力系统的运行有不同的影响。特别是在系统发生单相接地故障时影响尤其明显，并且将影响到系统二次侧的继电保护及监测仪表的选择与运行。电力系统中性点的接地方式有三种，即中性点不接地系统、中性点经阻抗接地系统、中性点直接接地系统。

中性点不接地的电力系统，即三相三线制，正常运行时，三相电压和电流对称；如果出现单相接地，另两相的对地电压就由相电压变为线电压，变为原来的 $\sqrt{3}$ 倍，单相接地电容电流变为正常运行时相线对地电容电流的 3 倍。

中性点直接接地或低电阻接地的电力系统，即三相四线制，正常运行时，三相电压和电流对称，如果出现单相接地，另外两相的对地电压不变，接地的那一相就会通过接地中性点形成单相短路故障，此时线路电流比正常负荷电流大得多，因此保护装置会动作跳闸，切除短路故障。

7.1.3　低压配电系统的接地形式

我国 380V/220V 的低压配电系统广泛采用中性点直接接地的运行方式，而且中性点引出线有中性线 N、保护线 PE、保护中性线 PEN。

低压配电系统中性线 N 的功能，一是连接额定电压是配电系统相电压的单相负载，二是传导三相系统中的不平衡中线电流和单相负载电流，三是减小负载引起的中性点电位偏移。保护线 PE 的功能是保障人身安全，防止发生触电事故。接地系统中所用设备的外露金属导电部分，如设备的金属外壳、金属框构架等，正常情况下是不带电的，但设备发生接地故障情况下可能带电，如果没有接地的保护线，一旦人体触及，就会发生触电事故，但是有了保护线接地，可以减少触电危险。保护中性线 PEN 的功能兼有中性线 N 和保护线 PE 线的功能，这种保护中性线在我国统称为零线，俗称地线。

根据国际电工委员会（IEC）规定，配电系统按保护接地的形式不同，分为 IT 系统、TT 系统、TN 系统三种，其中第一、第二个大写字母的含义见表格 7-2。

IT 系统，即过去的三相三线制供电系统的保护接地，适用于环境条件不良，易发生单相接地故障的场所，以及易燃易爆的场所。工作原理是：若设备外壳没有接地，在发生单相碰壳故障时，设备外壳就会具有相电压，若此时人触摸外壳，就会有相当危险的电流流经人身与电网和大地之间的分布电容构成的回路。设备的金属外壳有了保护接地以后，由于人体电阻远比接地装置的接地电阻大，在发生单相碰壳时，大部分的接地电流被接地装置分流，而流经人体的电流很小，从而对人身安全起了保护作用。

表 7-2　配电系统保护接地的字母意义

第一个字母	表示的意义	第二个字母	表示的意义
T	电源变压器中性点直接接地	T	电气设备的外壳直接接地，但和电网的接地系统没有联系
I	电源变压器中性点不接地（或通过高阻抗接地）	N	电气设备的外壳与系统的接地中性线直接相连

TT 系统，即过去的三相四线制供电系统的保护接地。工作原理是：当发生单相碰壳故障时，接地电流会流经由保护接地装置和电源的工作接地装置所构成的回路，此时如果有人接触带电的外壳，由于保护接地装置的电阻小于人体的电阻，大部分的接地电流被接地装置分流，从而对人身起到保护作用。

TT 系统在确保安全用电方面还存在不足之处，主要表现在两方面：一是设备发生单相碰壳故障时，接地电流并不很大，往往不能使保护装置动作，这将导致线路长期带故障运行；二是当 TT 系统中的用电设备只是由于绝缘不良引起漏电时，漏电电流往往不大（仅为毫安级），不可能使线路的保护装置动作，这也导致漏电设备的外壳长期带电，增加了人身触电的危险。因此，TT 系统必须加装剩余电流动作保护器，方能成为较完善的保护系统。

TN 系统，即过去的三相四线制供电系统的保护接零。TN 系统电源的中性点直接接地，并有中性线引出。常在 TN 代号后附加字母 S 或 C 来表示中性线 N 与保护线 PE 的组合关系，S 表示中性线 N 与保护线 PE 在结构上是分开的，C 表示中性线 N 与保护线 PE 在结构上是合一的（PEN 线）。因此 TN 系统可以分为 TN-C 系统、TN-S 系统、TN-C-S 系统。

7.2　安全用电技术

电能的广泛应用，提高了人们生活的质量，给经济发展提供了巨大的能源保障，但是如果使用不当，也会造成危害。为了更安全有效地使用电能，应当了解电流对人体可能造成的伤害以及在各种情况下可能触电的原因，应用电气安全技术，采取相应措施，使人身、设备同时得到安全保障。

7.2.1　电流对人体的伤害

电流对人体的伤害可以分为两大类：电击和电灼伤。

（1）电击

发生电击时，电流通过人体，使肌肉剧烈收缩，人体失去摆脱电源的能力，造成人体内部组织损坏，影响心脏、呼吸系统和神经系统的正常功能，甚至危及生命。电击伤害程度的影响因素有：电流大小、频率、通电的持续时间、流过人体的路径及触电者本身的情况等。

生产生活中常用的直流电、工频交流电、高频交流电三者相比，工频交流电对人是最危险的。流过人体的电流越大，触电时间越长，危险就越大。对于工频交流电流，达到 0.7mA 时成年女性就有感觉，达到约 6mA 时能自主摆脱；成年男性的平均感知电流约为 1.1mA，自主摆脱电流约为 9mA。工频电流超过 50mA 且持续时间超过 1s，或长时间通过 30mA 以上的电流，就可能引起心室颤动，有生命危险。100mA 的工频电流则足以使人死亡。

通过人体的电流大小取决于人体电阻和加在人体的电压。人体干燥皮肤角质层电阻可高达 100kΩ，但如果皮肤潮湿、有汗、有损伤或触电后皮肤遭到破坏，人体电阻将急剧下降，甚至可降到 1000Ω，恶劣环境下甚至可降到 600～800Ω。因此，我国针对不同场合，规定的安全电压等级（工频有效值）为 42V、36V、24V、12V、6V。当电气设备采用了超过 36V 的安全电压时，应采取防止直接接触带电体的保护措施。安全电压并非绝对的安全，绝不意味着可以长期接触这样的电压，安全电压也有不适用的范围，如带电部分能伸入人体内的医疗设备以及水下等特殊场所。

如果电流流过头、心脏、脊柱这些重要器官，将更危险。在可能触电的人体部位中，手和脚的触电机会最多，手到手、手到脚、脚到脚三种电流路径都很危险，其中从手到脚最危险，原因是电流纵向通过人体时更易发生心颤。疲劳、体弱、有心脏病等严重疾病的人或儿童，遭受电击时的伤害程度更为严重。

（2）电灼伤

电灼伤是指电对人体外部造成的伤害，如电弧灼伤、熔化而飞溅的金属末对皮肤的烧伤、触电产生电斑痕等。电灼伤事故比电击少，但也非常危险，例如大面积烧伤也会导致死亡。开关、熔断器一定要有防护措施，避免断路时电弧对人造成伤害。

电流对人体的伤害是个复杂的问题，只能从大量积累的资料中分析得出结论，因此不排除出现完全没有估计到的情况，必须尽力采取各种防护措施，防止触电事故的发生。

7.2.2　常见的触电方式

按照人体触及带电体的方式，常见的触电类型包括属于直接接触的单相触电和两相触电，属于间接接触的接触电压触电以及跨步电压触电。

（1）单相触电

单相触电指人体站在地面或其他接地的导体上，人体的其他部位触及单相带电体时，电流通过人体进入大地或中性线。这种触电的危险程度取决于三相电网的中性点是否接地。一般情况下，接地电网（TT 系统或 TN 系统）的单相触电比不接地电网（IT 系统）的危险性大。图 7-1（a）表示 TT、TN 系统（供电网中性点接地）的单相触电，此时人体承受电源相电压；图 7-1（b）表示 IT 系统（供电网无中线或中线不接地）的单相触电，此时电流通过人体进入大地，再经过其他两相对地电容或绝缘电阻流回电源，当绝缘不良时，会有危险。

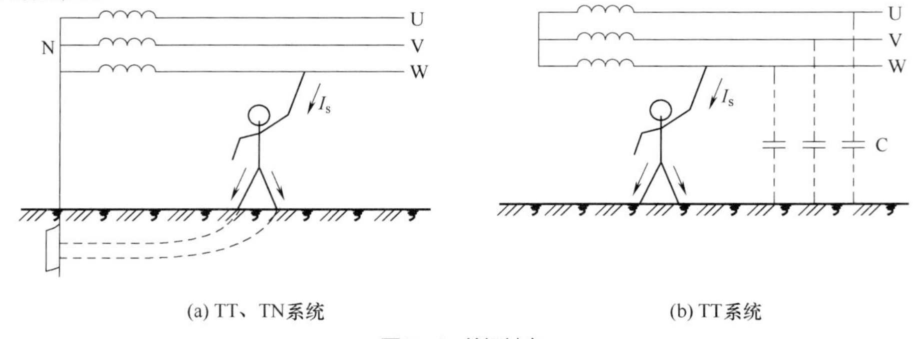

图 7-1 单相触电

（2）两相触电

两相触电指人体两处同时触及同一电源的两相带电体，如图 7-2 所示。这时加到人体的电压为线电压，是最危险的触电。

（3）接触电压触电

接触电压触电指电气设备的外壳由于某种原因带电，人体与其接触而引起的触电。例如三相油冷式变压器的 U 相绕组与箱体接触使其带电，人手触及油箱会产生接触电压触电，相当于单相触电，如图 7-3 所示。

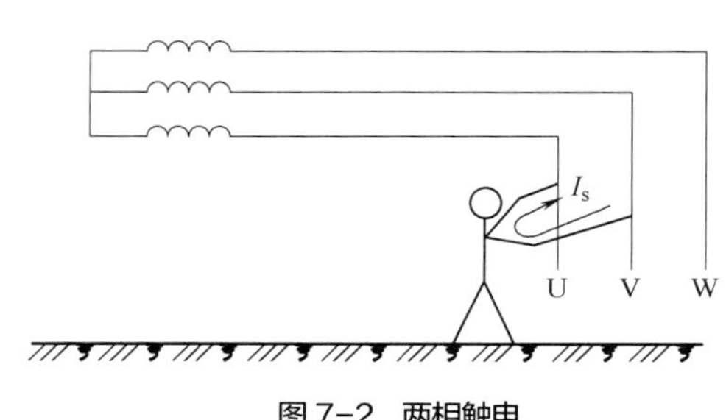

图 7-2 两相触电

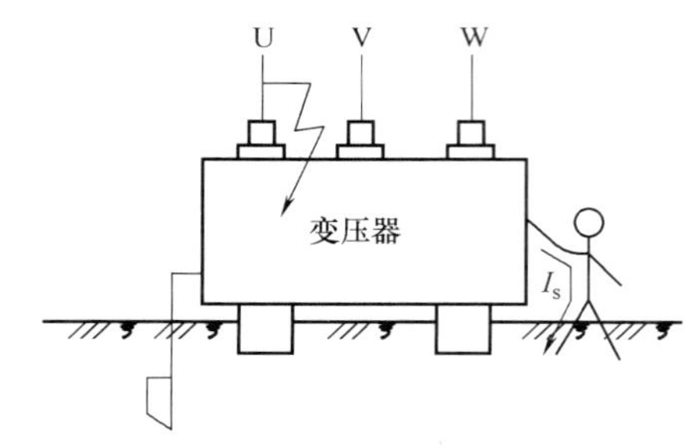

图 7-3 接触电压触电

（4）跨步电压触电

这类事故多发生在故障设备接地体附近。正常情况下，接地体只有很小的电流甚至没有电流流过。在非正常情况下，接地体电流很大，使散流场内地面上的电位严重不均匀，当人在接地体附近跨步行走时，两脚处于不同的电位形成的电位差称为跨步电压。在跨步电压作用下，电流通过人体，造成人体跨步电压触电，如图 7-4 所示。当跨步电压较高时，就会发生双脚抽筋而倒地，有可能使电流通过人体的重要器官，造成严重的触电事故。

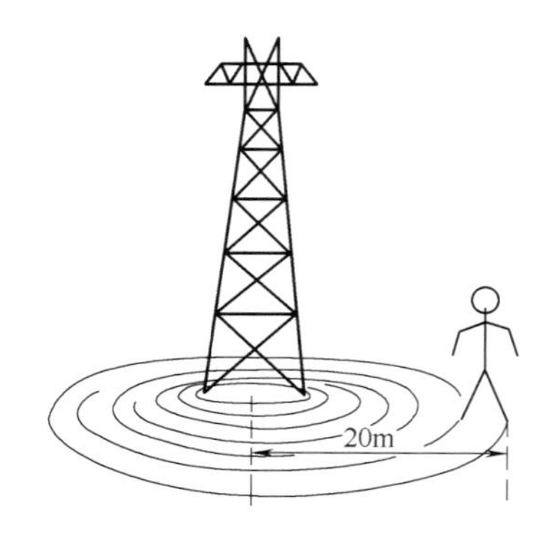

图 7-4 跨步电压触电

人体距接地体越近，跨步电压越高；距接地体越远，跨步电压越低；与接地体的距离超过20m时，跨步电压接近于零。为保证人身安全，接地体常采用金属网状结构，以增大接地面积，减小电流密度，使跨步电压也相应减小。

7.2.3　防止触电的保护措施

对于高压设备、接地设备，可以采用屏护遮拦等措施隔离。对于与人频繁接触的小型电器，可以使用安全电压，但因电压降低后同等功率设备的电流将增大，设备会因增大导线的截面积致使体积增大，因此安全电压也不适合广泛采用。

民用和动力应用的大多数用电设备所用电源电压为 380V/220V，从安全角度看电压也不低，设备绝缘损坏造成触电的可能性最大，目前采用的保护措施是接地保护和接零保护。

接地保护又常称为保护接地，适用于 IT 系统（中性点不接地的三相低压供电系统），如图 7-5 所示。采用这种方式，因绝缘损坏而可能带电的金属外壳或构架与大地可靠连接，以防止因漏电而发生触电，

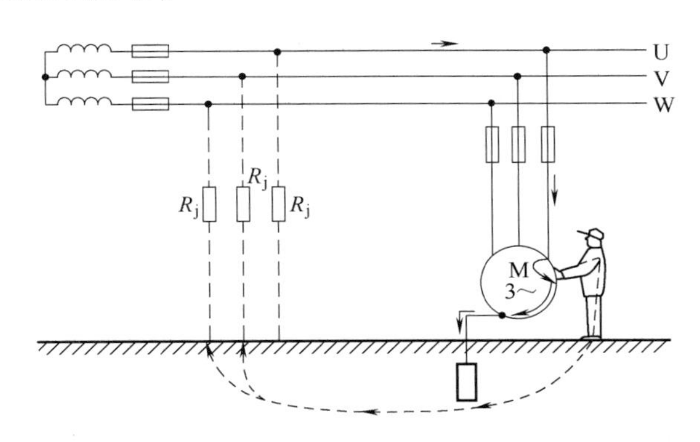

图 7-5　中性点不接地的三相低压供电系统的接地保护

在正常的情况下，IT 系统中各种电力装置的不带电金属外露部分除有规定外，都应接地，且电力装置的接地电阻不应超过 4Ω。由于供电系统的中性点不接地，当某一设备如电动机因内部绝缘损坏而使机壳带电时，电流要通过端线与地相隔的绝缘电阻才能形成回路，因绝缘电阻很高，电流数值必然很小，与人体并联的接地线可以把漏电电流旁路，当人触及外壳时，受到的接触电压变小，从而起到保护作用。

接地保护的不足之处是漏电电流较小时不易被发现，只有加装漏电保护装置才能及时发现漏电问题，因此接地保护是一种被动保护。

接零保护适用于 TN 系统（中性点接地的三相供电系统），该配电系统的中性线 N 又称为零线，电气设备的外壳或构架与系统的零线相连。TN-C 系统、TN-S 系统、TN-C-S 系统因保护线 PE 的连接形式不同而特点各异。

TN-C 系统（三相四线制）的中性线 N 和保护线 PE 为同一根线，该线又称为保护中性线，如图 7-6 所示，虽然节省了一条导线，但是有很大的缺点，若三相负载不平衡或保护中性线在某点断开，则由于负载中性点偏移，在断点以后的用电设备的金属外壳都带上危

险电压，更为严重的是，若断点以后的某一设备发生“碰壳”故障，即使线路上安装有断路器或熔断器，它们也不会动作，从而导致后面的设备外壳上长期带有相电压，非常危险。

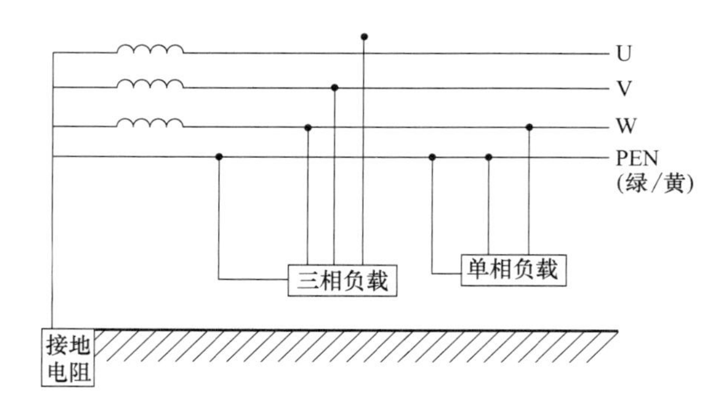

图 7-6 TN-C 低压配电系统的接零保护

TN-S 系统（三相五线制）从变压器部分开始就用五线供电，中性线 N（淡蓝色）和保护线 PE（绿/黄双色）是分开设置的，所有设备的外壳只与保护线 PE 连接，如图 7-7 所示。中性线 N 的作用是通过单相负载的电流或者三相不平衡电流，通常称为工作零线；保护线 PE 即保护零线。这种系统的优点是保护线在正常情况下没有电流通过，由于中性线与保护线分开，中性线断开时只会影响单相负载的正常运行，不会影响保护线的保护作用，其他设备外壳不会带电（前提是保护线 PE 不能断开）。

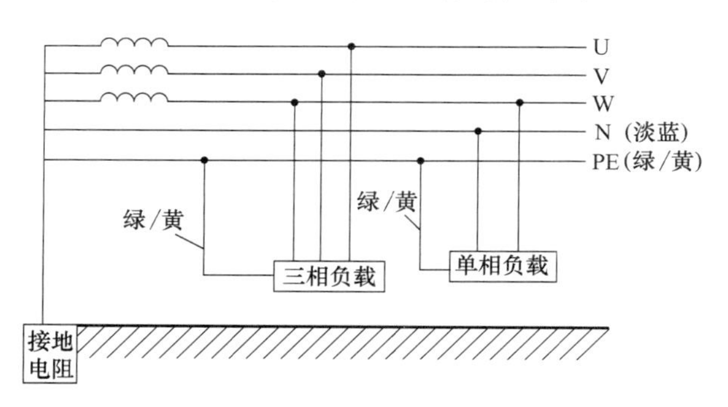

图 7-7 TN-S 低压配电系统的接零保护

TN-C-S 系统（三相四线制与三相五线制的混合）从变压器到用户配电箱部分是四线制，中性线 N 和保护线 PE 是合一的，即 PEN 线；到了线路的后部分，从配电箱到用户，中性线和保护线是分开的，如图 7-8 所示。值得注意的是，一旦把这两根线分开后，就不能再共用了。该系统兼有 TN-C 系统和 TN-S 系统的特点，常用于配电系统末端环境较差或对电磁干扰要求比较严格的场所。

采用接零保护特别注意以下几点：

① 接零保护只能用于 TN 系统（中性点接地的三相供电系统）。

② 用同一台变压器供电的系统，电气设备不允许一部分采用接地保护，另一部分采用接零保护。

③ 保护零线不能断路，即熔断器和开关只能装在相线上，绝对不能装设在保护零线

上。例如采用三脚插头的单相用电设备，应将用电设备外壳用导线连接到三脚插头中间那个较长、较粗的插脚上，通过插座连接到电源的零线，以实现保护接零，如图 7-9 所示。

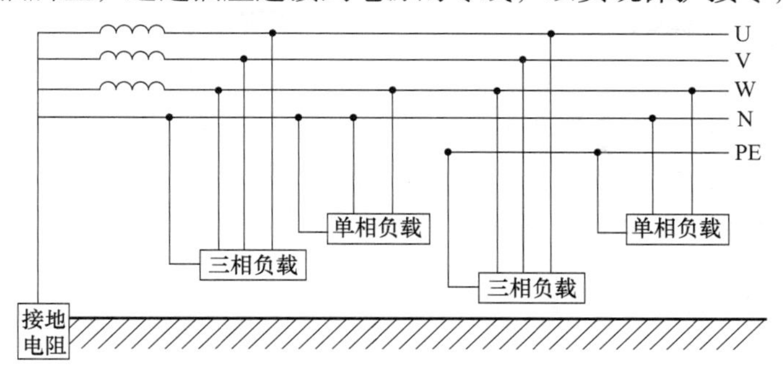

图 7-8　TN-C-S 低压配电系统的接零保护

④ 保护接地线或接零线不得串联。

⑤ 在接零保护中，将零线的多处通过接地装置与大地再次连接，叫重复接地，它是使接地系统可靠运行的保证，可防止零线断线失去保护作用，但是接地电阻要小于 10Ω。

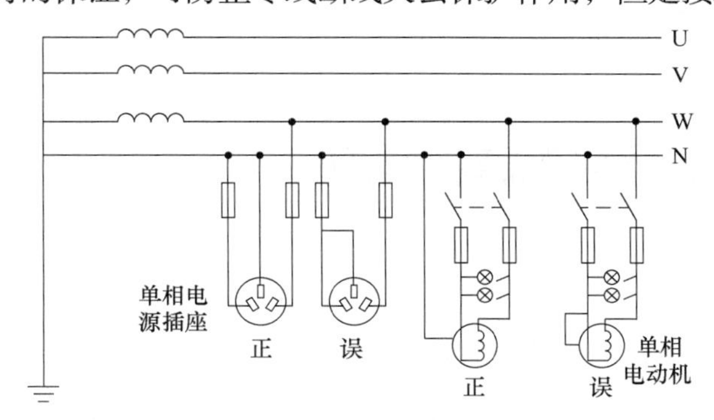

图 7-9　单相用电负载的接零保护

7.2.4　漏电保护器

漏电保护器自动检测漏电，一旦漏电电流达到开关的额定参数，它会自动跳闸。其按控制原理可分为电压动作型、电流动作型、交流脉冲型和直流型等几种。其中电流动作型的保护性能最好，应用最为普遍，其原理如图 7-10 所示，如果线圈中合成磁场为零，说明无漏电现象，执行机构不动作，如果合成磁场不为零，表明有漏电现象，执行元件快速动作。漏电保护器动作时间一般在 0.1s 以内，因而可以大大降低触电的危险性。

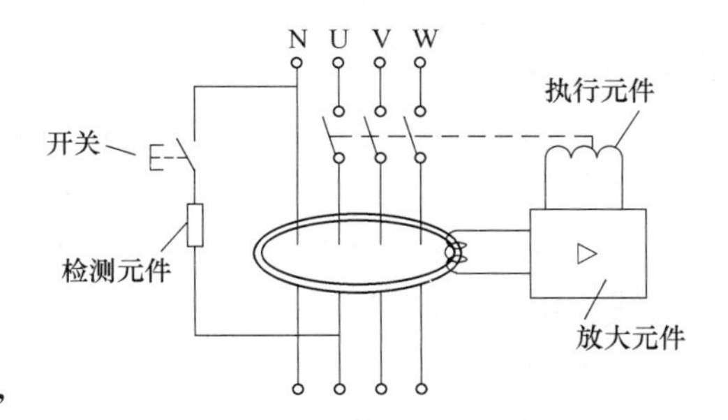

图 7-10　电流动作型漏电保护开关原理

漏电保护器正常工作时通过的是负载的工作电流，因此其额定电流要根据负载电流选择。漏电动作电流可以调整，通常可整定到 30~50mA，比较危险的场所可整定到 10~30mA。整定电流越低，灵敏度越高，保护效果越好，但太低容易造成电路中偶有电流扰动即出现误动作，频繁切断电路，影响正常供电。

在进行单相漏电保护器接线时，工作零线和保护零线一定严格分开，不能混用，相线和工作零线接漏电保护器。如果将保护零线接到漏电保护器，漏电保护器就处于漏电保护状态而切断电源。一些日常用电器常常没有接零保护，室内单相电源插座也往往没有保护零线插孔，通过在室内电源进线上安装整定电流范围在 15~30mA 的家用漏电保护器，可以起到安全保护作用，如图 7-11 所示。

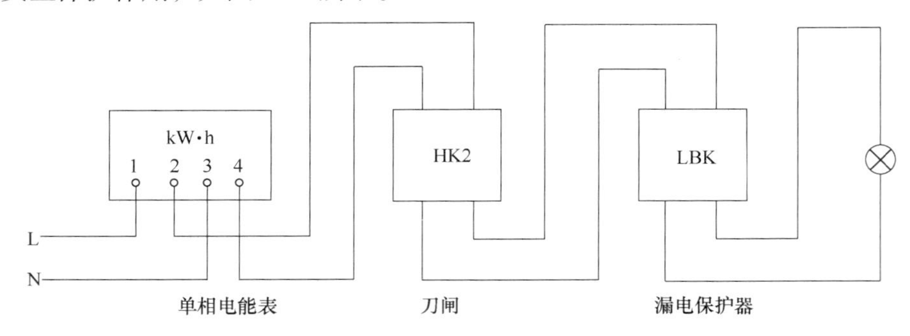

图 7-11 漏电保护器的使用

7.3 安全用电及触电急救常识

7.3.1 安全用电常识

为防止触电事故发生，必须首先了解以下安全用电常识。

- 任何电气设备在未确认无电以前应一律认为有电，不要随便接触电气设备，不要盲目只依赖开关或控制装置，不要单纯依赖绝缘来防范触电。
- 尽量避免带电操作，手湿时更应禁止带电操作。
- 若发现电线、插头损坏应立即更换，禁止乱拉临时电线。如需拉临时电线，应用橡胶绝缘线，且离地不低于 2.5m，用后及时拆除。
- 通信线路应与电力线分杆架设，电话线、广播线在电力线下面穿过时，与电力线的垂直距离不得小于 1.25m。
- 电线上不能晾晒衣物，晾衣物的铁丝也不能靠近电线，更不能与电线交叉搭接或缠绕在一起。
- 不能在架空线路和室外变电所附近放风筝；不能用鸟枪或弹弓打电线上的鸟；不许爬电杆，不要在电杆、拉线附近挖土，不要玩弄电线、开关、灯头等电气设备。
- 不带电移动电气设备，当带有金属外壳的电气设备移至新的地方后，要先安装好地线，检查设备完好后才能使用。
- 电器插座要带保护接地插孔。不要用湿手去摸灯头、开关和拔插插头。
- 当电线断落在地上时，不可走近。对落地的高压线，应离开落地点 8~10m 以上，以免跨步电压伤人，更不能用手去拣，并应立即禁止他人通行，派人看守，并通知供电部门前来处理。

7.3.2 触电急救常识

当发现有人触电时，首先要尽快地使触电者脱离电源，然后再根据具体情况，采取相应的急救措施。触电者的现场急救是抢救过程的关键。触电者触电后会出现呼吸中断、神经麻痹、心脏停止跳动等症状，外表看起来昏迷不醒，此时要把这种状态看作是假死，应迅速进行抢救，反之会带来不可弥补的后果。

（1）脱离电源

触电者触电后，可能由于失去知觉等原因不能自行摆脱电源，因此使触电者尽快脱离电源是抢救的第一步，也是最重要的一步。

如果电源开关或插头离触电地点很近，可以迅速断开开关，切断电源，但是要注意一般灯开关只控制单线，且不一定是相线，因此还要拉开前一级的隔离开关。

当开关离触电地点较远，不能立即打开时，应视具体情况采取相应措施：用绝缘手钳或装有干燥木柄的物件切断电线，或者用干燥的木板等绝缘物插入触电者身下以隔断电流，断线时要防止被切断的电源线触及人体。

如果电线在触电者的身上或被压在身下，可用干燥的木板、竹竿、木棒或带有绝缘柄的其他工具，迅速把电线挑开，不能直接用手、金属及潮湿的物件去挑电线，以防救护人员触电。如果触电者的衣服是干燥的，又不紧缠在身上，救护人员可在干燥的木板上用一只手拉住触电者的衣服把他拖离带电体，这只适于低压触电的急救，并且在拖动触电者时要注意不能用两只手，不能触及触电者的皮肤，也不可拉脚。

如果是高空触电，还应采取措施防止触电者从高空摔下发生摔伤事故。

如果是在高压线路或设备上触电，应立即通知有关部门停电。为使高压线路触电者脱离电源，应戴上绝缘手套，穿绝缘靴，使用适合高压电的绝缘工具，按顺序打开开关或切断电源。也可用一根合适长度的裸金属软线，先将一端绑在金属棒上打入地下，可靠接地，另一端绑上重物掷到带电体上，使线路短路，迫使保护装置动作，以切断电源。

（2）急救处理

如果事故发生在晚上，应立即解决临时照明，以便进行触电急救。当触电者脱离电源后，根据具体情况就地迅速进行救护，同时赶快派人请医生前来抢救。触电者急救有以下几种情况：

① 触电不太严重，触电者神志清醒，但有些心慌，四肢发麻，全身无力，或曾一度昏迷，但已清醒过来。这种情况下应使触电者安静休息，不要走动，严密观察并请医生诊治。

② 触电较严重，触电者已失去知觉，但有心跳，有呼吸，这时应使触电者在空气流通的地方舒适、安静地平躺，解开衣扣和腰带以便呼吸顺畅；若天气寒冷应注意保温，并迅速请医生诊治或送往医院。

③ 触电相当严重，触电者已停止呼吸，应立即进行人工呼吸；如果触电者心跳和呼

吸都已停止，完全失去知觉，应进行人工呼吸和心脏挤压，即使在送往医院的途中也不能停止急救。在抢救过程中不能乱打强心针，否则会增加对心脏的刺激，加快死亡。

（3）人工呼吸和胸外心脏挤压

人工呼吸是在触电者呼吸停止但有心跳时的急救方法。胸外心脏挤压适用于有呼吸但无心跳的触电者，当人触电后，一旦出现假死现象，应迅速进行人工呼吸或胸外心脏挤压。

① 人工呼吸法将触电者移至通风处，仰卧平地上，鼻孔朝天，头后仰，并解开衣领、衣扣、腰带，头不可垫枕头，以便呼吸道通畅；清理口鼻腔，捏紧鼻孔，紧贴触电者的口吹气 2s，使其胸部扩张，接着放松鼻孔，使其胸部自然缩回排气约 3s，如此不断进行，直至好转。吹气时用力要适当，如果掰不开触电者的嘴，可用口对鼻吹气。

② 胸外心脏挤压法将触电者仰卧在硬地上，松开领口，解开衣服，清除口腔内异物，救护人员站在触电者一侧或者跨腰跪在触电者腰部，两手相叠，将下面那只手的手掌根放在触电者心窝稍高一点的地方，也就是两乳头间略下一点，胸骨下三分之一部位，中指应该对凹膛，这时的手掌跟部即为正确的压点；自上而下垂直均衡地向下挤压，压力轻重要适当，然后突然放松掌根，但手掌不要离开胸部，如此连续不断地进行，成年人一秒一次，儿童每分钟挤压 100 次左右为宜。挤压时注意挤压位置要准，不可用力过猛，以免将胃中食物挤压出来，堵塞气管。触电者若是儿童，可只用一只手挤压，用力适中，以免损伤胸骨。

心脏跳动和呼吸是互相关联的，一旦呼吸和心脏跳动都停止，应当及时进行口对口人工呼吸和胸外心脏挤压，如有两人救护可同时采用两种方法，如果只有一人救护，可交替采取两种方法，应坚持不懈，直到触电者复苏或医务人员前来救治为止，在救护过程中，应密切观察触电者的反应。

7.4 电气防火和防爆

7.4.1 电气火灾和爆炸的原因

电气设备正常运行时，有时会产生电弧和电火花，强烈的弧光可能损伤人的视力，同时电弧还可能烧损开关的触点，造成电路短路，甚至引起火灾和爆炸事故。直流电动机运转时换向器会不断产生火花，电焊作业时会产生温度很高的电火花，拉开刀闸时也会产生电弧和火花，线路短路、熔断器熔体熔断等都能产生火花，如果这些火花或电弧遇到可燃物质，就会引燃着火。

电气设备过载或长时间运行时会发热，有时会导致周围易燃物体燃烧而引起火灾。室内线路起火时，往往会使建筑物内部的易燃装修材料起火，造成严重后果。静电也是引起火灾的一个方面，应该根据静电产生的原因，有针对性地采取措施。

电气爆炸的原因主要有以下两点：

① 周围环境有爆炸性混合物，在一定温度或电火花作用下，发生爆炸；

② 充油设备（如油浸式电力变压器）在电弧光作用下会产生大量可燃气体，使油箱

内压力、温度超过允许极限而引起爆炸。

7.4.2　电气防火防爆措施

电气防火防爆应综合考虑，采取全面措施。要合理选用电气设备，对电气设备的安装要严格按照安全规程操作，严格按照规定的条件使用产品；要保持必要的防火间距；设备投入运行后，要保持其正常运行，要保持良好的通风，采用耐火设施，装设良好的保护装置，要配备灭火器具。

当电气设备起火时，应立即切断电源，并用干沙覆盖灭火；若不能及时切断电源，带电灭火一定要使用不导电的灭火剂，保证灭火人员不致触电，同时不致使一些电气设备和仪器被灭火剂喷洒后无法修复。常用的水和泡沫灭火剂都是导电的，不能用于扑救电气火灾。常用的绝缘灭火器见表7-3。

表7-3　常用的绝缘灭火器

种类	二氧化碳灭火器	四氯化碳灭火器	干粉灭火器	1211灭火器
规格	2kg以下；2～3kg；5～7kg	2kg以下；2～3kg；5～8kg	8kg以下；50kg	1kg；2kg；3kg
药剂	液态二氧化碳	四氯化碳液体，并有一定压力	钾盐或钠盐干粉，并有盛装压缩气体的小钢瓶	二氟一氯一溴甲烷，并充填压缩氮
用途	扑救电气精密仪器、油类和酸类火灾；不能扑救钾、钠、镁，铝物质火灾	扑救电气设备火灾；不能扑救钾、钠、镁、铝、乙炔、二硫化碳火灾	扑救电气设备、石油产品、油漆、有机溶剂、天然气火灾	扑救电气设备、油类、化工化纤原料初起火灾
效能	射程3m	射程7m，喷射时间30s	射程4.5m，喷射时间14～18s	射程2～3m，喷射时间6～8s
使用方法	一手拿喇叭筒对着火源，另一手打开开关	只要打开开关，液体就可喷出	提起圈环，干粉就可喷出	拔下铅封或横销，用力压下压把
检查方法	每3个月测量一次，当重量减少1/10时，应充气	每三个月试喷少许，压力不够时应充气	每年抽查一次干粉是否受潮或结块；每半年检查一次小钢瓶内气体压力，如重量减少1/10，应换气	每年检查一次重量

注意发生电气火灾时，应该用四氯化碳或二氧化碳灭火器来灭火，绝不能用水或一般酸性泡沫灭火器灭火，否则有触电危险。在使用四氯化碳灭火器时，应打开门窗，保持通风，防止中毒，如有条件最好戴上防毒面具；在使用二氧化碳灭火器灭火时，向外喷射时二氧化碳扩散，隔绝了氧气，因此也要打开门窗，并与火源保持2~3m的距离，小心喷射，同时注意防止被灭火器冻伤。救火时不要随便与电线或电气设备接触，特别要留心地上的导线。

【阅读材料】

绝缘材料的性能

绝缘材料用来隔断不同电位的导体，避免形成电流，其电阻率范围为 10^9~$10^{22}\Omega\cdot m$。绝缘材料的主要性能指标有击穿强度、耐热性、绝缘电阻和机械强度等。

绝缘材料在高于某一个数值的电场强度的作用下会损坏而失去绝缘性能，这种现象称为击穿。绝缘材料被击穿时的电场强度称为击穿强度，单位为 kV/mm。常见绝缘材料的击穿强度见表 7-4。

表 7-4　常见绝缘材料的击穿强度

材料	空气（直流电状态）	沥青漆（常态）	环氧脂漆（常态）	硅钢片漆	纤维纸	云母
击穿强度/（kV/mm）	3.3	55~90	70~95	60~100	20~22	160

绝缘材料并非绝对不导电，在一定电压下仍会有微弱电流产生，依此计算出来的电阻为绝缘电阻，主要影响因素有水分、温度、杂质等。GB/T 24343—2009《工业机械电气设备 绝缘电阻试验规范》规定，动力电路导线及相关元器件，包括电源开关的电源输入端子、输出端子和执行元件（如电动机、电磁铁、电磁离合器等），测得的绝缘电阻应不应低于 1MΩ。GB 50150—2016《电气装置安装工程 电气设备交接试验标准》规定，额定电压 1000V 以下且容量为 100kW 以下的电动机，常温下绕组的绝缘电阻不应小于 0.5MΩ，1kV 以下各级配电装置及馈电线路的绝缘电阻不应小于 0.5MΩ。

绝缘材料要能承受一定的高温。按长期正常工作所允许的最高温度，绝缘材料耐热等级分为 7 级，见表 7-5。绝缘材料在允许的温度范围内工作，寿命一般可达 15~20 年，如果实际工作温度超过极限工作温度，使用寿命则会迅速缩短，如 A 级每超出 8℃，B 级每超出 12℃，其使用寿命会降低一半。

表 7-5　绝缘材料的耐热等级

等级代号	0	1	2	3	4	5	6
级别	Y	A	E	B	F	H	C
极限工作温度/℃	90	105	120	130	155	180	180 以上

绝缘材料具有一定的柔软性和抗拉、抗弯、抗压、抗撕、抗剪、抗冲击特性。一旦发生材料老化，其绝缘性能将永远消失，不可恢复。

本 章 小 结

本章的主要内容包括工业用电基本常识，安全用电技术以及触电急救等部分内容。工业供电部分主要介绍了不同情况下电压的选择，中性点接地的方式以及配电系统等。安全用电技术介绍了电流对于人体的伤害，触电方式以及防止触电措施。严格按照用电规范操作可保证安全用电，触电急救措施主要有脱离电源并且立即进行急救处理，最后介绍了电气防火防爆的基本知识。

习　题

一、判断题

1. 扑救电气火灾不能用水，其他灭火器都可以。
2. 在安全电压下工作，不会有危险。
3. 只要采取接地保护或者接零保护，就可以避免因电气设备漏电而引发的触电事故。
4. 电击往往伴随有电伤发生，电伤不一定有电击。
5. 工频交流电对人的危害最大，直流电很安全。
6. 漏电保护器的动作电流越小，就越灵敏。

二、选择题

1. 按照人体触及带电体的方式，常见的触电类型包括（　　）。

A. 单相触电　　B. 两相触电　　C. 三相触电
D. 接触电压触电　　E. 跨步电压触电

2. 符合我国安全电压规定的是（　）。

A. 6V　　B. 12V　　C. 24V
D. 36V　　E. 48V　　F. 72V

3. 对于电气线路问题引起的汽车自燃，可以选用的灭火措施是（　　）。

A. 二氧化碳灭火器　　B. 水　　C. 泡沫灭火器
D. 干粉灭火器　　E. 沙土覆盖

4. 引起电气火灾的原因有（　）。

A. 过载　　B. 电弧　　C. 电热高温
D. 静电　　E. 短路

三、填空题

1. 电流对人体的伤害可以分为____________和____________。
2. TN 系统应该采取的保护措施是______________，IT 系统应该采取的保护措施是____________。
3. 电击时对人生命有危险的工频交流电流的大小和时间是____________。

四、分析题

1. 分析 TN 系统、TN-C 系统、TN-S 系统、TN-C-S 系统的共性和不同之处。
2. 人体触电后可能有几种情况？应该怎样确定施行急救的方法？
3. 什么是保护接地？什么是保护接零？什么情况下采用保护接地？什么情况下采用保护接零？
4. 常见的安全用电措施有哪些？试着联系实际，谈谈你应采取哪些安全生产用电措施。
5. 保护接零应该注意哪些问题？

第 8 章 实 训

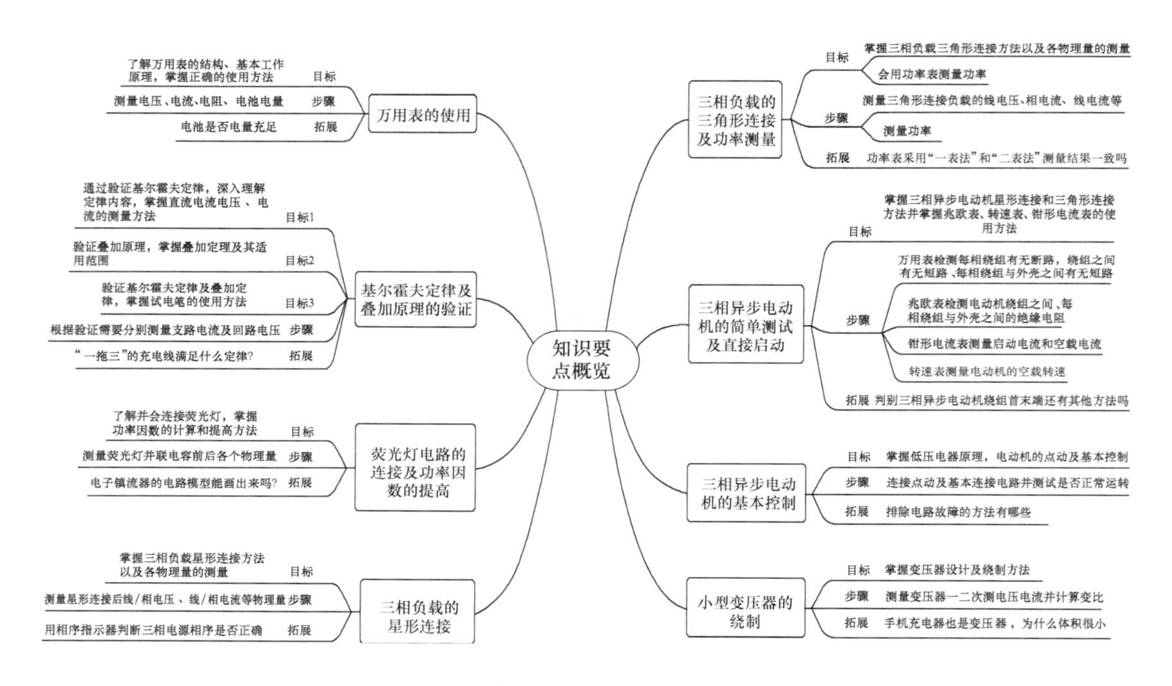

文明实训　安全操作

一、文明实训

1. 实训前必须穿好工作服，戴好绝缘防护用品。

2. 按规定的时间进入实训室，到达指定的工位，未经同意，不得私自调换。不得带无关人员进入实训室。

3. 进入实训室，不得穿拖鞋，不得穿戴有金属镶嵌物的衣物，不得携带食物，饮料等；不得在室内喧哗、打闹、随意走动、吃东西等。

4. 应带教材、实习记录本等，必须听从老师的指导。

5. 不得乱摸乱动有关电气设备。

6. 认真按照操作规程的要求进行实训，凡违反操作规程或擅自用其他仪器设备造成损坏者，应主动说明原因并接受检查，填写报废单或损坏情况报告单。

7. 要爱护公物，动用各种设备时，要轻拿轻放，严禁用笔、尺、刀等利器损坏实训装置，对故意损坏设备者严厉处罚。

8. 实训结束后，首先要切断电源；然后检查设备是否完好、摆放整齐；做好卫生工作，关好门、窗、灯之后，方可离开实训室。

二、安全操作

1. 实训场地内的任何电气设备未经验电，一般视为有电，不准用身体和导电物触摸。

2. 带电电器不可以用湿手接触和湿布擦拭。

3. 带电工作台上不准放置水杯、饮料瓶以及与工作无关的导电物体。

4. 设备使用前要认真检查，如发现不安全情况，应停止使用，并立即报告老师，以便及时采取措施。

5. 实训工具、仪器仪表、电气设备和器材的选择要符合操作要求，使用中要爱护，要有高度的责任感。

6. 实践操作时，要求穿长袖衣服，戴绝缘手套，使用绝缘工具、站在绝缘板上作业。

7. 操作过程中，思想要高度集中，严肃认真、小心谨慎。操作内容必须符合实训内容，不准做任何与实训无关的事情。

8. 在临近带电体的地方操作时，必须保持足够的安全距离，任何接线、拆线都必须切断电源后方可进行。

9. 总开关操作要求：分断电源时，先分断负荷开关，再分断隔离开关；接通电源时，先闭合隔离开关，再闭合负荷开关。

10. 实训过程中，电器出现异常发热、发出响声、散发出气味等异常现象时，应立即切断电源，并通知老师，以便及时妥善处理。严禁在运行中检修电气设备，必须先切断电源。

实训一　万用表的使用

一、实训目标

1. 了解万用表的结构和基本原理。

2. 掌握万用表的正确使用方法，会测量电压、电流、电阻、电池的电量。

二、仪器设备与原理

本实训所需仪器与设备见表8-1。

表 8-1 仪器与设备清单

序号	名称	数量	备注
1	交流电源	1	
2	自耦调压器	1	
3	直流稳压电源	1	0～30V
4	指针式万用表	1	
5	数字式万用表	1	
6	电阻	6	
7	1.5V 干电池	2	新、旧各一节

万用表是一种多功能、多量程仪表，分为指针式万用表和数字式万用表，广泛应用于电气设备和电子元器件的维修、测试中。

指针式万用表的内部结构包括表头、测量电路、转换开关三部分。表头实际上是一只灵敏度非常高的磁电式直流电流表。表头的灵敏度是其指针满刻度偏转时流过表头的直流电流值，这个值越小，表头的灵敏度越高，万用表的性能越好。表头的刻度盘上标有与被测物理量相对应的多条刻度线，如图 8-1 所示。表头刻度线旁标注的 DCV、DCA 分别表示直流电压、直流电流，ACV 表示交流电压；标有 h_{FE} 的刻度线用于测量晶体管的电流放大倍数，标有 dB 的刻度线是用于测量音频电平，BATT 区域用于测量电池的电量。读取测量结果，要保证指针与刻度线垂直。

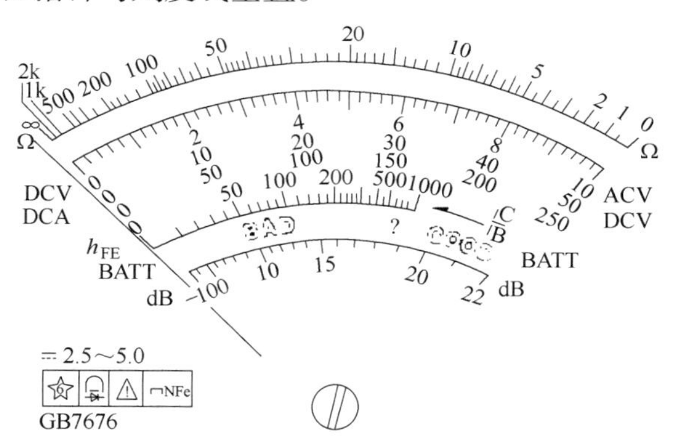

图 8-1 指针式万用表的刻度盘

数字式万用表的液晶显示屏具有自动显示功能，测量结果可直接从显示屏上读取，若被测直流电压或电流的极性为负值，显示数值前带“–”号，若被测量的量值超出了所选量程，显示屏左端会出现“1”或“–1”的提示，说明所选量程太小，需要变换为大量程重新测量。

测量前，首先把万用表的黑表笔插入“COM”插孔，红表笔要根据所要测的物理量插入相应的功能插孔。在测量电阻时，指针式万用表的黑表笔内接电源的正极，红表笔内接电源的负极，数字式万用表的黑、红表笔极性则正好相反。要根据被测物理量，正确选择功能转换开关所在的功能区以及合适的挡位，如图 8-2 所示（不同的型号或厂家，功能区略有差异）。在功能区中，V̰对应交流电压区，V̲对应直流电压区，mA 对应直流电流区，Ω 对应电阻区，BUZZ 对应测试电路通断的蜂鸣器区，BATT 对应电池电量区。

测量过程中，不要转动功能转换开关。测量电阻时，先调零后测试，换挡必调零。调零即将红、黑表笔短接，此时表的指针向满度（最右端）偏转，调节调零电阻，使指针指示在零欧姆位置上；后测试即断开红黑表笔，分别接到测量电阻的两端，进行测量；换挡必调零即每次变换倍率的挡位都要重新调零。所测电阻值=挡位倍率×读数。

对电池电量进行测量和判断的依据是：电池通过一定阻值的负载后，若能产生一定的电流值，可认为电池是好的，反之，若达不到一定的电流值时，则可认为电池的电量不足。常见的有 1.5V 和 9V 两个挡位。测量时将电池按正确极性搭在两根表笔上，观察表头 BATT 对应的刻度，如果指针在“GOOD”区（或绿色区），则表示电池电量充足，指针在“？”区，表示电池尚能使用，指针在“BAD”区（或红色区），表示电池电量不足。

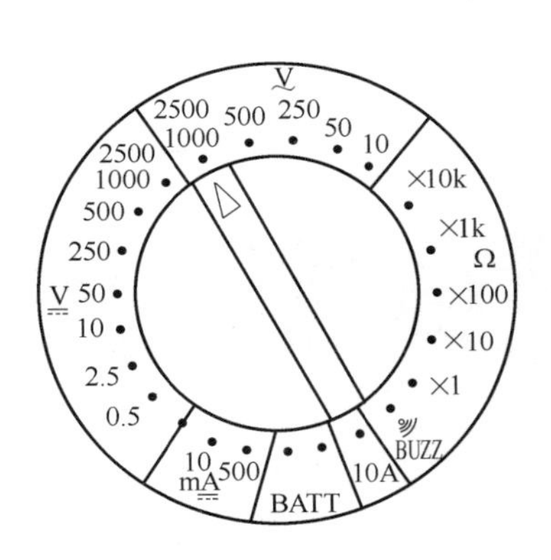

图 8-2　万用表的功能转换开关

测量结束后，数字式万用表转换开关可旋到 OFF 挡，指针式万用表转换开关可旋到交流电压最大挡。

三、实训步骤

① 记录并熟悉万用表的功能及量程，例如：0~0.5，0~10，$R\times1$ 等，填入表 8-2。

表 8-2　万用表的功能及量程

功能		量程
直流	DCV（V）	
	DCA（A）	
交流	ACV（V）	
	ACV（A）	
电阻		

② 测量直流电压。接通直流稳压电源，开启电源开关，指示灯亮后预热几分钟，将“地”接线柱与机壳相连，调节电压旋钮，输出所需测量电压，并进行测量。电源设备提供的表盘指示只作为显示仪表，不能作为测量仪表使用，因此测量值与显示值之间存在绝对误差，即绝对误差=|被测值–测量值|。为了减小系统误差，实训中电压的实训数据均以万用表所测结果为准。将测量结果填入表 8-3 中。

③ 测量交流电压。用自耦调压器调节交流电源的输出电压，显示仪表分别为表 8-3 中的数值，用万用表合适的交流挡位进行测量，将测量结果填入表 8-3。

④ 测量电阻。任意选择三个定值电阻，首先用色环法读取标称阻值（可参考第一章阅读材料），记入表 8-4，然后选择万用表合适的挡位进行测量并比较，将测量结果填入

表 8-4。

表 8-3　电压的测量

测量项目 内容	直流稳压电源电压			交流电源电压		
	3V	6V	15V	127V	220V	380V
所选挡位						
测量值						
绝对误差						

表 8-4　电阻的测量

测量项目 内容	定值电阻/Ω		
	R_1	R_2	R_3
标称值（色环法）			
所选倍率挡位			
测量值			
绝对误差			

⑤ 测量电池的电量。任意挑选新、旧两节电池，判断其电量是否充足。

⑥ 断开电源，整理实训仪器设备。

四、思考与拓展

1. 在测量过程中，有同学把转换开关的标志忽略了，测量电压时却在欧姆挡，试分析会产生什么后果。

2. 下面万用表的经验总结中，“黑负要记清，表内黑接正”是指指针式万用表还是数值式万用表？

万用表要用，经验记心中；
测前先看挡，不看不测量；
测量不换挡，测完置空挡；
表盘要水平，读数要对正；
指针偏大半，量程最合适；
测 I 要串联，测 U 要并联；
测 R 不带电，测 C 先放电；
测 R 先调零，换挡重调零；
黑负要记清，表内黑接正；
极性不接反，单手成习惯。

3. 实践一下下面这个“小窍门”，你的判断结果与新旧电池电量的测量结果是否一致？

不需要工具，就能很快判断电池是否有电，具体做法是：将需要判断的电池负极朝下正极朝上，用手指垂直拿住，在距离水平硬地面 20 厘米左右松开手，让电池垂直落到地面上，弹起较高的电池没有电，垂直站立或倒地不弹起的电池有电。原因是电池里面有液态的凝胶状物质，在电量很小的时候，这种物质就会非常接近固态，此时若掉到地面上，就会发出清脆的声音并且会从地面上弹起；如果电池电量充足，会直立或倒在桌面不弹起。

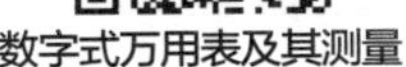
数字式万用表及其测量

指针式万用表及其测量

快速判断电池电量的方法

实训二　基尔霍夫定律及叠加原理的验证

一、实训目标

1. 通过验证基尔霍夫定律，深入理解定律内容，掌握直流电路电压、电流的测量方法。
2. 验证叠加原理，掌握叠加定理及其应用。
3. 熟练掌握试电笔的使用。

二、仪器设备与原理

本实训所需仪器与设备见表 8-5。

表 8-5　仪器与设备清单

序号	名称	数量	备注
1	直流稳压电源	1	0~30V
2	万用表	1	
3	智能直流电流表	1	
4	电流测试插头	1	
5	电流测试插座	3	
6	试电笔	1	
7	510Ω 电阻	1	
8	750Ω 电阻	2	
9	1kΩ 电阻	2	

智能直流电流表是一种量程可调的高精度直流电流测量仪表，具有自动调零、输入电阻低和抗干扰能力强的特点，它通过 LED 显示屏直接显示电流的大小，显示数据的第一位表示电流的正负，后五位表示测量数据，显示“–EE”则表示所测电流超过了智能直流电流表的量程。当需测量插座处电流时，插入电流测试插头，插头的前端就串联在电路中，从而在与插头相连接的智能直流电流表上就显示出所测电流的大小。

试电笔又称为低压验电器，其结构和握持方式如图 8-3 所示。当测试带电体时，带电体、电笔、人体，大地构成通路，并且带电体与大地之间的电位差超过一定数值时，试电笔中的氖管就会发光，通过氖管是否发光来判断是否带电。使用验电笔时，一般用大拇指或食指触摸顶端金属，用笔尖去接触测试点，同时观察氖管是否发光，如果氖管发光，无论亮度如何，均可判定测试体带电；如果要判断被测体不带电，则需要多次测量，只有氖管均不发光，方可下定论。

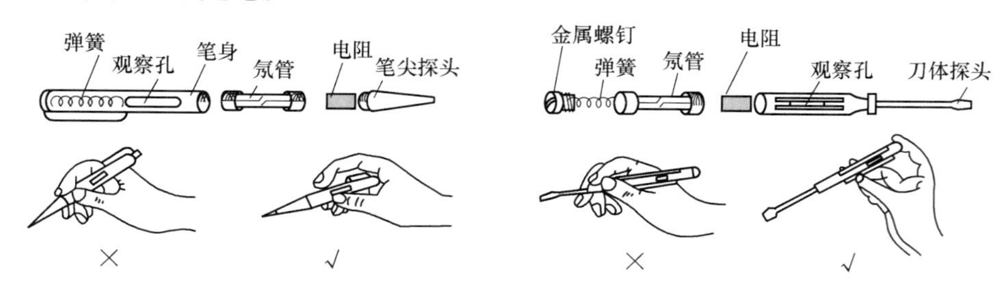

图 8-3 试电笔的结构和握持方式

用试电笔可以用于下列几种测试：

① 区分相线和零线。在交流电路中，正常情况下，试电笔触及相线时，氖管会发亮，触及零线时，氖管不发亮。

② 区分电压的高低。氖管发亮的强弱由被测电压的高低决定，电压高氖管亮，电压低氖管暗。

③ 区分直流电和交流电。交流电通过试电笔时，氖管中的两个电极同时发光，直流电通过试电笔时，氖管中只有一个电极发光。

④ 区分直流电的正负极。把试电笔接在直流电的正负极之间，氖管发亮的一端为直流电的负极。

⑤ 识别相线碰壳。用试电笔触及未接地的用电器金属外壳时，若氖管发亮强烈，说明该设备有碰壳现象；若氖管发光不强烈，搭接地线后亮光消失，说明该设备存在感应电。

⑥ 识别相线接地。在三相三线制星形连接电路中，试电笔触及相线时，有两根比通常稍亮，另一根稍暗，说明稍暗的相线有接地现象，但不太严重。如果有一根不亮，则这一相已完全接地。在三相四线制中，单相接地后，测量中性线时，也可能发亮。

三、实训步骤

1. 验证基尔霍夫电流定律

按原理图 8-4 连接电路。连接电源、电阻和电流测试插座；将测电流的插头与智能直流电流表进行连接；调节直流稳压电源，使两路输出的电压值为 6V 和 1.5V；检查电路无误后接通开关。

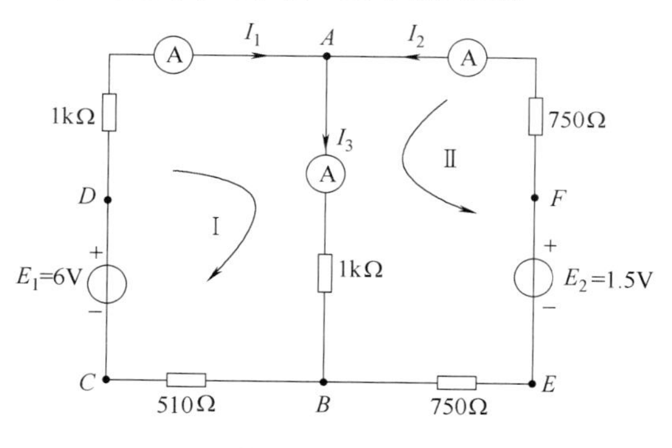

图 8-4 原理图

测量三个支路电流，并验证节点电流的

代数和是否为零，将结果填入表 8-6 中。

表 8-6 基尔霍夫电流定律的验证

测量项目 内容	电源电压/V		支路电流/A			
	E_1	E_1	I_1	I_2	I_3	$\sum I$
计算值						
测量值						
绝对误差						

2. 验证基尔霍夫电压定律

保持电路接通状态，按图 8-4 标明的绕行方向，测量回路 I 和回路 II 的各段电压，验证回路电压的代数和是否为零，将结果填入表 8-7 中。

表 8-7 基尔霍夫电压定律的验证

测量项目 内容	回路 I 电压/V					回路 II 电压/A				
	U_{AB}	U_{BC}	U_{CD}	U_{DA}	$\sum U$	U_{AB}	U_{BE}	U_{EF}	U_{FA}	$\sum U$
计算值										
测量值										
绝对误差										

3. 验证叠加原理

① 令 E_1 单独作用，即将 E_2 与电路断开并移除，将断点短路连接。以 E_1、E_2 同时作用的各支路的电流方向为参考方向，测量各支路电流；沿各回路绕行方向为参考方向，测量各回路电压，与参考方向一致的记为正值，与参考方向相反的记为负值，记录数据填入表 8-8 中。

② 令 E_2 单独作用，即将 E_1 与电路断开并移除，将断点短路连接。重复上述方法进行测量并记录数据，填入表 8-8 中。

③ 将 E_1、E_2 单独作用所测结果进行叠加（求代数和），并填入表 8-8 中。

④ 将叠加结果与 E_1、E_2 同时作用的结果进行比较，求出上述两次结果的差值，并填入表 8-8 中，验证叠加原理。

表 8-8 叠加原理的验证

测量项目 内容	支路电流/A			回路 I 电压/V				回路 II 电压/V			
	I_1	I_2	I_3	U_{AB}	U_{BC}	U_{CD}	U_{DA}	U_{AB}	U_{BE}	U_{EF}	U_{FA}
E_1、E_2 同时作用时											
E_1 单独作用时											
E_2 单独作用时											
E_1 与 E_2 叠加											
两次结果的差值											

4. 用试电笔测试直流电源 E_1、E_2，区分直流电的正负极和直流电电压的高低。

5. 用试电笔测试交流电源，区分直流电和交流电，区分交流电相线和零线。

6. 断开电源，整理实训仪器设备。

四、思考与拓展

1. 用一个电流表分别测量三个支路电流与用三个电流表同时测量，哪一种产生的误差大？

2. 叠加原理验证的结果如何？产生误差的原因是什么？

3. 在整个实训过程中，你是怎样记录电流和电压的正负值的？

4. 日常生活中我们经常用到的“一拖三”的手机充电线，在三个插头同时对手机进行充电时，“干路”充电线的电流就等于三条“支路”充电线的电流之和，也就是我们本实训所验证的基尔霍夫电流定律，在日常生活中，你还能举出这样的例子吗？多孔插线板是吗？

基尔霍夫电流定律

基尔霍夫电压定律

叠加定理

实训三　荧光灯电路的连接及功率因数的提高

一、实训目标

1. 了解荧光灯的结构和工作原理，能够连接荧光灯电路，能够正确使用试电笔。
2. 能够测量单相交流电路的电压、电流，掌握功率因数的计算方法。
3. 掌握提高功率因数的方法以及感性电路功率因数提高前后各物理量的变化。

二、仪器设备与原理

本实训所需仪器与设备见表 8-9。

表 8-9　仪器与设备清单

序号	名称	数量	备注
1	荧光灯具（灯管、镇流器、启辉器）	1	30W 的灯管
2	自耦调压器	1	
3	万用表	1	
4	交流电流表	1	
5	电流测试插头	1	
6	电流测试插座	3	
7	试电笔	1	
8	开关	1	
9	电容器	3	250V，2.5μF
10	白炽灯泡	3	

荧光灯电路如图 8-5 所示。荧光灯灯管是细长的玻璃管，内壁涂有荧光粉，管内部抽成真空后充入少量的氩，并充入微量的汞蒸气，灯管的两端装有灯丝，灯丝上涂有发热后能发射电子的金属氧化物，镇流器是一个有铁芯的线圈。启辉器是装有双金属片制成两个电极并抽真空后充有氖气的玻璃泡。

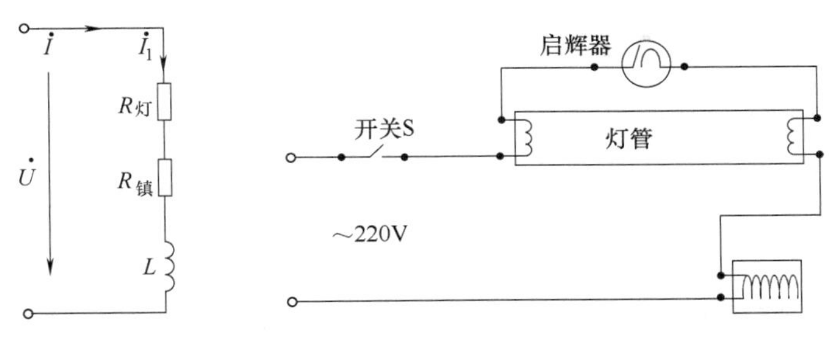

图 8-5 荧光灯电路

当接通电源后，由于荧光灯没有点亮，电源电压全部加在启辉器的两端，使启辉器辉光管中的两个电极放电，放电产生的热量使双金属片受热变形，与固定触点接通，这时荧光灯的灯丝、辉光管中的两个电极、镇流器构成回路，灯丝因电流通过而受热发射电子，同时辉光管中的两个电极接通时极间电压为零，辉光放电停止，双金属片因温度下降而复原，两个电极断开。在两电极断开的瞬间，回路中的电流因突然切断，立即在镇流器的两端感应出比电源电压高得多的电压，这个感应电压连同电源电压一起加在灯管两端，使灯管内的惰性气体分子电离而产生弧光放电，管内温度逐步升高，汞蒸汽游离，并猛烈撞击惰性气体分子而放电，同时辐射出紫外线，紫外线激发管壁的荧光粉发出可见光。荧光灯点亮后，两端电压较低，灯管两端的电压不足以使启辉器处于辉光放电状态，因此辉光启辉器只在荧光灯启辉时起作用，一旦荧光灯点亮，启辉器就处于断开状态。此时，镇流器、灯管构成一个电流通路，由于镇流器与灯管串联并且感抗很大，因此可以限制和稳定电路的工作电流。

三、实训步骤

1. 荧光灯电路的连接与测量

① 测量镇流器电阻 $R_镇$，填入表 8-10 中。

② 连接荧光灯电路以及电流测试插座，检查无误后，接通电源。

③ 用试电笔检查开关是否控制相线，确定无误后闭合开关，调节自耦调压器，使输出电压缓慢增大，直到荧光灯刚启辉点亮为止，观察荧光灯的启动过程，并按表 8-10 中内容进行测量，并填入表中。

④ 调节自耦调压器，将电压调至 220V，使荧光灯处于正常工作状态。由于灯管与镇流器组成串联电路，总电流 $I_总$就是流过灯管、镇流器的电流 I_1。测量电路的总电压 $U_总$、总电流 $I_总$、灯管端电压 $U_灯$、镇流器端电压 $U_镇$、功率因数 $\cos\varphi_1$，并记录数据，填入表 8-10 中。

表 8-10 荧光灯电路的测量

荧光灯状态	测量值						计算值	
	$R_{镇}/\Omega$	$U_{总}/V$	$U_{灯}/V$	$U_{镇}/V$	$I_{总}(I_1)/A$	$\cos\varphi_1$	R/Ω	$\cos\varphi$
启辉								
正常工作								

⑤ 根据 $P=UI_1\cos\varphi_1=U_1I_1+I_1^2R_{镇}$，计算镇流器（包括灯丝）等值电阻 R、荧光灯电路的功率因数 $\cos\varphi_1$，记录结果填入表 8-10 中，并与所测结果进行比较，验证串联电路电压、电流的相量关系以及关系 $U_{总}\neq U_{灯}+U_{镇}$。

2. 电路功率因数的提高

① 断开电源，将电容器并连在荧光灯支路的两端，连接干路、电容支路和荧光灯支路的电流测试插座，检查无误后闭合电源开关。

② 测量电路的总电压 $U_{总}$、总电流 $I_{总}$、两条支路的电流 I_1 和 I_C、功率因数 $\cos\varphi_1$，并记录数据，填入表 8-11 中。

③ 根据 $P=UI_1\cos\varphi_1=UI\cos\varphi$，计算出总电流 $I'_{总}$和功率因数 $\cos\varphi$，填入表 8-11 中，并与所测结果进行比较，验证并联电路电压、电流的相量关系以及关系 $I\neq I_1+I_C$。

④ 比较表 8-10、表 8-11 中的功率因数，判断功率因数是否提高了。根据所测数据，比较并联电容前后总电压 $U_{总}$、总电流 $I_{总}$、支路的电流 I_1 和功率因数 $\cos\varphi$ 的变化情况。

表 8-11 功率因数的提高

电容值	测量值					计算值	
	$U_{总}/V$	$I_{总}/A$	I_1/A	I_C/A	$\cos\varphi$	$I'_{总}/A$	$\cos\varphi$
1μF							
2.2μF							
4.7μF							

3. 将三相自耦调压器调回零位，将电容的两极短接放电。

4. 断开电源，然后整理实训仪器设备。

四、思考与拓展

1. 实训结束后，为什么要先进行电容器放电，然后再整理其他仪器设备？

2. 将荧光灯具换为白炽灯组，测一测电路的功率因数是多少。

3. 家用荧光灯的功率因数一般在 0.5~0.6，且功率较小，对电网影响很小，故电力部门并不要求单个家庭去提高功率因数。搜一搜国家对不同电力用户的功率因数标准的规定。

4. 荧光灯电路中镇流器的主要作用是限流，同时也有利于启动。现在的荧光灯基本改用电子镇流器，取代了笨重的铁芯线圈，它将交流经整流电路变成直流，再经振荡电路产生高频（1kHz 以上）交流电，因为频率高，无须灯丝预热也能使灯管导通，频闪效应造成的影响也可忽略。市场上品种繁多的节能灯都是电子启动式的，你能试着画出电子镇流器的电路模型图吗？搜一搜、试一试。

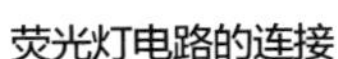
荧光灯电路的连接

荧光灯电路的测量

感性电路功率因数的提高

实训四　三相负载的星形连接

一、实训目标

1. 能够将三相负载进行星形连接。
2. 能够正确测量三相负载星形连接时的相电压、线电压及相电流、线电流。
3. 掌握三相负载对称和不对称两种情况下相电压与线电压、相电流与线电流的关系以及中性线的作用。

二、仪器设备与原理

本实训所需仪器与设备见表8-12。

表8-12　仪器与设备清单

序号	名称	数量	备注
1	三相自耦调压器	1	
2	三相交流电源	1	有中性线
3	万用表	1	
4	交流电压表	1	
5	交流电流表	1	
6	交流功率表	1	单相
7	电流测试插头	1	
8	电流测试插座	4	
9	三相灯组负载	3	
10	电容	1	4.7μF

如图8-6所示，三相灯箱由三组白炽灯组成，每组由三只220V、20W的白炽灯泡并联而成，并且用两个开关控制，其中一个开关控制一盏灯，另一个开关控制两盏灯，可以实现一盏灯亮、两盏灯亮和三盏灯亮。每个白炽灯组与三相交流电源的一相相连，三个白炽灯组与三相电源组成三相交流电路。由于三相灯箱每只灯泡规格均相同，当三个灯组亮灯盏数相同时，就成为三相对称负载。

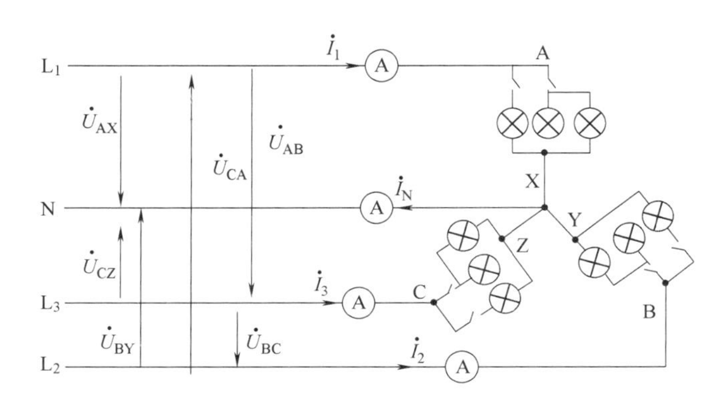

图 8-6　三相负载的星形连接

三、实训步骤

① 通过三相自耦调压器将 380V 的三相电源调为 220V，目的是防止三相负载不对称而又无中性线时相电压过高而损坏灯泡。

② 按照图 8-6 连接电路。将三相灯组的 X、Y、Z 端连在一起引出一根导线，接入电流测试插座后与电源的中线相连，三相灯组的 A、B、C 引出的三根导线分别接入电流测试插座后，经自耦调压器与三相电源相连；连接电流测试插头与电流表。检查无误后，接通三相电源的开关。

③ 保证电路中线的连接，使电路为三相四线制星形连接。按照表 8-13 的要求，控制每相灯组的开关，每相亮灯盏数相同，测量三相负载对称时的线电压、相电压、线电流和中性线电流，并观察中性线的作用，比较各相灯组的亮暗程度，将结果填入表 8-13 中。

表 8-13　三相负载的三相四线制星形连接

负载情况	测量数据									中线电流/A	中点电压/V	比较灯亮程度
	相电压/V			线电压/V			线电流/A					
	U_{AX}	U_{BY}	U_{CZ}	U_{AB}	U_{BC}	U_{CA}	I_1	I_2	I_3	I_N	U_N	
每相亮 3 盏												
每相亮 2 盏												
每相亮 1 盏												
AX 断路，BY 亮 1 盏，CZ 亮 3 盏												

④ 保证电路中线的连接，使电路为三相三线制星形连接。控制每相灯组的开关，使三相灯组组成三相不对称负载。按照表 8-14 的要求测量各量并填入表中。

表8-14 三相负载的三相三线制星形连接

负载情况	测量数据									中点电压/V	比较灯亮程度
	相电压/V			线电压/V			线电流/A				
	U_{AX}	U_{BY}	U_{CZ}	U_{AB}	U_{BC}	U_{CA}	I_1	I_2	I_3	U_N	
每相亮3盏											
每相亮2盏											
每相亮1盏											
AX亮1盏，BY亮2盏，CZ亮3盏											
AX断路，BY亮1盏，CZ亮3盏											

⑤ 根据所测数据，计算每相相电压与对应的线电压是否满足关系：

$$U_L=\sqrt{3}U_P$$

$\dfrac{U_{AB}}{U_{AX}}=$______________；$\dfrac{U_{BC}}{U_{BY}}=$______________；$\dfrac{U_{CA}}{U_{CZ}}=$______________。

断开电源，将三相自耦调压器调回零位，整理实训仪器设备。

四、思考与拓展

1. 某栋楼的照明灯发生了故障，第二层和第三层的所有电灯都突然暗淡了下来，但第三层的电灯比第二层的还要暗些，而第一层的电灯亮度未变。分析这栋楼电灯的连接方式及故障原因。

2. 某相序指示器电路如图 8-7 所示。该电路由一个电容器和两个功率相同的白炽灯接成星形不对称三相电路。假定电容器所接的是电源 A 相，则灯较亮的一相接的是电源 B 相，灯较暗的一相是电源 C 相。

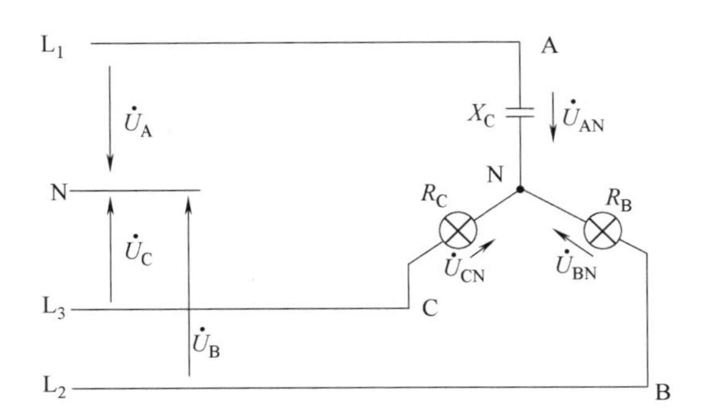

图8-7 相序指示器电路

利用本次实训设备，验证一下这样判断三相电源相序的正确性。具体做法：将 A 相灯组换为 4.7μF 的电容，B、C 相灯组灯亮的盏数相同就可以了。如果没有实训设备，可以用 1μF 的电容和两个 40W 的白炽灯代替。

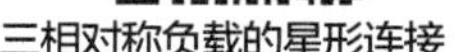
三相对称负载的星形连接

三相不对称负载的星形连接

三相对称负载星形连接时的功率测量

实训五　三相负载的三角形连接及功率测量

一、实训目标

1. 能够将三相负载进行三角形连接。
2. 能够正确测量三相负载三角形连接时的相电压、线电压及相电流、线电流。
3. 掌握三相负载三角形连接时的相电压与线电压、相电流与线电流的关系。
4. 掌握功率表的接线及使用方法。
5. 比较星形连接与三角形连接消耗的功率。

二、仪器设备与原理

本实训所需仪器与设备见表 8-15。

表 8-15　仪器与设备清单

序号	名称	数量	备注
1	三相自耦调压器	1	
2	三相交流电源	1	有中性线
3	万用表	1	
4	交流电压表	1	
5	交流电流表	1	
6	交流功率表	2	单相
7	电流测试插头	1	
8	电流测试插座	4	
9	三相灯组负载	3	

功率表又称为瓦特表，是用来测量电功率的仪表。功率表的正确选择原则是：电流量程能允许通过负载电流，电压量程能承受负载电压。功率表的测量必须反映电压、电流两个物理量，表内分别设有电压线圈和电流线圈，在表的板面上各有接线柱，其中均有一端标有“*”符号。功率表的接线原则是：电压线圈并联，电流线圈串联，“*”端近相连。具体做法是：标有“*”的电流接线柱接在电源端，另一端接负载端；标有“*”的电压接

线柱接在电源端，另一端接电源的另一根线上；标有“*”的两个接线柱以“近”为原则，应接在电源的同一端。

为了减小测量误差，根据负载大小，功率表有电压线圈前接和后接两种方式，如图8-8所示。当负载电阻较大（$R_L \gg R_V$）时，电流较小，选用电压线圈前接方式，标有“*”的电压接线柱可以接在电流端的任一端；当负载电阻较小（R_L接近R_V）时，电流较大，选用电压线圈后接方式，标有“*”的电流接线柱必须接在电源一端，另一端接在负载端。

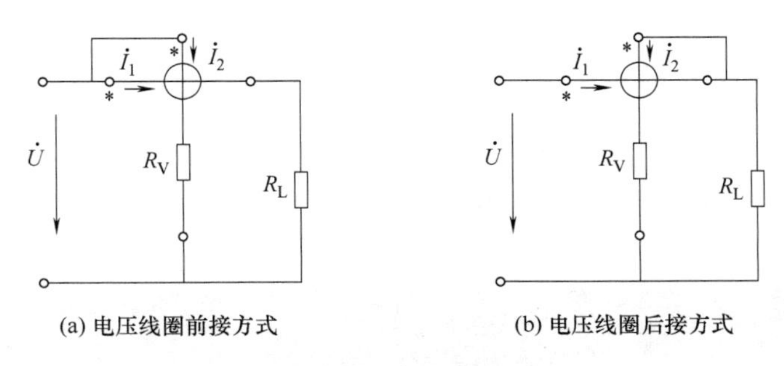

(a) 电压线圈前接方式　　(b) 电压线圈后接方式

图8-8　功率表的两种接线方式

单相功率表测量三相电路的功率的电路图如图8-9所示。三相负载对称时，只需测量单相功率然后乘以3即可，这称为“一表法”。三相负载不对称时，若是三相四线制，可以用三只单相功率表测量每相的功率，三表之和为三相有功功率，这称为“三表法”；若是三相三线制，不论负载对称与否，均可以用两只单相功率表测量三相有功功率，这称为“两表法”。两表法中每只功率表的读数本身没有具体的物理意义，若两只表的读数（P_1、P_2）为正，三相有功功率大小为$P=P_1+P_2$；若两只表中有一只的读数为负，则先将该表的电流线圈反接以使读数为正，此时三相有功功率大小为$P=P_1-P_2$。

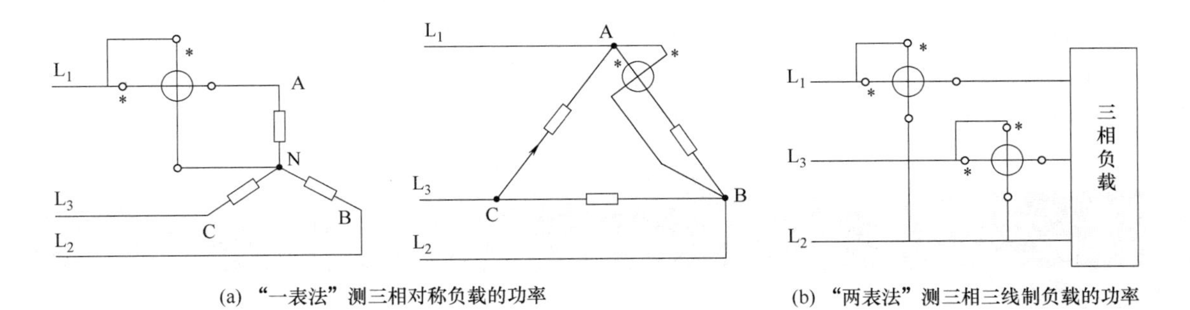

(a)“一表法”测三相对称负载的功率　　(b)“两表法”测三相三线制负载的功率

图8-9　单相功率表测量三相电路的功率的电路图

三、实训步骤

① 通过三相自耦调压器将380V的三相电源调为220V。按照图8-10连接电路。将三相灯组依次首尾相接，连成一个闭合回路，从三个连接点引出三根导线，接入电流测试插座后，经自耦调压器与三相电源相连。检查无误后，接通三相电源的开关。

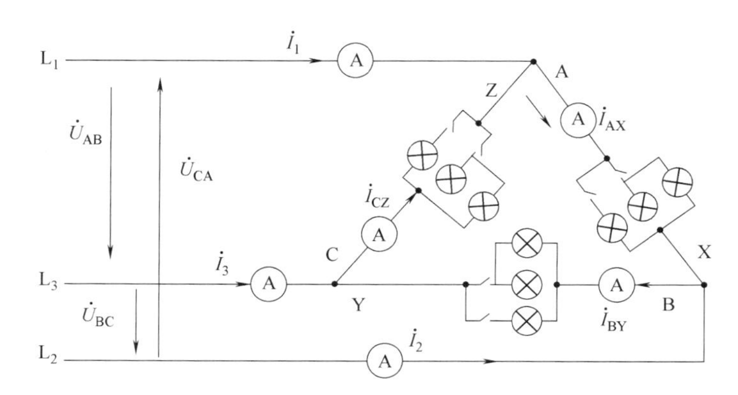

图 8-10 三相负载的三角形连接

② 按照表 8-16 的要求，测量线电压、相电流、线电流，并记录数据填入表中。

表 8-16 三相负载的三角形连接

测量数据 / 负载情况	线电压/V			相电流/A			线电流/A		
	U_{AB}	U_{BC}	U_{CA}	I_{AX}	I_{BY}	I_{CZ}	I_1	I_2	I_3
每相亮 3 盏									
每相亮 2 盏									
每相亮 1 盏									

③ 根据所测数据，计算每相相电流与对应的线电流是否满足关系：

$$I_L = \sqrt{3} I_P$$

$\frac{I_1}{I_{AX}}=$______________；$\frac{I_2}{I_{BY}}=$______________；$\frac{I_3}{I_{CZ}}=$______________。

④ 保持三相负载三角形连接，按图 8-9（b），用两表法测量三相对称负载电路总的有功功率大小，并记录数据，填入表 8-17 中。

⑤ 将电路改为三相三线制的三相对称负载星形连接形式，按图 8-9（b），用两表法测量电路总的有功功率大小，并记录数据，填入表 8-17 中。

⑥ 计算三角形连接和星形连接两种情况下的总功率，验证关系 $P_{\triangle}=3P_Y$。

表 8-17 两表法测量三相对称负载的有功功率

测量数据 / 负载情况	三角形连接			星形连接			$P_{\triangle}/P_Y$
	P_1/W	P_2/W	P/W	P_1/W	P_2/W	P/W	
每相亮 3 盏							
每相亮 2 盏							
每相亮 1 盏							

⑦ 断开电源，将三相自耦调压器调回零位，整理实训仪器设备。

四、思考与拓展

1. 在三相电源和三相对称负载不变时，采用三角形连接比采用星形连接时灯亮一些吗？

2. 如果电压相等、输送功率相等、距离相等、线路功率损耗相等、三相负载对称，则三相输电线的用铜量是单相输电线的用铜量的四分之三，分析过程如下：

在电压和输送功率相等的情况下，三相输电电流是单相输电电流的 $\sqrt{3}$ 倍，即

$$P_3=\sqrt{3}\,UI_L\cos\varphi=3P_{单}=3UI_P\cos\varphi,\quad I_L=\sqrt{3}I_P$$

设三相输电线每根导线电阻为 R_1，单相输电线每根导线电阻为 R_2，三相输电时线路功率损耗为 $3I_L^2R_1=3(\sqrt{3}I_P)^2R_1$，单相输电时功率损耗为 $6I_P^2R_2$。

由于二者相等，可得出 $R_1=\dfrac{2}{3}R_2$，根据电阻定律 $R=\rho\dfrac{L}{S}$，有 $S_1=1.5S_2$，用铜量根据导线的体积计算，假设三相输电线用铜量体积为 V_1，单相为 V_2，则

$$\frac{V_1}{V_2}=\frac{3S_1L}{3S_2L}=\frac{S_1}{2S_2}=\frac{1.5S_2}{2S_2}=\frac{3}{4}$$

三相负载的三角形连接及其测量

试分析以上推导过程是否正确。

3. 参考图 8-9（a），用“一表法”测量三相对称负载分别采用星形连接与三角形连接时的功率，并与两表法所测的结果进行比较。

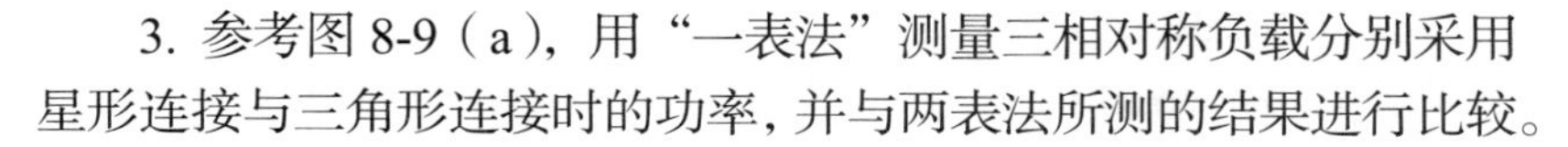

实训六　三相异步电动机的简单测试及直接启动

一、实训目标

1. 认识三相异步电动机的铭牌，掌握参数的意义。
2. 掌握兆欧表、转速表、钳形电流表的使用方法。
3. 熟悉三相异步电动机的星形连接和三角形连接的接法。

二、仪器设备与原理

本实训所需仪器与设备见表 8-18。

表 8-18　仪器与设备清单

序号	名称	数量	备注
1	三相交流电源	1	
2	三相交流异步电动机	1	
3	万用表	1	
4	兆欧表	1	
5	钳形电流表	1	0~5A
6	交转速表	1	

1. 兆欧表

兆欧表又称摇表，是一种专门用来测量绝缘电阻的便携式仪表，如图 8-11 所示。

兆欧表的选用要根据被测设备的额定电压等级来定，测量额定电压 500V 以下的设备

或线路时，应选用 500V 或 1000V 的兆欧表，测量额定电压 500V 以上的设备或线路时，应选用 1000~2500V 的兆欧表。

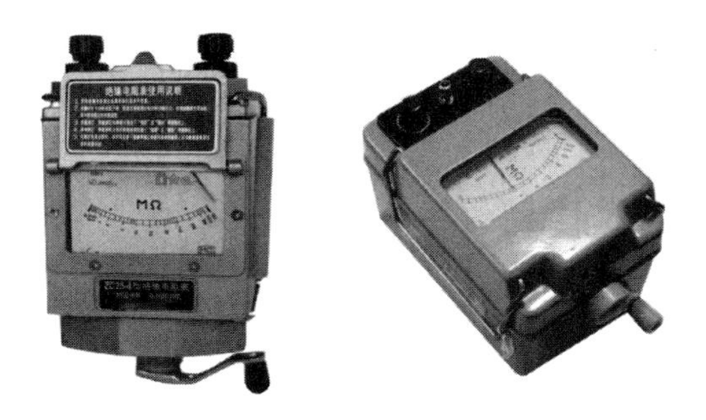

图 8-11 兆欧表

兆欧表有三个接线柱，分别标有 E（接地）、L（线路）、G（屏蔽）。L 接被测设备或线路的导体部分，E 接被测设备或线路的外壳或大地，G 接被测对象的屏蔽环（如电缆壳芯之间的绝缘层上）或不需要测量的部分。

测量前，要先切断被测设备或线路的电源，并将其导电部分对地进行充分放电。检查仪表是否完好，将 L、E 分开，用右手顺时针低速摇动手柄，转速稳定为 120r/min，持续一分钟，指针应指在"∞"处，再将 L、E 短接，缓慢摇动手柄，指针应指在"0"处。

测量时，兆欧表应水平放置平稳。用右手顺时针摇动，由慢逐渐加快，保持转速约为 120r/min 并持续一分钟，此时读数较为准确。不可用手接触被测物的测量部分，以防触电。若发现指针在零处，则被测物的绝缘层可能被击穿短路，应立即停止摇动手柄，防止表内线圈发热烧坏。测量有大电容的设备时，读数后不得立即停止摇动手柄，否则已充电的电容将对兆欧表放电，有可能烧坏仪表。用兆欧表测量过的电气设备必须进行接地放电，然后再次测量或使用。

2. 钳形电流表

钳形电流表能够在不拆断线路的情况下直接测量线路中的电流，而且只能用来测量低压系统的电流，外形与结构如图 8-12 所示。

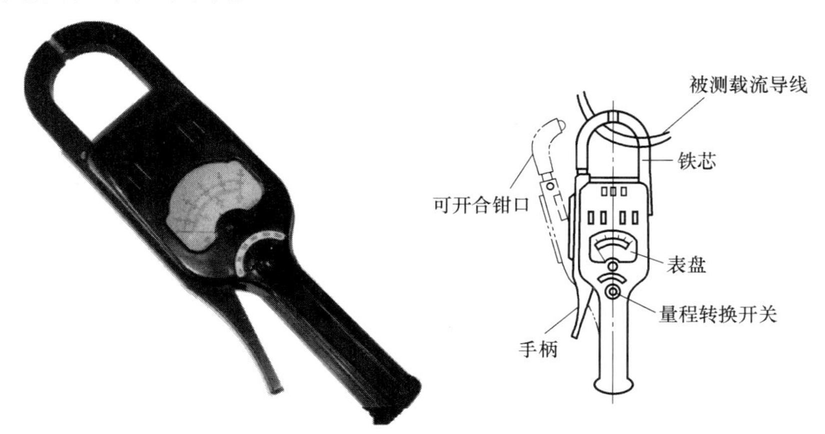

图 8-12 钳形电流表外形与结构

测量前，应先检查钳形铁芯的橡胶绝缘是否完好无损，钳口应清洁、无锈，闭合后无明显的缝隙。

测量时，应先估计被测电流大小，选择适当量程。若无法估计，可先选较大的量程，然后逐挡减少，转换到合适的挡位。转换量程挡位必须在不带电情况下或者在钳口张开情况下进行，以免损坏仪表。被测导线应尽量放在钳口中部，钳口的结合面如有杂声，应重新开合几次，若仍有杂声，应处理结合面，以使读数准确。每次测量只能钳住一根导线。测量 5A 以下电流时，为得到较为准确的读数，在条件许可时，可将导线多绕几圈，放进钳口测量，其实际电流值应为仪表读数除以放进钳口内的导线根数。测量完成后，要把调节电流量程的切换开关放在最高挡位，以免下次使用时未经选择量程就进行测量而损坏仪表。

3. 转速表

转速表主要用来测量电动机及其拖动设备的转速。测量前应加润滑油，可从外壳和调速盘上的油孔注入；选好合适的量程，避免转速表过载。测量时的测试轴应与被测轴的中心在同一水平线上，两轴心应对准，转速表要放平，不要用力过猛，但也要保持一定的压力，以减少滑动丢转，产生误差。

三、实训步骤

① 认识电动机的铭牌，理解参数的意义，并记入表 8-19 中。

表 8-19 电动机的铭牌参数

型号	P_N/W	U_N/V	I_N/A	n_N/（r/min）	f_N/Hz	工作制	接法	防护等级

② 将三相异步电动机的六个接线端子各自独立分开。

③ 用万用表欧姆挡（$R \times 1$）检测绕组电阻，检测绕组有无断路，确定三相绕组分别对应的端子。阻值填入表 8-20 中。

④ 用万用表欧姆挡（$R \times 1\text{k}$ 或 $R \times 100$）检测绕组电阻，检测绕组有无短路，绕组与外壳之间有无短路，阻值填入表 8-20 中。

⑤ 用兆欧表检测电动机绕组之间、每相绕组与外壳之间的绝缘电阻，填入表 8-20 中。若绝缘电阻小于 0.5MΩ，要进行适当处理再考虑使用。

表 8-20 电动机使用前的一般检测

内容	测量部位	U—V	V—W	W—U	U—壳	V—壳	W—壳
断路检测	阻值						
	结论						
短路检测	阻值						
	结论						
绝缘检测	阻值						
	结论						

⑥ 确定三相定子绕组的首末端。将假定的首端 U_1、V_1、W_1 和末端 U_2、V_2、W_2 分别连在一起，然后将这两端与万用表的红黑表笔连接，将万用表的转换开关旋到直流微安挡或最小的毫安挡，用手转动电动机的转子。若指针不动，说明假设的首末端分组是正确的；若指针晃动发生了偏转，说明有一相的首末端反了，逐相对调重测，直到指针不动为止。

⑦ 按照铭牌的接法，将三相异步电动机与三相电源直接连接；检查无误后接通电源，直接启动，用钳形电流表测量启动电流 I_{st} 和空载电流 I_0，求出与额定电流的比值，将结果填入表 8-21 中。

⑧ 用转速表测量电动机的空载转速 n_0，根据所测数据计算并填写表 8-21。

表 8-21 电动机通电后的检测

测量值			计算值						
启动电流 I_{st}/A	空载电流 I_0/A	空载转速 n_0 /（r/min）	$\frac{I_{st}}{I_N}$	$\frac{I_0}{I_N}$	同步转速 n_1 /（r/min）	磁极对数 p	磁极数 $2p$	额定转差率 s_N	空载转差率 s_0

⑨ 断开电源，整理实训仪器设备。

四、思考与拓展

1. 对电动机的绝缘检测，为什么不用兆欧表直接测试，而是先用万用表进行短路检测后再进行？

2. 用钳形电流表对电动机空载电流测试时，如果钳口内放入两根、三根导线，结果会怎样？画一画相量图，试着分析一下，可以通过实践验证一下所得结论。

3. 判别三相异步电动机绕组首末端的另一方法是：准备一只指针式万用表和一节 1.5V 或 9V 的干电池，万用表的转换开关旋到直流微安挡或最小毫安挡，将电动机某一相绕组的两端与万用表的红、黑表笔任意连接，另一绕组的两端引出两根导线分别与干电池的正负极试触（不是连接），试触的瞬间观察万用表的指针是正偏还是反偏。若指针正偏，则接电池正极的线头与万用表负极（黑表笔）所接的端子同为首端或末端，即“正正负”；若指针反偏，则接电池正极的线头与万用表正极（红表笔）所接的端子同为首端或末端，即“反正正”。用同样的方法，对另一相绕组进行判断，从而确定三相绕组的首末端。保持首末端与万用表的连接，最后用手转动电动机的转子，观察万用表指针是否偏转，验证一下首末端的正确性。实践一下此方法，理解口诀“正正负、反正正”的含义。

三相异步电动机的简单测试

三相异步电动机的空载测量

实训七　三相异步电动机的基本控制

一、实训目标

1. 能够对相关电路电气原理图进行识读。
2. 掌握常用低压电器的结构和原理。
3. 掌握三相异步电动机的基本控制方法。
4. 掌握三相异步电动机运行时采取的保护措施以及自锁的含义。

二、仪器设备与原理

本实训所需仪器与设备见表 8-22。

表 8-22　仪器与设备清单

序号	名称	数量	备注
1	三相交流电源	1	380V
2	三相笼型异步电动机	1	
3	交流接触器	1	CJT1-20
4	转换开关	1	HZ10-10/2
5	熔断器	3	RL1- 15/10
6	熔断器	2	RL1-3/2
7	按钮开关	1	LA10-2H
8	热继电器	1	JR36-20/5
9	万用表	1	

低压电器分为十三个类组，每个类组代号分别为：刀开关和转换开关 H，熔断器 R，断路器 D，控制器 K，接触器 C，启动器 Q，控制继电器 J，主令电器 L，电阻器 Z，变阻器 B，电压调整器 T，电磁铁 M，其他 A。通用型号组成及每位含义如图 8-13 所示。

为保障电动机安全可靠运行，电路一般采取保护环节，包括短路保护、过载保护、失压（欠压）保护。

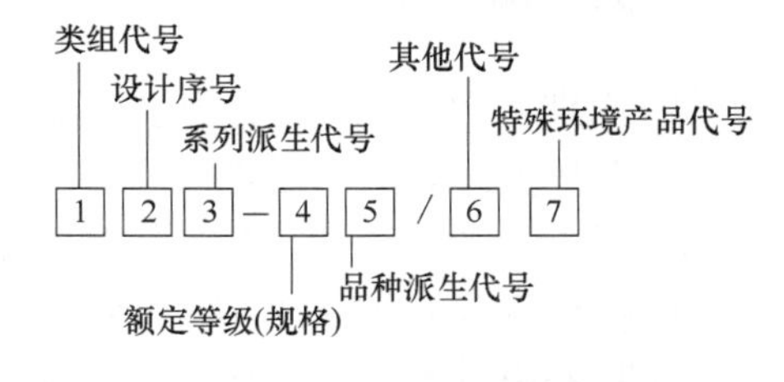

图 8-13　通用型号组成及每位含义

电动机运转后，如果电源断电，则接触器 KM 的主触点会断开，电动机停转，再次恢复供电时电动机不能自行启动，说明接触器具有欠压或失压保护。

引起电气控制线路故障的原因不外乎机械和电气两方面。机械方面主要表现为磨损、破损、卡阻、不灵活等，电气方面主要有电压太高引起击穿、电流太大引起严重发热甚至烧毁等。检查与排除故障是在熟悉电气原理、电器位置的基础上进行的，往往多种方法并用。检查故障一般采用“问、看、听、摸”四步法。

➢ “问”：操作者了解故障发生前后的情况，内容包括：故障发生在什么工作顺序，按动了哪个按钮，扳动了哪个开关，是设备自己停的还是操作者停的，有无异常响声、气味、冒烟、冒火等。

- “看”：熔断器熔体是否熔断，热继电器是否动作，其他电气元件有无烧毁、发热、断线，导线连接螺丝是否松动，电动机转速是否正常等。
- “听”：电动机、变压器和电气元件在运行时声音是否正常。
- “摸”：电机、变压器和电气元件的线圈发生故障时温度是否显著上升（一定在切断电源后才能用手触摸）。

采用电阻检查法检测和排除故障，具体操作如下。

断开电源，利用万用表欧姆挡的 $R \times 100$ 或 $R \times 1\text{k}$ 挡对电路进行断电后的电阻检查，若所测两点间的电阻为“0”，说明电路正常，若所测两点间电阻为无穷大，说明表笔刚跨过的触点或连接导线断路。可以用图 8-14 所示的分段测量法，依次测量电路的 01、12、23、34、45 间的电阻值，也可以用图 8-15 所示的分阶测量法，依次测量电路的 01、12、13、14、15 间的电阻值，依据测量结果结合原理图，寻找故障点。若两点间有并联电路，在测量某一支路电阻时，其余并联的支路应该断开。

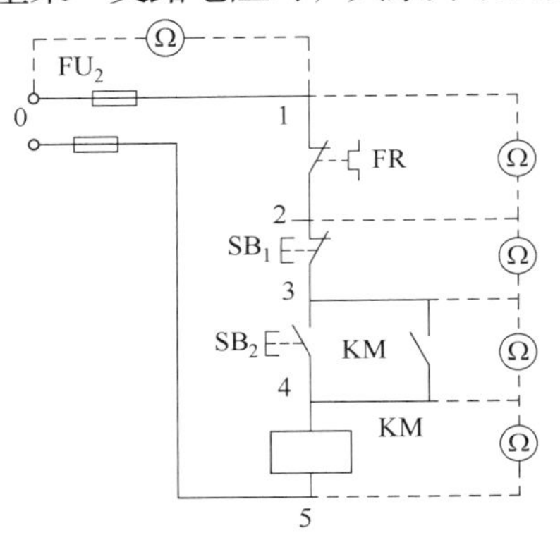

图 8-14　电阻分段测量法

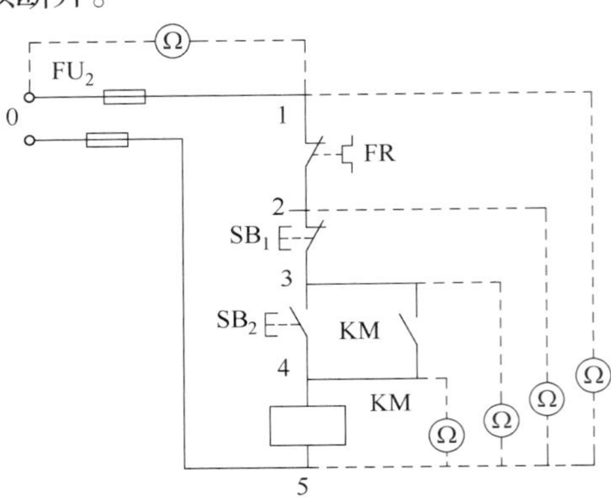

图 8-15　电阻分阶测量法

三、实训步骤

① 识别所用电气元件：开关、熔断器、交流接触器、热继电器、按钮。

② 利用万用表的欧姆挡对元件的常开常闭触点以及线圈进行通、断检测。

③ 对点动和连续运行基本控制电路的电气原理图进行识读。

④ 按照图 8-16 所示连接电路。

⑤ 检查电路无误后，接通电源并进行点动操作。按下按钮，电动机通电运行，松开按钮，断电停止运行。若电动机不能点动控制或熔体熔断，应分断电源，排除故障后使之正常工作。

⑥ 断开电源，按照图 8-17 所示连接电路。

⑦ 检查电路无误后接通电源，按下启动按钮，电动机通电、接触器自锁触点起作用，电动机能够长时间连续运行，按下停止按钮后电动机断电停止运行。若电动机不能连续运行或熔体熔断，应分断电源，排除故障后使之正常工作。

⑧ 断开电源，整理实训仪器设备。

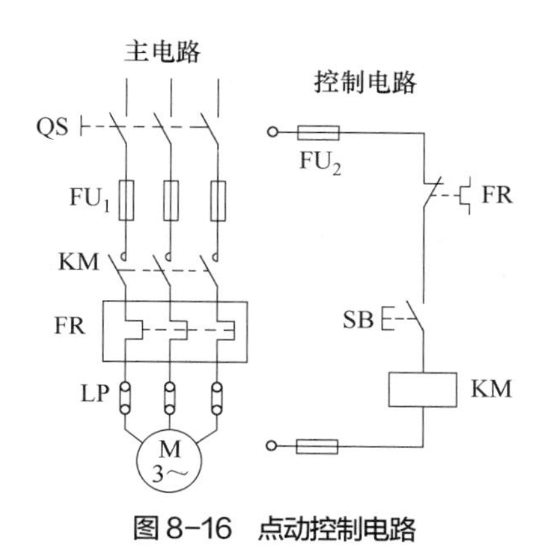

图8-16 点动控制电路

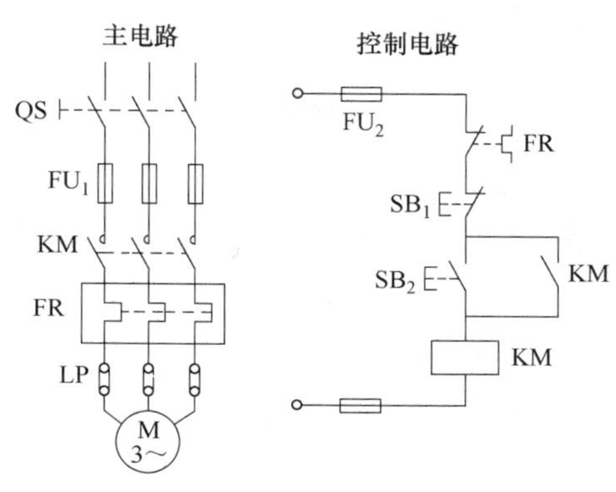

图8-17 基本控制电路

四、思考与拓展

1. 在连续运行基本控制电路中，通电后的故障现象是：能启动、有自锁、不能停止。请分析故障原因。

2. 三相异步电动机最常见的故障之一是断相故障，即接到电动机的三根电源线有一根断路，此时电动机只得到一个单相的电压，定子磁场成为旋转脉振磁场，电动机不能正常转动，启动时会发出巨大的嗡嗡声，如不及时发现，电动机会出现过热甚至堵转。讨论对这种故障应怎样检查和排除。

3. 在控制电路中，有时候会出现按下按钮后交流接触器触点吸合，但是松开按钮后交流接触器按钮自动断开、无法吸合的现象。这种情况一般是所加电压小于额定电压，电磁铁吸力不够造成的，应检查接触器两端所加电压是否与接触器额定电压相同，试进行实验测试。

4. 电路故障排除的方法很多，例如用试电笔带电检测，用万用表交流电压挡分段测量等，对这些方法进行一下比较，找出较为安全的方法来。

三相异步电动机的点动控制

三相异步电动机的基本控制

改变小型电动机转向的方法

实训八 小型变压器的设计制作

一、实训目标

1. 掌握小型变压器的设计方法。

2. 通过小型变压器的绕制练习，掌握小型变压器设计时参数计算方法、绕制方法、检验方法。

3. 能够测量变压器的变比。

二、仪器设备与原理

本实训所需仪器与设备见表 8-23。

表 8-23 仪器与设备清单

序号	名称	数量	备注
1	交流电源	1	
2	交流电压表	1	
3	交流电流表	1	
4	功率因数表	1	
5	单相自耦变压器	1	
6	可调电阻电抗	若干	
7	绕线机	1	
8	万用表	1	
9	铁芯、漆包线及绝缘材料	若干	

三、实训步骤

1. 设计小型变压器

假定要求变压器一次侧电压为 U_1，二次侧有两个绕组，电压分别为 U_2 和 U_3，额定电流为 I_2 和 I_3，设计过程如下。

① 计算变压器的容量 S。二次侧容量为 $S_2=U_2I_2+U_3I_3$，一次测容量为 $S_1=\dfrac{S_2}{\eta}$，η 是变压器的效率，其取值详见表 8-24。

表 8-24 变压器的效率与容量取值范围

S/kV·A	<10	10~50	50~100	100~300	300~500	500~1000	>1000
η	0.6~0.7	0.7~0.8	0.8~0.85	0.85~0.9	0.9	0.95	0.97

② 确定铁芯截面积 A。铁芯的净截面积 $A_0=1.25\sqrt{S_1}$，此式适用于变压器硅钢片，磁感应强度取 B=1.0~1.2T，铁芯的毛截面 $A=\dfrac{A_0}{K_{Fe}}$，其中 K_{Fe} 是硅钢片的叠片系数，热轧硅钢片取 0.92 ~ 0.93，冷轧硅钢片取 0.95 ~ 0.96。根据实训室提供的铁芯，用上述公式验算合格后使用。

③ 计算线圈匝数 N。根据

$$U\approx E_1=4.44fN\Phi_m，\Phi_m=AB_m$$

可得 $N=\dfrac{U}{4.44f\Phi_m}$，二次侧电压每伏匝数为 $N_0=\dfrac{1}{4.44f\Phi_m}$，若交流电频率 f=50Hz，铁芯截面 A 以 cm^2 为单位，则 $N_0=\dfrac{45}{\Phi_m}$。

一次侧绕组匝数 $N_1=N_0U_1$，二次侧绕组匝数 $N_2=1.05N_0U_2$，$N_3=1.05N_0U_3$。

二次侧绕组匝数乘以 1.05 倍的原因是为了补偿绕组有负载时的压降，故二次侧绕组匝数均增加5%。

④ 计算导线直径 d。二次侧电流均为已知（I_2 和 I_3），考虑到励磁电流 I_0，I_1 增加10%，一次侧电流为

$$I_1 = \frac{I_2U_2 + I_3U_3}{U_1} \times 1.1$$

取电流密度 J=2.5A/mm^2，因为

$$\frac{I}{J} = \frac{\pi d^2}{4}，\quad d = 1.13\sqrt{\frac{I}{J}}$$

分别将 I_1、I_2 和 I_3 代入，可求出 d_1、d_2、d_3，然后选择与之最相近（等于或略大于）的导线。

⑤ 验算窗口尺寸 CH。采用E型铁芯，如图8-18所示，应选其窗口尺寸为

$$CH=K(A_1N_1+A_2N_2+A_3N_3)$$

其中 A_1、A_2、A_3 为各绕组导线截面面积，N_1、N_2、N_3 为各绕组导线匝数，K 一般取2左右。

绕组的分层安排如图8-19所示，按照此安排逐层计算其尺寸，验算窗口能否容下。导线与硅钢片间的绝缘的厚度为1~1.5mm，一、二次侧绕组之间应有0.5~1mm厚的绝缘，绕组上下层之间应有铝或铜箔等制成的屏蔽层。

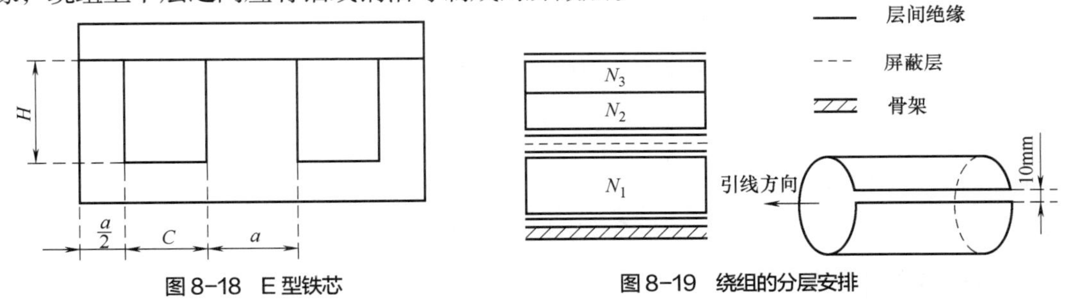

图8-18 E型铁芯　　图8-19 绕组的分层安排

2. 制作与测试

① 检查模芯及骨架尺寸，并将其安装在主轴上；准备绕线材料，检查导线尺寸；在骨架上垫好绝缘；校对计数器并调到零位；将导线盘装在置线架上。绝缘材料的选用要考虑耐压要求和允许厚度。层间绝缘一般采用电话纸、电缆纸、电容器纸等，要求较高的可采用聚酯薄膜、聚四氟乙烯薄膜、玻璃漆布等，绕组对铁芯的绝缘及绕组间绝缘一般采用绝缘纸板、玻璃漆布，要求较高的可采用层压板、云母制品。

② 绕制线圈线，线圈末端的固定方法如图8-20（a）所示。起绕时，在导线引线头上压入一条绝缘带折条，待绕几匝后抽紧起始线头。若是无框骨架，起绕点不可过于靠近边沿，以免导线滑出，插硅钢片时碰伤导线绝缘；若是有框骨架，起绕点要靠紧边框板。绕线时，导线自左向右排列整齐、紧密，不得有交叉或叠线出现，直到绕够规定的匝数。通常按照一次绕组、静电屏蔽、二次高压绕组、二次低压绕组的顺序依次叠绕。当二次绕组数较多时，每绕好一组后，用万用表测量是否通路，检查有没有断线。每绕完一层导线，应安放一层层间绝缘。当绕组绕至接近末端时，先垫入固定出线的绝缘带折条，绕到末端

时把线头穿入折条内，然后抽紧末端线头。

③ 插铁芯。硅钢片的型号、厚度、形状尺寸要符合设计要求；去除硅钢片的毛刺和锈蚀，保证其平整度和绝缘性。若为 EI 形铁芯，先插 E 形部分，然后插入 I 形横条，如图 8-20（b）所示，也可以采用 C 形铁芯。

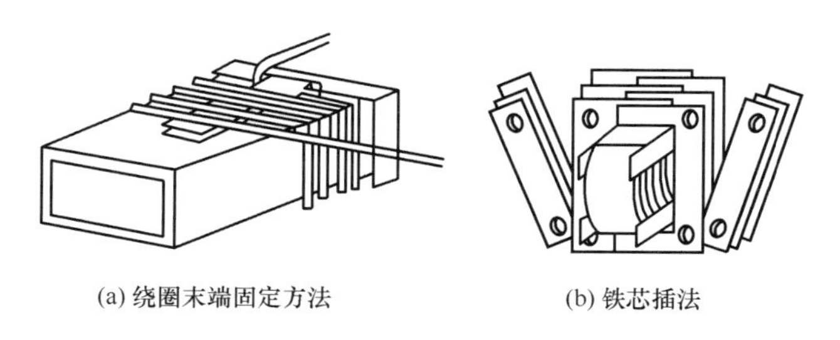

(a) 绕圈末端固定方法　　(b) 铁芯插法

图 8-20　操作方法

然后进行绝缘浸漆处理。浸漆后烘干，测试绝缘电阻大于 10MΩ 可认为合格。

最后进行测试，电路如图 8-21 所示，接通电源，用调压器将电压调至 220V，测量二次侧两个绕组的空载电压 U_{20} 和 U_{30}。

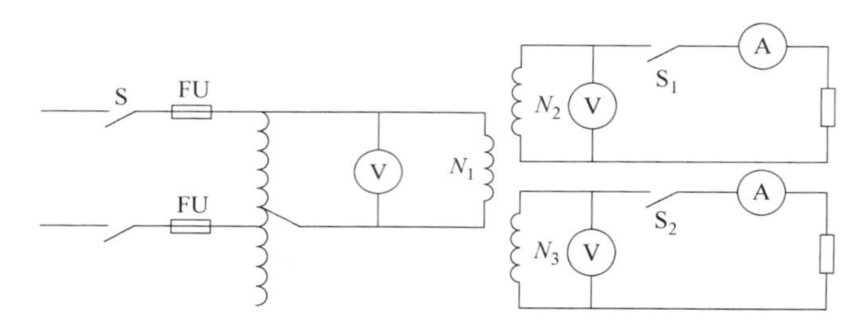

图 8-21　变压器测试电路

两个二次绕组都接上负载，并使电流逐步增大，直至达到额定值，再次测量二次侧电压 U_2 和 U_3，并计入表 8-25，看是否符合设计要求。

表 8-25　变压器测量结果

二次侧被测量 次数	I_2/A	U_2/V	I_3/A	U_3/V
1				
2				
3				
4				

四、思考与拓展

1. 为什么设计的二次侧绕组的匝数要增加 5%？

2. 绕制变压器之前应该怎样处理引线的外部接头？能不能用绕制导线代替外部接头？

3. 同样都是变压器，为什么我们经常见到的手机充电器体积小重量轻，但是电力系统用到的变压器很笨重呢?

【阅读材料】

误差与有效数字

实训中，有时使用测量仪表对一些物理量进行直接测量，有时需要通过某些测量值计算出另一些物理量的值，即间接测量。直接测量和间接测量都不可能是绝对精确的，要合理表示并对实训数据进行合理处理，需要了解误差及有效数字。

被测的量总有一个客观存在的真实数据，即“真值”。在实际测量中，受仪器、测量方法、环境变化、观察者的差异等因素影响，测量值与真值间存在差值，该差值叫作误差。如果由于测量仪器本身不完善（如刻度不准、零点未调好）、环境温度变化、理论与方法本身的近似性等原因，测量值总是有规律地高于或低于真值，这种误差称为系统误差，此类误差可以通过采用精度较高的仪器、提高操作技能、改进测量方法等来减小。若因一些偶然因素，如振动、电压的变化等，测量值时大时小，且时大时小概率相等，这种误差称为偶然误差，此类误差可通过多次测量取平均值来减小。由操作者粗心大意、违反操作规程引起的误差称为过失误差。

误差可以用绝对误差或相对误差表示，绝对误差是测量值与真值间差值的绝对值；相对误差是绝对误差与真值的比值。

仪器设备的最小刻度叫仪器的精度，最小刻度量值越小仪器精度越高。由最小刻度直接读出的数是准确可靠的，叫可靠数字。如果读数正好在两个刻度之间，需凭肉眼估读，叫可疑数字。可靠数字和可疑数字都是测量中的有效数字，即一个数据从左边第一个非零数字起至右边所有数位均为有效数字。

通常测量时，只保留一位可疑数字，对于指针式仪表，一般估读到最小刻度的十分位。若数据位数很多，有效位数可以想要保留数字的末位为单位进行修约，该末位后面的数字若大于 0.5 则末位数进一，若小于 0.5 则末位数不变，若恰为 0.5 则使末位凑成偶数，即末位为奇数时末位数进一，末位为偶数时则末位数不变。若拟舍弃数字是两位以上的数字，也只能修约一次。

有效数字进行加减运算时，诸数相加减，把其中小数点后位数最少的有效数字的末位作为加减结果的有效数字的末位，其余的尾数四舍五入。进行乘除运算时，诸数相加减，积或商的有效数字的位数与各数中有效数字位数最少的相同，其余的尾数四舍五入。进行乘方运算时，所得结果与幂底数的有效数字位数相同。开方时，所得结果与被开方数的有效数字位数相同。

有效数字的规则很复杂。而电工技术电路往往建立相对应的电路模型，理论与方法本身就存在近似性，因此如果没有特别指明，可以在运算结果中只取两到三位有效数字就可以了。正常条件下，在选用仪表的量程时，被测量的值越接近满刻度值越好，一般应使被测量的值超过仪表满标值的 2/3 以上。

附　录

常用电工术语、低压电器的中英文对照

1. 低压电器 low-voltage apparatus
2. 配电电器 distributing apparatus
3. 控制电器 control apparatus
4. 开关设备和控制设备
switchgear and controlgear
5. 开关设备 switchgear
6. 控制设备 controlgear
7. 开关电器 switching device
8. 空气开关电器 air switching device
9. 短路保护电器
short circuit protective device，SCPD
10. 控制回路电器 control circuit device
11. 熔断器 fuse
12. 外壳 enclosure
13. 短路 short circuit
14. 电击 electric shock
15. 间接接触 indirect contact
16. 直接接触 direct contact
17. 防护等级 degree of protection
18. IP 代码 IP code
19. 防爆式 protected against explosion
20. 防腐蚀式 protected against corrosion
21. 操作动作 operation
22. 操作顺序 operating sequence
23. 控制 control
24. 自动控制 automatic control
25. 远距离控制 remote control
26. 闭合 closing
27. 断开 opening
28. 接通 making
29. 分断 breaking
30. 闭合操作 closing operation
31. 断开操作 opening operation
32. 接通操作 making operation
33. 分断操作 breaking operation
34. 瞬时操作 instantaneous operation
35. 延时操作 time-delay operation
36. 定时限操作 definite time-delay operation
37. 误动作 misoperation
38. 转换 change-over switching
39. 隔离（功能）
isolation（isolating function）
40.（导体的）分隔
segregation（of conductors）
41.（导体的）分离
separation（of conductors）
42. 吸引 attracting
43. 释放 releasing

44. 脱扣 tripping
45. 复位 re-setting
46. 自动复位 automatic re-setting
47. 自锁 autolocking
48. 联锁 interlocking
49. 电气联锁 electrical interlocking
50. 机械联锁 mechanical interlocking
51. 可逆转换 reversible change-over; reversible transition
52. 整定 setting
53. 八小时工作制 8-hour duty
54. 不间断工作制，长期工作制 uninterrupted duty
55. 短时工作制 short-time duty;temporary duty
56. 反复短时工作制，断续周期工作制 intermittent periodic duty
57. 周期工作制 periodic duty
58.（机械的）断路器 circuit-breaker （mechanical）
59. 万能式断路器 conventional circuit-breaker
60. 塑料外壳式断路器 moulded case circuit-breaker
61. 带熔断器的断路器 integrally-fused circuit-breaker
62. 空气断路器 air circuit-breaker
63.（机械的）开关 switch（mechanical）
64. 接地开关 earthing switch
65. 隔离器 disconnector（isolator）
66. 隔离开关 switch-disconnector
67. 刀开关 knife switch
68. 开关熔断器 switch-fuse
69. 隔离器熔断器 disconnector-fuse
70. 熔断器式开关 fuse-switch
71. 熔断器式隔离器 fuse-disconnector
72. 隔离开关熔断器 switch-disconnector-fuse
73. 转换开关 change-over switch
74.（机械的）接触器 contactor（mechanical）
75. 交流接触器 alternating current contactor
76. 直流接触器 direct current contactor
77. 星-三角启动器 star-delta starter
78. 自耦减压启动器 auto-transformer starter
79. 脱扣器 release
80. 时间继电器 time-delay relay
81. 中间继电器 auxiliary relay
82. 欠电压脱扣器 under-voltage release
83. 失压脱扣器 zero-voltage release
84. 主令电器 master switch
85. 主令控制器 master controller
86.（控制回路和辅助回路的）控制开关 control switch（for control and auxiliary circuits）
87. 旋转（控制）开关 rotary（control） switch
88. 拉钮 pull-button
89. 按-拉钮 push-pull button
90. 按钮 push-button
91. 旋（转换）钮 turn button
92. 延时复位按钮 time-delay push-button
93. 延时动作按钮 delayed action push-button
94. 位置开关 position switch
95. 限位开关 limit switch
96. 行程开关 travel switch
97. 电阻器 resistor
98. 变阻器 rheostat
99. 滑线式变阻器 slider-type rheostat
100. 启动变阻器 starting rheostat
101. 调速变阻器 speed regulating rheostat
102. 励磁变阻器 field rheostat
103. 电磁铁 electro-magnet
104. 制动电磁铁 braking electro-magnet

105. 半导体设备保护用熔断器 fuse for the protection of semiconductor device
106. 有填料封闭管式熔断器 powder-filled cartridge fuse
107. 无填料封闭管式熔断器
no powder-filled cartridge fuse
108. 螺旋式熔断器 screw-type fuse
109. 插入式熔断器 plug-in type fuse
110.（开关电器的）主回路
main circuit （of a switching device）
111.（开关电器的）控制回路
control circuit （of a switching device）
112.（开关电器的）辅助回路
auxiliary circuit （of a switching device）
113.（开关电器的）极
pole（of a switching device）
114.（接线）端子 terminal
115. 接地端子 earth terminal
116. 端子排 terminal block
117. 导电部件 conductive part
118. 外露导电部件 exposed conductive part
119. 带电部分 live part
120. 保护性导体 protective conductor
121. 中性导体 neutral conductor
122. 电磁系统 electromagnetic system
123.（操作）线圈（operating）coil
124. 分磁环 divide magnetic ring
125. 短路环 short-circuit ring
126. 触点系统 contact system
127.（机械开关电器的）触点 contact （of a mechanical switching device）
128. 主触点 main contact
129. 辅助触点 auxiliary contact
130. 灭弧装置 arc control device
131. 灭弧室 arc chute
132. 熔体 fuse-element
133. 熔断体 fuse-link
134. 熔管 cartridge
135. 载熔件 fuse-carrier
136. 熔断器底座 fuse-base
137. 熔断器底座触点 fuse-base contact
138. 熔断体触点 fuse-link contact
139. 熔断指示器 indicating device; indicator
140. 封闭式熔断体 enclosed fuse-link
141. 限流熔断体 current-limiting fuse-link
142. 标称值 nominal value
143. 极限值 limiting value
144. 额定值 rated value
145. 额定工作电流 rated operational current
146. 额定持续电流
rated uninterrupted current
147.（开关电器或熔断器的）分断电流
breaking current（of a switching device or a fuse）
148. 交接电流 take-over current
149. 短路电流 short-circuit current
150.（熔断器的）最小分断电流
minimum breaking current （of a fuse）
151. （过电流脱扣器的）动作电流
operating current （of an over-current release）
152. （过电流或过载继电器或脱扣器的）电流整定值 current setting（of an over-current or over-load relay or release）
153. 剩余电流 residual current
154. 过电流 over-current
155. 过载 over load
156. 工作电压 working voltage
157. 额定工作电压 rated operational voltage
158. 额定绝缘电压 rated insulation voltage
159. 导通状态 on-state
160. 截止状态 off-state
161. 分断时间 break-time
162. 接通时间 make-time
163. （固有）闭合时间

（inherent）closing time

164. 通断时间 make-break time

165.（熔断器的）熔断时间

operating time（of a fuse）

166. 短路接通能力

short-circuit making capacity

167. 短路分断能力

short-circuit breaking capacity

168. 周围空气温度 ambient air temperature

169. 工作条件 operation condition

170. 污染 pollution

171. 稳定温度 stable temperature

172. 工作温度 operation temperature

173. 极限允许温度

limiting allowed temperature

174. 温升 temperature rise

175. 极限允许温升

limiting allowed temperature rise

176. 热态 heat state

177. 冷态 cold state

178. 电容器 capacitor

179. 同步发电机 synchronous generator

180. 异步发电机 asynchronous generator

181. 电动机 motor

182. 同步电动机 synchronous motor

183. 电流表 ammeter

184. 电压表 voltmeter

185. 电度表 watt hour meter

186. 电流 current

187. 交流 alternating current

188. 直流 direct current

189. 接地 earthing

190. 中性线 neutral

191. 保护 protection

192. 保护接地 protection earthing

193. 保护接地与中性线共用

protection earthing neutral

194. 不接地保护 protection unearthing

参考文献

［1］ 秦曾煌. 电工学［M］. 5版. 北京：高等教育出版社，2016.

［2］ 罗挺前. 电工电子技术［M］. 2版. 北京：高等教育出版社，2015.

［3］ 董力，郑怡. 电工技术［M］. 4版. 北京：化学工业出版社，2012.

［4］ 孙立坤，周芝田. 电工电子技术［M］. 北京：机械工业出版社，2010.

［5］ 叶永春. 电工电子实训教程［M］. 北京：清华大学出版社，2011.

［6］ 仇超. 电工实训［M］. 北京：北京理工大学出版社，2010.

［7］ 李爱军，任淑. 维修电工技能实训［M］. 北京：北京理工大学出版社，2014.